面向新工科高等院校大数据专业系列教材

信息技术新工科产学研联盟数据科学与大数据技术工作委员会 推荐教材

U0150824

Big Data Analysis

大数据分析
实用教程

基于Python实现

唐四薪　赵辉煌　唐　琼／主编

机械工业出版社

CHINA MACHINE PRESS

本书对大数据分析的原理与 Python 程序实现进行了系统的介绍，每种算法都采用 sklearn 和 Matplotlib 分别进行程序实现及数据可视化。本书共 8 章，内容包括大数据分析概述、Python 数据分析与可视化基础、关联规则与推荐算法、聚类算法及其应用、分类算法及其应用、回归与逻辑回归、人工神经网络、支持向量机等。

本书在理论上突出可读性，在实践上强调可操作性，实践案例丰富，实用性强。随书提供微课视频（正文对应处扫码可观看）、教学课件、习题答案、教学大纲等教学资源。

本书可作为高等院校相关专业大数据分析或大数据概论等课程的教材。也可供从事大数据分析、机器学习的人员作为参考书。

扫描关注机械工业出版社计算机分社官方微信订阅号——身边的信息学，回复 68250 即可获取本书配套资源下载链接。

图书在版编目（CIP）数据

大数据分析实用教程：基于 Python 实现 / 唐四薪，赵辉煌，唐琼主编. —北京：机械工业出版社，2021.6（2024.6 重印）
面向新工科高等院校大数据专业系列教材
ISBN 978-7-111-68250-9

Ⅰ. ①大… Ⅱ. ①唐… ②赵… ③唐… Ⅲ. ①数据处理-高等学校-教材 Ⅳ. ①TP274

中国版本图书馆 CIP 数据核字（2021）第 093153 号

机械工业出版社（北京市百万庄大街 22 号 邮政编码 100037）
策划编辑：王 斌 责任编辑：王 斌 秦 菲
责任校对：张艳霞 责任印制：常天培
北京科信印刷有限公司印刷

2024 年 6 月第 1 版第 6 次印刷
184mm×240mm · 15.5 印张 · 382 千字
标准书号：ISBN 978-7-111-68250-9
定价：69.00 元

电话服务 网络服务
客服电话：010-88361066 机 工 官 网：www.cmpbook.com
　　　　　010-88379833 机 工 官 博：weibo.com/cmp1952
　　　　　010-68326294 金 书 网：www.golden-book.com
封底无防伪标均为盗版 机工教育服务网：www.cmpedu.com

面向新工科高等院校大数据专业系列教材
编委会成员名单

（按姓氏拼音排序）

出版说明

当前，我国数字经济建设加速推进，作为数字经济建设的主力军，大数据专业人才需求迫切，高校大数据专业建设的重要性日益凸显，并呈现出以下四个特点：实用性、交叉性较强，专业设立日趋精细化、融合化；专业建设上高度重视产学合作协同育人，产教融合发展迅猛；信息技术新工科产学研联盟制定的《大数据技术专业建设方案》，使得人才培养体系、专业知识体系及课程体系的建设有章可循，人才培养日益规范化、标准化；大数据人才是具备编程能力、数据分析及算法设计等专业技能的专业化、复合型人才。

作为一个高速发展中的新兴专业，大数据专业的内涵和外延不断丰富和延伸，广大高校亟需能够系统体现大数据专业上述四个特点的教材。基于此，机械工业出版社联合信息技术新工科产学研联盟，汇集国内专家名师，共同成立教材编写委员会，组织出版了这套"面向新工科高等院校大数据专业系列教材"，全面助力高校新工科大数据专业建设和人才培养。

这套教材依照《大数据技术专业建设方案》组织编写，体现了国内大数据相关专业教学的先进理念和思想；覆盖大数据技术专业主干课程的同时，延伸上下游，涵盖云计算、人工智能等专业的核心课程，能够更好地满足高校大数据相关专业多样化的教学需求；引入优质合作企业的技术、产品及平台，体现产学合作、协同育人的理念；教学配套资源丰富，便于高校开展教学实践；系列教材主要参编者皆是身处教学一线、教学实践经验丰富的名师，教材内容贴合教学实际。

我们希望这套教材能够充分满足国内众多高校大数据相关专业的教学需求，为培养优质的大数据专业人才提供强有力的支撑。并希望有更多的志士仁人加入到我们的行列中来，集智汇力，共同推进系列教材建设，在建设数字社会的宏大愿景中，贡献自己的一份力量！

面向新工科高等院校大数据专业系列教材编委会

前言

随着物联网和云计算技术的兴起，大数据成为广受关注的前沿技术领域。"十三五"规划建议提出："实施国家大数据战略，推进数据资源开放共享"。著名咨询公司麦肯锡称："数据已经渗透到当今每一个行业和业务职能领域，成为重要的生产因素。人们对于海量数据的挖掘和运用，预示着新一波生产率增长和消费者盈余浪潮的到来。"

大数据分析是实现大数据价值的关键环节，需要将大数据处理技术与数据分析、数据挖掘技术相结合。目前市面上有很多大数据分析或大数据挖掘的教材，这些教材大致可分为两类：第一类以讲解大数据分析的理论为主，而对大数据分析的编程实现讲述得少。由于大数据分析的模型复杂，如果不讲述编程实现，学生往往觉得将理论应用于实际问题时无从下手。另一类以讲解大数据分析的编程为主，由于对理论讲解过少，学生对程序往往很难理解，导致无法独立编写程序解决实际问题。

为了解决以上问题，并使大数据分析更加通俗易懂，本书将大数据分析的原理与编程实现融合在一起讲述。本书的特色是对每种数据分析算法都介绍如何使用 sklearn 编写程序来实现，sklearn 库是一种高度封装的机器学习算法库，所有的分类算法通常使用 3～5 行代码就能实现，具有简单易学的特点，通过学习 sklearn 能够很好地加深对数据分析以及机器学习概念和模型的理解，并且掌握 sklearn 库是学生进一步学习 TensorFlow 深度学习算法库的基础，因此学习 sklearn 库的编程能帮助理解机器学习的基本原理。

本书其他特色如下：

1）与传统数据分析的主要方法是统计学理论不同，大数据分析主要依靠机器学习，因此本书对机器学习的原理和步骤进行了通俗的阐述，力图使学生理解机器学习的基本思想。

2）为了提高学生的学习兴趣，本书所有 sklearn 程序均使用 Matplotlib 库实现数据的可视化，具有较高实用价值。

3）本书在叙述有关基本理论时，安排了大量的例题和程序，主要目的是通过例题和程序让学生能够快速理解理论，达到融会贯通的目的。

4）大数据分析离不开大数据处理平台，本书在第 1 章对 Hadoop 生态系统进行了较为系统的介绍，特别是对 MapReduce 并行编程框架做了实例讲解。

5）本书是微课版，对于教材中一些比较复杂的软件操作和需要用动画才能描述清楚的算法步骤，本书提供了微课视频，扫描相关内容旁边的二维码即可观看。

本书既可以作为大数据分析的教材，也适合大数据相关专业作为大数据概论课程的教材。本书注重教材立体化建设，每章后都提供了丰富的习题，并为教师提供全面的配套资料（PPT 课件、习题答案、考试试卷、教学大纲和实验指导），可在本书配套网站上下载，网址为：https://mooc1. chaoxing.com/course/205619118.html，也可在机工教育服务网（www.cmpedu.com）下载，或者和作者联系（tangsix@163.com）获取。

本书由唐四薪、赵辉煌、唐琼担任主编，唐四薪编写了第 3 章～第 8 章的内容。唐琼编写了第 1 章的部分内容，赵辉煌编写了第 2 章的内容，参与编写的还有谭晓兰、刘燕群、唐沪湘、刘旭阳、陆彩琴、唐金娟、谢海波、唐佐芝、舒清健等，编写了第 1 章的部分内容。

本书是湖南省普通高等学校教学改革研究项目（2020）"应用型本科院校程序设计类课程体系的重构与教学改革研究"的研究成果。

本书在编写过程中参考了大量专家学者的图书资料，编者已在参考文献中列出，谨此致谢，若有疏漏，也在此表示歉意。由于编者水平和教学经验有限，书中错误和把握不当之处在所难免，敬请广大读者和同行批评指正。

编　者

2021 年 3 月

目录

第1章
大数据分析概述

在传统互联网、物联网、移动互联网等领域，每天都在产生大量的数据，并且每时每刻还在快速增长。这种超大规模、高增长率的数据集被称为大数据（Big Data），大数据因其可采用新技术从中挖掘出有价值的信息而备受关注。

1.1 大数据概述

1.1.1 大数据的定义和特征

1. 大数据的定义

大数据是一个较为抽象的概念，不同机构从不同的方面对大数据给出了不同的定义。

关于什么是大数据，亚马逊公司的 John Rauser 给出了一个简单的定义：大数据是任何数据量超过了一台计算机处理能力的数据。

可见，大数据的"大"是一个相对量，超过了一台计算机的处理能力，这包含两层含义，既表示超过了一台计算机 CPU 的处理能力，也表示超过了一台计算机硬盘的存储能力。可见大数据就是数据量大到无法用一台计算机处理和存储的数据，因此数据量大是大数据的第一个特点。

国际数据公司 IDC 对大数据的描述为：大数据一般涉及两种或两种以上的数据形式，这个定义指出了大数据中的数据类型具有多样性。

维基百科对大数据的定义为：大数据是指利用常用软件工具获取、管理和处理数据所耗费的时间超过可容忍时间的数据集。这个概念说明大数据对处理速度要求比较快，因为信息是具有时效性的，如果处理速度过慢，大数据所蕴含信息的价值就会逐渐消失。

著名咨询机构 Gartner 对大数据的定义为：大数据是需要新处理模式才能具有更强的决策力、洞察发现力和流程优化能力的海量、高增长率和多样化的信息资产。这个定义说明了传统方式无法处理大数据，需要新的处理模式，而大数据的价值在于它能带来更强的决策力、洞察发现力和流程优化能力，这些需要通过大数据分析来实现。

2. 大数据的特征

目前人们普遍认为，大数据具有 5 个特征，即数据量大（Volume）、数据类别多样（Variety）、要求处理速度快（Velocity）、价值密度低（Value）和数据应具有真实性（Veracity）。

这 5 个特征的英文都以"V"开头，因此一般说大数据具有 5V 特征。

（1）数据量大

数据量大是大数据的基本特征，这包括两个方面，即数据体量巨大并且数据增量大。

1）数据体量巨大：由于数据体量巨大，超过了一台计算机的存储能力，因此对大数据一般要采取分布式存储。

2）数据增量大：数据的产生非常快，每时每刻都在不断产生巨量的数据，这就要求大数据的存储要具有方便的可扩充能力。

提示：

"大数据""大规模数据"和"海量数据"的区别：

大数据的目标是从大量数据中提取相关的价值信息，所以大数据并非只是大量数据的无意义堆积，其数据之间具有一定的直接或者间接联系。因此数据之间是否具有结构性和关联性是大数据和"大规模数据""海量数据"的重要差别。

就技术方面而言，大数据要求能够快速、高效地对多种类型的数据进行处理、整合，从而获得有价值的信息，而大规模数据无此需求。

（2）数据类别多样

数据类别多样一方面是指大数据的种类多样，一般来说，大数据中的数据种类包括结构化数据、半结构化数据和非结构化数据；另一方面是指大数据的来源多样。大数据的主要来源有：Internet 上搜索引擎的搜索数据、电子商务平台上的交易数据、社交平台上的留言数据、物联网上各种传感器收集的数据，以及其他行业产生的一些大数据。

（3）要求处理速度快

快速增长的数据量要求数据处理的速度也要相应地提升。因为数据的价值会随着时间而迅速降低，利用数据进行决策必须要能够快速处理和分析数据。

（4）价值密度低

价值密度一般与数据总量的大小成反比。比如一部视频，在连续不断的监控过程中，可能有用的数据仅仅只有一两秒。又比如电子商务网站的交易数据，单笔交易数据几乎没有分析的价值，但将大量的交易数据汇聚到一起进行分析往往能发现一些市场规律。

此外，大数据为了获取事物的全部细节，直接采用原始数据，保留了数据的原貌，这就导致在呈现数据全部细节的同时也引入了大量没有意义甚至错误的信息。因此，相对于特定的应用，大数据关注的非结构化数据具有价值密度低的特点。

（5）数据应具有真实性

研究大数据的目的是为了能够从庞大的数据集中提取出能够解释和预测现实事件的能力，数据的重要性在于对决策的支持，数据的规模并不能决定其能否为决策提供帮助，数据的真实性和质量才是获得真知的最重要因素。因此，对于大数据来说，保证数据的真实性是大数据分析的基础。

1.1.2 大数据处理的过程

大数据来源于 Internet、物联网、企业信息系统等，经过大数据处理系统的分析挖掘，产生新的知识用以支撑决策或业务的自动智能化运行。从数据在信息系统中的生命周期看，大数据从数据源经过分析挖掘到最终获得价值一般需要经过 4 个阶段：数据采集、数据预处理、数据存储、数据分析和挖掘，如图 1-1 所示。

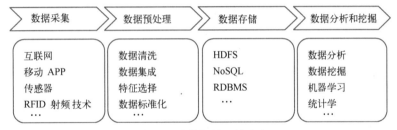

图 1-1　大数据处理的阶段

1．数据采集

数据采集是通过网络爬虫、系统日志采集、传感器等工具从 Internet、物联网、交互型社交网络以及移动互联网获取多种类型海量数据的过程。

2．数据预处理

数据预处理是数据分析和挖掘的基础，是对接收数据进行清洗、集成、特征选择、标准化等操作，并最终作为数据分析的输入数据集的过程。

1）数据清洗：从现实世界中采集到的数据一般是不完整、有噪声且不一致的。数据清洗过程主要包括数据的默认值处理、噪声数据处理、不一致数据的处理。

2）数据集成：数据集成过程是将多个数据源中的数据合并存放到一个一致的数据存储中，其中数据源可包括多个数据库、非关系型（NoSQL）数据、网页，及非结构化文本等。

3）特征选择：在有限的样本数目下，用大量的特征设计分类器，计算开销大而且分类性能差。选择出重要的特征可以缓解维数（即特征的个数）灾难问题，而去除不相关特征可以降低数据分析任务的难度，通过特征选择可以达到降维、提升模型效果和性能等目标。

4）数据标准化：主要包括数据同趋化处理和无量纲化处理两个方面。数据同趋化处理主要解决不同性质数据问题，如定性数据和定量数据如何比较，如何相加。数据无量纲化处理主要解决数据的可比性，如消除各个特征之间数量级的差异。

3．数据存储

大数据的存储系统需要以极低的成本存储海量数据，还要适应多样化的非结构化数据的管理需求，具备数据格式上的可扩展性。大数据存储的数据库常采用 NoSQL 数据库，大数据存储的文件系统常采用分布式文件系统（Hadoop Distributed File System，HDFS）。

4．数据分析和挖掘

数据分析是指利用相关数学模型以及机器学习算法对数据进行统计、预测和文本分析。数据分析可分为预测性分析、关联分析和可视化分析。数据分析的主要方法有探索性数据分析方法、描述统计法、数据可视化等。

数据挖掘（Data Mining）是从数据库的大量数据中挖掘出有用的信息，即从大量的、不完全的、有噪声的、模糊的、随机的实际应用数据中，发现隐含的、规律性的、人们事先未知的，但又潜在有用的并且最终可理解的信息和知识的过程，所挖掘的知识类型包括模型、规律、规则、模式、约束条件等。

总的来看，大数据对数据准备环节和知识展现环节来说只是量的变化，不需要根本性的变革。但大数据对数据分析、计算和存储三个环节的影响很大，需要对技术架构和算法进行重构，这是当前和未来一段时间大数据技术创新的焦点。

1.1.3　大数据的职业岗位

大数据包含的产业和技术是多方面的，目前大数据行业常见的职业岗位有以下几种。

（1）大数据平台维护工程师

负责以 Hadoop 为核心的大数据处理平台与生态组件的搭建与维护（包括 Hadoop 生态系统的部署与维护，如 Zookeeper、Kafka、storm 等）。

（2）大数据编程开发工程师

负责使用大数据计算技术（如 MapReduce、Spark）编程解决某一领域内的实际问题，通常需要使用并行编程技术解决大数据的处理问题，如 Top-K 问题、协同过滤算法等，要求具有较强的产品设计和开发能力。

（3）大数据分析工程师

负责进行数据采集、清洗、分析，负责使用统计学、数据挖掘、机器学习等技术进行数据预测，针对数据分析结论给管理、销售、运营等业务部门提供具有指导意义的分析意见。要求具有过硬的数学和统计学功底，对机器学习算法的代码实现有很高的要求。

1.2　云计算——大数据的处理架构

由于大数据超过了一台计算机的处理能力，因此大数据需要新的处理架构——云计算（Cloud Computing）。云计算是分布式计算的一种，云计算主要是并行计算、分布式计算、网格计算、虚拟化等技术的演化和跃迁，是一种动态的、可扩展的计算模式。

1.2.1　云计算的定义和特点

云计算是以网络技术、虚拟化技术、分布式计算技术为基础，以按需分配为业务模式，具备动态扩展、资源共享、宽带接入等特点的新一代网络化商业计算模式。开放的网络环境为云计算用户提供了强大的计算和存储能力，现已逐渐在电子商务、物联网等众多领域得到广泛的应用。

云计算的定义：云计算是一种商业计算模型，它将计算任务分布在由大量计算机构成的资源池中，使用户能够按需获取计算能力、存储空间和信息服务。简言之，云计算是通过网络提供可伸缩的廉价的分布式计算能力。之所以称为"云"，是因为它在某些方面具有现实中云的特征：云一般规模都较大；云的大小可以动态伸缩，它的边界是模糊的；云在空中飘忽不定，无法也无须确定它的具体位置，但它确实存在于某处。

云计算的定义中，有 4 个关键要素：

1）硬件和软件都是资源，通过互联网以服务的方式提供给用户。

2）这些资源都可以根据需要进行动态扩展和分配。

3）这些资源物理上以分布式的共享方式存在，但最终在逻辑上以单一整体的形式呈现。

4）用户按需使用云中的资源，按实际使用量付费。

1. 云计算的核心要点

目前，大多数大型电子商务网站均部署在云计算环境中，如京东云、阿里云、腾讯云。虽然各个企业的云计算环境和提供的服务不尽相同，但任何云计算一般具有如下共同的核心要点。

　　1）云计算一定要有资源池。把分散的计算资源集中到大的资源池里，以方便统一管理和分配。按需分配、自助服务。一个应用系统实际需要多少资源，就被分配多少资源。应用系统对自己得到的资源能够自助管理。

　　2）弹性可伸缩的资源变化。随便撤掉云计算环境中的一台物理服务器，其上面的信息和活动会自动转移到资源池的其他服务器中去；随便增加一台服务器，其资源会自动添加到云计算的资源池。所有这些增减，用户完全意识不到。

　　2. 云计算的特点

　　云计算有以下 5 大特点：

　　（1）虚拟化

　　在过去，一个企业信息系统通常是部署在一台真实的物理服务器上的。到了云计算时代，则可以将一台物理服务器通过软件（如 VMware）虚拟成很多台虚拟的服务器，在每台虚拟服务器上都可以部署一个应用。并可根据该应用的实际需要设置虚拟服务器占用的 CPU、内存和网络等物理服务器上的计算资源。这称为资源切分型云计算。

　　如果一个信息系统对计算和存储的需求比较高，超出了一台物理服务器的计算能力。则可以通过软件（如 Hadoop）将多台真实的物理服务器虚拟成一台超级服务器，这台超级服务器可以统一管理和使用很多台物理服务器的资源，因此计算和存储能力更强，这称为资源整合型云计算。这种云计算是大数据处理的主要方式。

　　（2）分布式计算

　　随着电子商务的发展，有些大型电子商务系统需要同时处理成千上万个用户的并发服务请求，这需要非常巨大的计算能力才能完成，如果采用集中式计算，则需要耗费相当长的时间。而分布式计算可将该应用分解成许多小的部分，分配给很多台计算机同时进行处理。这样可以节约整体计算时间，提高响应速度。通俗地说，分布式计算就是借助集体的力量来计算。

　　（3）数据存储在云端

　　云计算可将许多台通过网络连接的服务器虚拟成一个"云"，云从表面上看就是"数据中心"或"服务器机房"（但数据中心并不一定就是"云"，只有使用了云计算的几种关键技术才是云）。对于用户而言，可以将云作为一个整体使用，而不需要关心云内部的实现细节。云计算的数据存储技术必须具有分布式、高吞吐率和高传输率的特点。具体而言，用户将数据上传到云端，云计算会自动将数据分片存储在多台物理服务器上，在需要读取数据时，就能从很多台物理服务器同时读取不同的分片，大大提高了读取速度。

　　（4）动态可伸缩

　　云计算的核心理念是资源池，这种资源池称为"云"。"云"是一些可以自我维护和管理的虚拟计算资源，通常是一些大型服务器集群，包括计算服务器、存储服务器和宽带资源等。云计算将计算资源集中起来，并通过专门软件实现自动管理，无须人为参与。用户可以动态申请部分资源，支持各种应用程序的运转，无须为烦琐的细节而烦恼，能够更加专注于自己的业务，有利于提高效率、降低成本和技术创新。资源池的规模可以动态扩展，分配给用户的处理能力可以动态回收重用。这种模式能够大大提高资源的利用率，提升平台的服务质量。

　　（5）高可用性和扩展性

　　云计算的文件系统（如 Hadoop 的 HDFS）一般都会采用数据多副本容错、计算节点同构可互换等措施来保障服务的高可靠性，比如 HDFS 将文件分块存储，每个文件块默认都保存 3 个副本，存放在不同的物理服务器上。基于云服务的应用可以持续对外提供服务（7×24 小时），另外"云"的规模可以动态伸缩，来满足应用和用户规模增长的需要。按需服务，更加经济。用户可以根据自己的需要来购买服务，甚至可以按使用量来进行精确计费。这能大大节省 IT 成本，而资源的整体利用率也将得到明显的改善。

总的来说，云计算具有以下优点。

1）不再需要巨大的一次性的 IT 投资，因为如果计算资源不够，只需向资源池中添加服务器即可。

2）通过应用的自动化管理，降低运营成本。

3）通过资源的共享和弹性分配，在不影响业务的高可用性前提下，提升资源的利用率。

4）通过硬件的集中部署降低 PUE（Power Usage Effectiveness，能耗利用效率）值，节约电力成本。

1.2.2 云计算的体系结构

云计算环境是指将分布在互联网上的计算机等终端设备相互整合，借助某种网络计算方式，实现软硬件资源共享和协调调度的一种虚拟计算系统，它具有快速部署、易于度量、终端开销低等特征。

云计算技术的体系结构可分为 4 层：物理资源层、资源池层、管理中间件层和 SOA（Service Oriented Architecture，面向服务的架构）构建层，如图 1-2 所示。物理资源层包括计算机、存储器、网络设施、数据库和软件等；资源池层是将大量相同类型的资源构成同构或接近同构的资源池，如计算资源池、数据资源池等。构建资源池还包括物理资源的集成和管理工作，例如，研究在一个标准的机房空间如何装下 2000 台服务器、解决散热和故障节点替换的问题并降低能耗；管理中间件层负责对云计算的资源进行管理，并对众多应用任务进行调度，使资源能够高效、安全地为应用提供服务；SOA 构建层将云计算能力封装成标准的 Web Services 服务，并纳入 SOA 体系进行管理和使用，包括服务注册、查找、访问和构建服务工作流等。

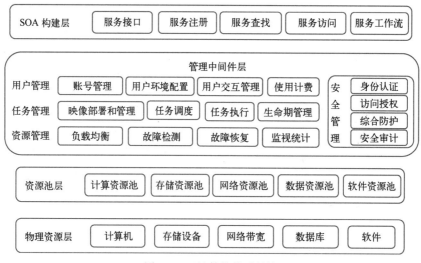

图 1-2　云计算的体系结构

　　管理中间件和资源池层是云计算技术的最关键部分，SOA 构建层的功能更多依靠外部设施提供。

　　云计算的管理中间件负责资源管理、任务管理、用户管理和安全管理等工作。资源管理负责均衡地使用云资源节点，检测节点的故障并试图解决或屏蔽，并对资源的使用情况进行监视统计；任务管理负责执行用户或应用提交的任务，包括完成用户任务映象（Image）的部署和管理、任务调度、任务执行、任务生命期管理等；用户管理是实现云计算商业模式的一个必不可少的环节，包括提供用户交互接口、管理和识别用户身份、创建用户程序的执行环境、对用户的使用进行计费等；安全管理保障云计算设施的整体安全，包括身份认证、访问授权、综合防护和安全审计等。

　　例如，对于一个部署在云计算环境下的电子商务系统来说，硬件设备、操作系统将以"基础设施即服务"的形式提供。基础设施层包括虚拟服务器、虚拟网络、虚拟操作系统等。而认证中心（Certificate Authority，CA）、各种认证协议、电子支付协议等将以"平台即服务"的形式提供。电子商务网站、客户关系管理（Customer Relationship Management）系统、支付系统等应用系统将以"软件即服务"的形式提供。

1.2.3　云计算的分类

　　目前已出现的云计算技术的分类有如下几种方式。

1. 按技术路线分类

（1）资源整合型云计算

　　这种类型的云计算系统在技术实现方面大多体现为集群架构，通过将大量节点的计算资源和存储资源整合后输出。这类系统通常能实现跨节点弹性化的资源池构建，核心技术为分布式计算和存储技术。MPI（Message Passing Interface，消息传递接口）、Hadoop、HPCC（High-Performance Computing Cluster，高性能计算集群）、Storm 等都可认为是资源整合型云计算。

（2）资源切分型云计算

　　这种类型最为典型的就是虚拟化系统。这类云计算系统通过系统虚拟化实现对单个服务器资源的弹性化切分，从而有效地利用服务器资源。其核心技术为虚拟化技术，这种技术的优点是用户的系统可以不做任何改变接入采用虚拟化技术的云计算系统，是目前应用较为广泛的-类云计算技术，特别是在桌面云计算上应用得较为成功；缺点是跨节点的资源整合代价较大。KVM、Vmware、VirtualBox 都是这类技术的代表。

2. 按资源封装的层次分类

　　传统的信息系统资源使用者往往是以直接占有物理硬件资源的形式来使用资源的，而在云计算环境中，是将物理硬件资源进行封装后，以服务的形式通过网络提供给资源的使用者。云计算具有 3 种资源封装层次（也即服务模式），如图 1-3 所示。

　　在这里，资源的使用者可能是资源的二次加工者，也可能是最终应用软件的使用者。通常 IaaS、PaaS 层面向的资源使用者往往是资源的二次加工者，这类资源的使用者并不是资源的最终消费

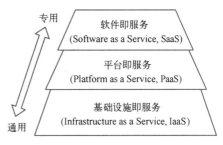

图 1-3　云计算的 3 种资源封装层次

者，他们将资源转变为应用服务程序后，再以 SaaS 的形式提供给资源的最终消费者。云计算系统按资源封装的层次分为 IaaS、PaaS、SaaS，表示对底层硬件资源不同级别的封装，从而实现将资源转变为服务的目的。实现对物理资源封装的技术并不是唯一的，目前不少软件都能实现，甚至有的系统只有 SaaS 层，并没有进行逐层的封装。

（1）基础设施即服务

把单纯的计算和存储资源不经封装地直接通过网络以服务的形式提供给用户使用。客户可以使用"基础计算资源"，如 CPU 处理能力、存储空间、网络组件或中间件，并掌控操作系统、存储空间、已部署的应用程序及网络组件（如防火墙、负载平衡器等），但不掌控云基础架构。

这类云计算服务用户的自主性较大，用户可自主地在基础设施上搭建各种应用系统。这种方式可以满足非 IT 企业对 IT 资源的需求，同时还不需要花费大量资金购置服务器和雇佣更多的 IT 人员，使他们可以将自己的主要精力放在自己的主业上。同时，这种云计算服务还使用自动化技术来根据用户的业务量自动分配合适的服务器数量，用户不必为自己业务的扩展或者收缩而考虑 IT 资源是否合适。同时用户不必担心 IT 设施的折旧问题，只需根据自己的服务器使用量交付月租金即可。这类云计算服务的对象往往是具有专业知识能力的资源使用者，例如数据中心的主机租用服务可以认为是 IaaS 的典型代表。

（2）平台即服务

计算和存储资源经封装后，以某种接口和协议的形式提供给用户调用，资源的使用者不再直接面对底层资源。即资源的使用者不需要管理或控制底层的云基础设施，包括网络、服务器、操作系统、存储等；但客户能控制部署的应用程序，也可能控制运行应用程序的托管环境配置。PaaS 位于云计算的中间层，主要面向软件开发者或软件开发商，提供基于互联网的软件开发测试平台。软件开发人员可以通过基于 Web 等技术直接在云端编写自己的应用程序，同时也可以将自己的应用程序托管到这个平台上。例如，数据中心提供的虚拟主机服务就是 PaaS 的典型代表，开发者可以在虚拟主机（如 IIS）上部署自己的 Web 应用程序或网站，而不需要自己搭建 Web 服务器，这样的平台得到了一些小型创业企业的青睐。

另外，这样的云计算平台还提供大量的 API 或者中间件供程序开发者使用，大大缩短了程序开发的周期，例如，阿里云提供的机器学习云平台和云数据库就是面向开发者的中间件平台。同时，程序代码存储在云端可以很方便联合开发。最重要的是用户不必再担心自己发布的应用需要多少硬件支持，因为云端可以满足一切。

（3）软件即服务

将计算和存储资源封装为用户可以直接使用的软件，并通过网络提供给用户。SaaS 面向的服务对象为最终用户，用户只是对软件功能进行使用，无须了解任何云计算系统的内部结构。软件即服务是一种服务观念的基础。软件服务供应商以租赁的概念提供软件的使用服务，而非购买。比较常见的模式是提供一组账号密码，让用户登录使用软件。例如，百度网盘就是一种典型的软件即服务模式，用户不必担心软件的更新和维护等问题，只需通过 Web 就可以使用相应的软件。也许用户对于像 QQ 这类的小软件来说并不能完全体会到 SaaS 的优势，但对于那些中小型企业和他们需要的 ERP、CRM 等来说，SaaS 优势明显。首先，企业不必花费巨额资金购买软件的使用权；其次，企业也不必花费资金构建机房和雇佣人员；再次，企业也不必考虑机器折旧和软件升级维护等问题。

提示:

云计算的服务层次是根据服务类型即服务集合来划分的,与计算机网络中的分层结构明显不同。在计算机网络中,每个层次都实现一定的功能,层与层之间有一定关联。而云计算体系结构中的层次是可以分割的,即某一层次可以单独完成一项用户的请求而不需要其他层次为其提供必要的服务和支持。

3. 按服务对象分类

云计算按服务器对象的不同可分为:公有云、私有云、混合云和社区云。

（1）公有云（Public Cloud）

公有云是指面向公众的云计算服务,由云服务提供商运营。其目的是为终端用户提供从应用程序、软件运行环境,到物理基础设施等各种各样的 IT 资源。它对云计算系统的稳定性、安全性和并发服务能力有更高的要求。

（2）私有云（Private Cloud）

私有云是指企业自建自用的云计算中心,且具备许多公有云环境的优点。主要服务于某一组织内部的云计算服务,其服务并不向公众开放,如企业、政府内部的云计算服务。

（3）混合云（Hybrid Cloud）

混合云是把公有云和私有云结合在一起的方式。在这个模式中,用户通常将非企业关键信息外包,并在公有云上处理,而掌握企业关键服务及数据的内容则放在私有云上处理。

（4）社区云（Community Cloud）

社区云是公有云范畴内的一个组成部分。它由众多利益相仿的组织掌控及使用,其目的是实现云计算的一些优势,如特定安全要求、共同宗旨等。社区成员共同使用云数据及应用程序。

目前,公有云引领着云市场,占据着大量的市场份额。采用公有云的一个主要原因是“按需付费”的成本效益模型。另外,它还通过优化运营、支持和维护服务给云服务供应商带来了规模经济。私有云市场使用规模仅次于公有云,主要是因为它在安全性方面做得更好。混合云模型目前市场中占有份额较少,但未来发展空间巨大。社区云由于共同承担费用的用户数远比公有云少,因此也更贵,但隐私度、安全性和政策遵从都比公有云要高。用户可以根据实际需求,选择一种适合自己的云计算模式。

1.2.4　虚拟化技术

1959 年,克里斯托弗（Christopher Strachey）发表了“大型高速计算机中的时间共享”,提出了虚拟化的基本概念。标志着虚拟化作为一个概念被正式提出。

1965 年,IBM 公司发布的 IBM7044 允许用户在一台主机上运行多个操作系统,充分地利用了昂贵的大型机资源。随后虚拟化技术一直只在大型机上应用。

1999 年,VMware 在 X86 平台上推出了可以流畅运行的商业虚拟化软件。从此虚拟化技术终于走下大型机的神坛,来到 PC 服务器的世界之中。尤其是 CPU 进入多核时代之后,PC 具有了前所未有的强大处理能力,PC 服务器可以很好地应用虚拟化技术。

2008 年后,云计算技术的发展推动了虚拟化技术的应用普及,使其成为研究热点。云计算使用虚拟化技术隔离物理层,使得硬件相对于用户来说是透明的,而呈现在用户面前的是服务接口,用户只需通过网络使用手机、电脑等终端来获取所需服务,从而不需要与复杂的服务器硬件打交道。

虚拟化技术的优势如下：

- 虚拟化技术可以提高资源利用率。
- 虚拟化可以简化资源和资源的管理。
- 提供相互隔离、高效的应用执行环境。
- 虚拟化技术实现软件和硬件的分离。

虚拟化技术的劣势如下：

- 可能会使物理计算机负载过重。
- 受物理计算机性能的影响。
- 升级和维护引起的安全问题。

1. 虚拟化技术的层次

虚拟化技术的实现可分为以下几个层次，如表 1-1 所示。

1）指令集架构级虚拟化：典型应用是游戏机模拟器，游戏机（如街机）的 CPU（如 MC68000）和 PC 机的 CPU 可执行的指令集是不同的，因此游戏机模拟器的功能就是将 PC 机的指令集虚拟成游戏机 CPU 的指令集。

2）硬件抽象层虚拟化：典型应用是 Vmware，在宿主机上安装 Vmware 后，就可以在其上安装 Windows、Linux 等与 X86 架构兼容的操作系统了，但是却无法安装 Mac 操作系统，这是因为 X86 与苹果 PC 的处理器是两种指令集架构不同的 CPU。可见硬件抽象层虚拟化无法虚拟 CPU 指令集。

3）操作系统层虚拟化：指通过划分一个宿主操作系统的特定部分，产生一个个隔离的操作执行环境。操作系统层的虚拟化是操作系统内核直接提供的虚拟化，虚拟出的操作系统之间共享底层宿主操作系统内核和底层的硬件资源。它与硬件抽象层虚拟化的区别如下。

① 操作系统虚拟化是以原系统为模板，虚拟出的是原系统的副本，而硬件虚拟化虚拟的是硬件环境，然后真实地安装系统。

② 操作系统虚拟化虚拟出的系统只能是物理操作系统的副本，而硬件虚报化虚拟出的系统可以为不同的系统，如 Linux、Windows 等。

③ 操作系统虚拟化虚拟的多个系统有较强的联系。例如，多个虚拟系统能够同时被配置。原系统发生了改变，所有虚拟出的系统都会改变。而硬件虚拟化虚拟的多个系统是相互独立的，与原系统也没有联系，原系统的损坏不会殃及虚拟系统。

4）编程语言层上的虚拟化：典型应用是 JVM（Java 虚拟机），Java 程序经过一次编译之后，将 Java 代码编译为字节码也就是 class 文件，然后在不同的操作系统上依靠不同的 Java 虚拟机进行解释，最后再转换为不同平台的机器码，最终得到执行。

5）库函数层的虚拟化：典型应用是 Wine，Wine 就是在 Linux 上模拟了 Windows 的库函数接口，使得一个 Windows 应用程序能够在 Linux 上正常运行。

表 1-1　虚拟化技术的层次

虚拟化类型	虚拟化的目标对象	所处位置	实例
指令集架构级虚拟化	指令集	指令集架构级	Bochs、VLIW
硬件抽象层虚拟化	计算机的各种硬件	应用层	VMWare、Virtual Box、Xen、KVM
操作系统层虚拟化	操作系统	本地操作系统内核	Virtual Server、Zone、Virtuozzo
编程语言上的虚拟化	应用层的部分功能	应用层	JVM、CLR
库函数层的虚拟化	应用级库函数的接口	应用层	Wine

2. 常用的虚拟机软件

常用的虚拟机软件有 Vmware 和 Virtual Box，它们的基本功能差不多，但 Virtual Box 更小巧些。

1）Vmware：VMware Workstation 是一款功能强大的商业虚拟化软件，可以在一个宿主机上安装多个操作系统的虚拟机，宿主机的操作系统可以是 Windows 或 Linux，可以在 VMware Workstation 中运行的操作系统有 DOS、Windows 3.1、Windows 95、Windows 98、Windows 2000、Linux、FreeBSD 等。

通过 VMware Workstation 虚拟化软件虚拟各种操作系统仍然是开发、测试、部署新的应用程序的最佳解决方案。

2）Virtual Box：VirtualBox 是一款开源免费的虚拟机软件，使用简单、性能优越、功能强大。VirtualBox 由德国软件公司 InnoTek 开发，该公司现隶属于 Oracle 旗下，并更名为 Oracle VirtualBox。VirtualBox 宿主机的操作系统支持 Linux、Mac、Windows 三大操作平台。

02　安装 Ubuntu

这两个虚拟化软件的安装都很简单，安装完虚拟化软件之后，就可在其上新建虚拟机了，然后再安装虚拟机的操作系统，二维码 02 演示了在 Virtual Box 虚拟机中安装 Ubuntu 操作系统的步骤。

提示：

在使用虚拟化软件之前，需要在宿主计算机的 CMOS 设置中启用 Intel 虚拟化技术（Intel Virtualazition Technology），否则将导致虚拟机的操作系统无法安装成功。

3. 服务器虚拟化的种类

在云计算中，虚拟化技术主要用在服务器上，服务器虚拟化可分为以下三种。

1）将一台服务器虚拟成多台服务器，即将一台物理服务器分割成多个相互独立、互不干扰的虚拟环境。

2）服务器整合，就是将多个独立的物理服务器虚拟为一个逻辑服务器，从而增强服务器的性能，并使多台服务器相互协作，处理同一个业务。

3）服务器先整合、再切分，就是将多台物理服务器虚拟成一台逻辑服务器，然后再将其划分为多个虚拟环境，即多个业务在多台虚拟服务器上运行。

其中第 3 种方式是云计算环境中应用最多的服务器虚拟化方式。

1.3　Hadoop 大数据处理平台

Hadoop 是一个由 Apache 基金会开发的分布式系统基础架构。可以在大量廉价的硬件设备组成的集群上运行应用程序，为应用程序提供了一组稳定可靠的接口，旨在构建一个具有高可靠性和良好扩展性的分布式系统。基于 Hadoop，用户可以在不了解分布式底层细节的情况下开发分布式程序，充分利用集群的威力进行高速运算和存储。

1.3.1　Hadoop 的发展历史及版本

Hadoop 实际上是 Google 云计算的开源实现。2003 年 Google 发表了论文 *The Google File System*，提出了面向大数据存储的 GFS。2004 年 Google 又发表了论文 *MapReduce: Simplified*

Data Processing on Large Clusters，提出了 MapReduce 并行计算框架，但 Google 并没有开放这两个项目的源代码。

2006 年，受到 Google 论文启发的 Doug Cutting 等人模仿 Google 大数据技术而开发出了 Hadoop 生态系统，其初衷是为了解决 Nutch 的海量数据爬取和存储的需要。

2008 年 1 月，Hadoop 成为 Apache 的顶级开源项目，随后，各种大数据相关的开源软件纷纷加入 Hadoop，使 Hadoop 逐渐成为一个庞大的生态系统。2013 年 10 月，Hadoop 2.2.0 版本成功发布。

在 Hadoop 生态系统中，最核心的应用是 HDFS 和 MapReduce。HDFS 为海量的数据提供了存储，而 MapReduce 则为海量的数据提供了分布式计算能力。Hadoop 设计的目标是：高可靠性、高扩展性、经济性、高容错性、高效性。

1. Hadoop 与传统并行计算模型的区别

在 Hadoop 出现之前，高性能计算和网格计算一直是处理大数据问题的主要方法和工具，它们主要采用消息传递接口（Message Passing Interface，MPI）提供的 API 来处理大数据。高性能计算的思想是将计算作业分散到集群机器上，集群计算节点访问存储区域网络（Storage Area Network，SAN）构成的共享文件系统获取数据。这种设计比较适合于计算密集型作业，而不适合于存储密集型作业，当需要访问像 PB 级别的大数据时，由于存储设备网络带宽的限制，很多集群计算节点只能空闲等待数据的到达。

而 Hadoop 却能解决这种问题，由于 Hadoop 使用专门为分布式计算设计的文件系统 HDFS，计算的时候只需要将计算代码推送到存储节点上，即可在存储节点上完成数据本地化计算。可见，Hadoop 中的集群存储节点同时也是计算节点，因此它是把计算能力分发给数据。

在分布式编程方面，MPI 是属于比较底层的开发库，它赋予了程序员极大的控制能力，但是却要程序员自己控制程序的执行流程、容错功能，甚至底层的套接字通信、数据分析算法等底层细节都需要自己编程实现。这种要求无疑对开发分布式程序的程序员提出了较高的要求。

相反，Hadoop 的 MapReduce 却是一个高度抽象的并行编程模型，它将分布式并行编程抽象为两个原语操作，即 map 操作和 reduce 操作，开发人员只需要简单地实现相应的接口即可，完全不用考虑底层数据流、容错、程序的并行执行等细节。这种设计无疑大大降低了开发分布式并行程序的难度。

2. Hadoop 2.x 与 Hadoop 1.x 版本架构的区别

图 1-4 是 Hadoop 2.x 与 Hadoop 1.x 架构的区别。为了减小 JobTracker 的资源消耗，防止出现单点故障。Hadoop 2.x 版本引入了一个全新的通用资源管理器 YARN（Yet Another Resource Negotiator，另一种资源协调者），同时移除了 Hadoop 1.0 中的 JobTracker 和 TaskTracker，改由 YARN 平台的 ResourceManager 负责集群中所有资源的统一管理和分配，而 YARN 平台的 NodeManager 负责管理 Hadoop 集群中的单个计算节点。

YARN 的设计减少了 JobTracker 的资源消耗，减少了 Hadoop 1.0 中发生单点故障的风险。并且 YARN 平台除了可以运行 Mapreduce 作业外，还可运行 Spark 和 Storm 作业，充分利用了资源。

另外，在 Hadoop 2.X 版本中，HDFS 默认文件块的大小由 64MB 调整为了 128MB。

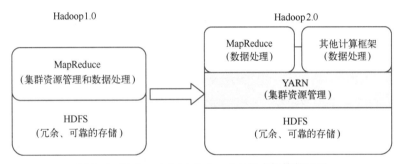

图 1-4   Hadoop 1.0 与 Hadoop 2.0 版本架构的区别

1.3.2   HDFS 的组成

HDFS 是 Hadoop 分布式文件系统的简称，一般部署在由若干台计算机组成的集群上，用于存放 PB、TB 数量级以上的文件，每个文件被分割成许多个固定大小的数据块保存，每个数据块将保存多个副本，所以 HDFS 是高冗余、高容错的文件系统。

HDFS 的结构是一种主从结构（Master/Slaver），一个 HDFS 集群由一个 NameNode（主节点）、若干个 DataNode（从节点）、以及一个 Secondary NameNode 组成。图 1-5 是 HDFS 的架构图。

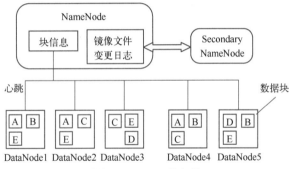

图 1-5   HDFS 的架构

在 HDFS 中，NameNode 是管理节点，负责管理文件系统的命名空间，存放文件元数据，维护着文件系统的所有文件和目录，文件与数据块之间的映射。而 DataNode 是存放数据块的节点。

1. 块（Block）

块是 HDFS 中文件存储处理的逻辑单元，相当于 Windows 文件系统中的"簇"。只不过 HDFS 中的块比 Windows 中的簇要大得多。HDFS 的文件被分成块进行存储，块的默认大小是 128MB（Hadoop 2.X）或 64MB（Hadoop 1.X）。

例如，文件 a 有 420MB，则该文件在 HDFS 中的存放需要占用 4 个块，如图 1-6 所示。

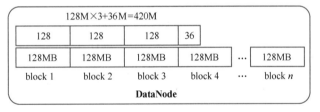

图 1-6   文件 a 分块存储示意

13

如果有两个文件，文件 a 有 420MB，文件 b 有 40MB，则在 HDFS 中的存放方式如图 1-7 所示，可见仍然只占用 4 个块。

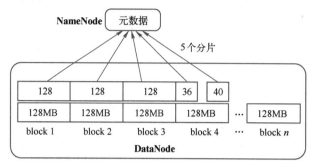

图 1-7　文件 a 和文件 b 分片存储示意

2．NameNode

NameNode 是管理节点，存放文件元数据，元数据包含如下两类映射关系：

1）文件与数据块的映射表，比如文件 1 对应 block1-4 这 4 个数据块。

2）数据块与数据节点的映射表。例如在图 1-5 中，数据块 A 对应 DataNode1、2、4 三个数据节点。

3．DataNode

DataNode 定时和 NameNode 进行心跳通信，并接收 NameNode 的指令。为了减轻 NameNode 的负担，NameNode 并不会把元数据永久地保存在它的硬盘中，而是通过 DataNode 启动时上报的方式更新 NameNode 上的映射表，也就是说映射表只是保存在 NameNode 的内存中，因此 NameNode 节点对内存的需求很高。

DataNode 同时也作为服务器接收来自客户端的访问，处理数据块的读、写请求。DataNode 之间还会相互通信，执行数据块的复制任务。在客户端执行写操作时，DataNode 之间需要相互配合，保证写操作的一致性。

DataNode 的主要功能可总结如下。

1）保存数据块，每个数据块对应一个元数据信息文件，描述这个数据块属于哪个文件，是第几个数据块等。

2）启动 DataNode 线程，定期向 NameNode 汇报数据块的变更信息。

3）定期向 NameNode 发送心跳包保持联系，如果 Namenode 在 10min 内没有收到某个 DataNode 的心跳信息，则认为其已经宕机，则 Namenode 会将其上的数据块复制到其他 DataNode 上面。

4．SecondaryNamenode

HDFS 包含了一个第二名称节点（SecondaryNameNode），其主要职责是定期把 NameNode 的 fsimage 和 edits 下载到本地，并将它们加载到内存中进行合并，最后将合并后的新的 fsimage 上传回 NameNode，这个过程称为检查点（CheckPoint），出于可靠性考虑，SecondaryNameNode 和 NameNode 通常运行在不同的计算机上，且 SecondaryNameNode 的内存应该与 Namenode 的内存一样大。

提示：

SecondaryNameNode 并不是 NameNode 的热备份。

1.3.3　HDFS 读取和写入文件

1．HDFS 的数据读取过程

HDFS 数据读取的过程如图 1-8 所示。其步骤如下。

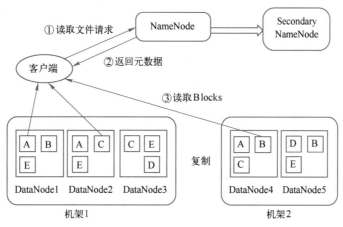

图 1-8　客户端从 HDFS 读取文件示意图

1）客户端向 NameNode 发出读取文件请求，该请求包含指定的文件路径和文件名。

2）NameNode 向客户端返回该文件的元数据，即该文件的数据块保存在哪几台距离客户端最近的 DataNode 上。

3）客户端向这几台 DataNode 发出读取请求，然后同时从这几台 Datanode 下载组成该文件的数据块。

2．HDFS 写入文件

HDFS 将数据写入文件系统的过程如图 1-9 所示，其步骤如下。

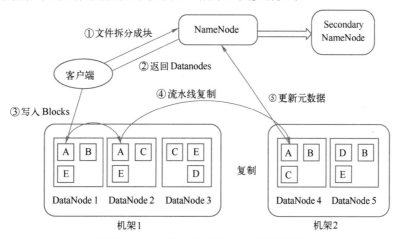

图 1-9　客户端从 HDFS 写入文件示意图

1）客户端向 NameNode 发出写入文件请求。

2）NameNode 将可以写入文件数据块的 DataNode 信息返回给客户端。

3）客户端首先将文件进行分块，然后将每个数据块分别传给这些 DataNode。

4）DataNode 先保存数据块，再将数据块进行流水线复制，自动完成数据块的多个 DataNode 备份。

5）DataNode 向 NameNode 汇报存储完成，NameNode 更新文件元数据，然后通知客户端写入完成。

提示：

HDFS 1.X 不支持文件的修改操作，要修改文件只能先把文件从 HDFS 下载到本地硬盘，在本地进行修改后，上传修改后的文件到 HDFS。

为此，HDFS 2.X 提供了追加修改 append 操作，append 操作可以在文件末尾追加写入内容，但仍然不支持文件的任意修改。

3．HDFS 的优缺点

HDFS 是专门为存储大文件而设计的，它的优点如下。

● 适合大文件的存储，支持 TB、PB 级的数据存储，并有副本冗余策略。

● 可以构建在大量廉价机器组成的集群上，并有一定的容错和恢复机制。

● 支持流式数据访问，对于一次写入、多次读取的数据访问最高效。

HDFS 的缺点如下。

● 不适合大量小文件的存储，一般将大量小文件打包后再存储。

● 不适合并发写入、不支持文件的随机修改。

● 不支持随机读等低延时的访问方式。

1.3.4 MapReduce 并行编程框架

Hadoop 中的 MapReduce 是一种简化的、并行计算编程模型，用于大规模数据集（大于 1TB）的并行运算，使用它写出来的应用程序能运行在由上千台廉价计算机组成的大型集群上，并以一种可靠容错的方式并行处理 TB 级别的数据集。

传统的并行编程模型（如 MPI）需要使用消息传递机制手工实现并行处理单元之间的任务分配和相互通信。而 MapReduce 能自动完成计算任务的并行化处理，自动划分计算数据和计算任务，从而使那些没有并行编程经验的开发人员也可以容易地开发并行应用程序。

03 编译运行 MapReduce 程序

MapReduce 核心思想就是"分而治之"，它把大规模数据集分成一个个小的数据集，称为分片（Split），交由主节点管理下的各分节点共同处理，然后整合各个子节点的中间结果，得到最终的计算结果。

1．MapReduce 的四个阶段

如果要学习 MapReduce 编程，第一个要学习的程序就是 WordCount，WordCount 是 MapReduce 编程的入门程序，相当于 C 语言中的 Hello World 程序。

WordCount 程序的功能是统计一个文本文件中各个单词的出现次数。对于传统的串行程序来说，一般使用一个循环语句从头到尾来扫描文本文件，并记录每个单词的出现次数。而对于 MapReduce 并行编程来说，它是先把文件切分成很多个大小相等的分片，每个并行处理单元分别处理每个分片的内容，即先统计出每个分片中单词出现的次数，这个过程称为 Map 任务，然后将所有分片中单词出现的次数进行汇总，这称为 Reduce 任务，从而统计出文件中每个单词的出现次数。

MapReduce 程序的输入是一个文本文件，输出是一组键值对，如图 1-10 所示。

下面以 WordCount 程序为例，来说明 MapReduce 的 4 个阶段的任务。

（1）Split 阶段

将输入的大文件通过 Split 切分成很多个大小相等的分片。每个输入分片（Input Split）针对一个 Map 任务，输入分片存储的

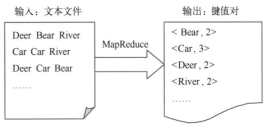

图 1-10 MapReduce 程序的输入与输出

并非数据本身，而是一个分片长度和一个记录数据位置的数组。输入分片往往和 HDFS 的数据块关系密切，假如设定 HDFS 数据块的大小是 64MB，要运行的大文件是 64×10MB，则 MapReduce 会分为 10 个 Map 任务，每个 Map 任务都存在于它要计算的数据块所在的 DataNode 上。从而实现将计算分发给数据。

（2）Map 阶段（需要编码）

Map 是映射，负责数据的过滤分化，将原始数据转化为键值对，如图 1-11 所示。需要说明的是，WordCount 程序只对数据进行了分化（即分割成单词），而有些程序还会在 Map 阶段对数据进行过滤，例如，要统计一个文本文件中指定的几个单词的出现次数，指定的单词存放在一个单词表中，则对于文本文件中出现的单词表以外的单词，会在这个阶段被过滤掉。

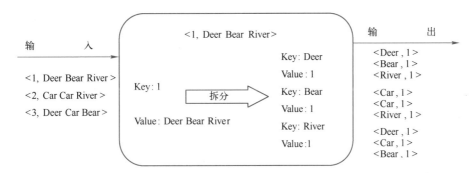

图 1-11 Map 阶段的任务

Map 函数的伪代码如下。

```
Map(String key, String value){  // key:字符串偏移量, value: 一行字符串内容
// 将字符串分割成单词
Words=SplitIntoTokens(value);
For each word w in words:
    EmitIntermediate(w,"1");
}
```

17

（3）Shuffle 阶段

Shuffle 阶段的主要任务有两步，第一步是排序（Sort），将 Map 阶段输出的键值对按键的字母顺序进行排序，例如对于图 1-11 中的输出进行排序后的结果如下。

<Bear, 1>、<Bear, 1>、<Car, 1>、<Car, 1>、<Car, 1>、<Deer, 1>、<Deer, 1>、<River, 1>、<River, 1>

第二步是归并（Merge），将具有相同键的键值对进行合并（但不求和），生成 Key 和对应的 Value-List。得到的结果如下。

< Bear, {1,1}>、<Car, {1,1,1}>、<Deer, {1,1}>、<River, {1,1}>

可见 Shuffle 的中文含义虽然是"洗牌"，但该阶段完成的工作相当于洗牌的逆过程。

（4）Reduce 阶段（需要编码）

Reduce 阶段对 Shuffle 阶段传来的数据进行最后的整理合并，将具有相同 Key 值的 Value 进行处理后再输出新的键值对作为最终结果，如图 1-12 所示。

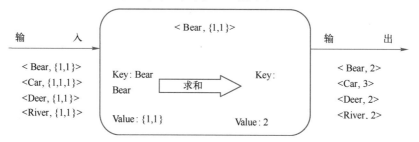

图 1-12 Reduce 阶段的任务

Reduce 函数的伪代码如下。

```
Reduce(String key, Iterator values){ // key:一个单词, value: 该单词出现的次数列表
  int result=0;
For each v in values:
        result+=StringToInt(v);
Emit(key,IntToString(result));
}
```

MapReduce 4 个阶段的全过程如图 1-13 所示。

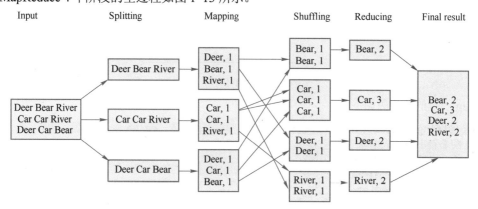

图 1-13 MapReduce 的全过程

除了以上 4 个阶段外，MapReduce 在 Map 任务后，还可有一个可选的阶段：Combiner 阶段。这是程序员可以选择的，Combiner 其实也是一种 Reduce 操作，因此在 WordCount 里 Combiner 类通常是重载了 Reduce 类。

Combiner 是一个本地化的 Reduce 操作，它是 Map 运算的后续操作，主要是在 Map 计算出中间文件前做一个简单的合并重复 key 值的操作，例如，对文件里的单词频率做统计，Map 计算时如果碰到一个 Hadoop 的单词就会记录为 1，但是这篇文章里 Hadoop 可能会出现 n 多次，那么 Map 输出文件冗余就会很多，因此在 Reduce 计算前对相同的 key 做一个合并操作，那么文件会变小，这样就提高了宽带的传输效率。但是 Combiner 操作是有风险的，使用它的原则是 Combiner 的输入不会影响到 Reduce 计算的最终输入，例如：如果计算只是求总数、最大值、最小值，可以使用 Combiner，但是如果做平均值计算使用 Combiner，最终的 Reduce 计算结果就会出错。

2．MapReduce 并行编程的一般思路

在传统的应用程序中，最耗时的操作是执行循环结构，循环结构的循环体在串行程序中是串行执行的，如果能把串行程序中的循环体并行执行，就能大大加快程序的执行速度。

MapReduce 编程的思想是，把循环结构的循环体中的语句放到 Map()函数中，则 MapReduce 会自动把 Map()函数中的语句分片，分配给许多个从节点并行执行，从而实现了循环程序的并行化。

提示：

在实际情况下，Map 任务的个数受多个条件的制约，一般一个 DataNode 的 Map 任务数量控制在 10～100 比较合适。要增大 Map 任务的个数，可增大 mapred.map.tasks 参数的值，要减少 Map 的个数，可增大 mapred.min.split.size 参数的值。

3．MapReduce 不能解决的问题

并不是任何计算问题都能转换为并行计算程序，MapReduce 不能解决需要迭代计算的问题，这类问题无法并行化。MapReduce 不能解决的问题包括：①层次聚类法；②Fibonacci 数值计算；③Hash 链计算。

MapReduce 的不足之处还表现在如下几个方面。

1）难以实时计算，MapReduce 处理的是存储在本地磁盘上的离线数据。

2）不能流式计算，MapReduce 设计处理的数据源是静态的。

3）难以进行 DAG 计算，MapReduce 这些并行计算大都是基于非循环的数据流模型，也就是说，一次计算过程中，不同计算节点之间保持高度并行，这样的数据流模型使得那些需要反复使用一个特定数据集的迭代算法无法高效地运行。

目前，另一个著名的大数据计算框架，Spark（基于内存计算的大数据并行计算框架）可以将 job 的中间输出结果保存在内存中，在下一个 job 的计算中不需要再次读取 HDFS，从而能够加快计算的速度。因此 Spark 更适合用来进行需要多次迭代的计算，特别是数据挖掘和机器学习。Spark 立足于内存计算，其性能和速度都优于 MapReduce，对于编程者来说更易于使用，更符合低延时、迭代计算的大数据应用。因此 Spark 在很大程度上能弥补 MapReduce 计算框架的上述不足。

1.3.5　YARN 资源管理器

Hadoop 的 YARN 是 Hadoop 2.X 新增的资源管理器，它是一个通用资源管理系统，可为上层应用提供统一的资源管理和调度，它的引入为集群在利用率、资源统一管理和数据共享等方面带来了诸多好处。

设计 YARN 的最初目的是为了改善 MapReduce 的实现，在 Hadoop 1.X 的 MapReduce 中，MapReduce 由 JobTracker 和 TaskTracker 组成，其中，JobTracker 负责资源管理和所有作业的调度，分配任务、监控任务的执行进度以及监控 TaskTracker 的状态；TaskTracker 的职责是接收来自 JobTracker 的命令并执行，再汇报任务的执行进度给 JobTracker。MapReduce 1 的架构如图 1-14 所示。

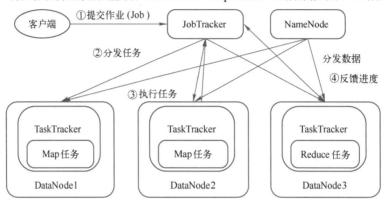

图 1-14　MapReduce 1 的架构

1. MapReduce 的工作过程和存在问题

MapReduce 1 的具体工作过程如下。

1）客户端向 Hadoop 集群提交一个作业请求。

2）JobTracker 与 NameNode 联合将工作分发给离它们所处理的数据尽可能近的位置。NameNode 提供元数据服务来执行数据分发和复制。JobTracker 将任务安排到一个或多个 TaskTracker 的可用资源作业槽（Slot）中。

3）TaskTracker 与 DataNode 一起对来自 DataNode 的数据执行 Map 和 Reduce 任务。

4）当 Map 或 Reduce 任务完成时，TaskTracker 会告知 JobTracker。如果 TaskTracker 执行任务失败，则 TaskTracker 会重复执行任务（默认重复执行 4 次）；如果 TaskTracker 执行任务缓慢，则 JobTracker 会将任务同时分配给其他两台 TaskTracker 同时执行，并且不停止当前 TaskTracker 的执行，最后以最快执行完的 TaskTracker 的执行结果为准，这称为推测执行。

5）JobTracker 确定所有任务何时完成，并最终告知客户端作业已完成。

通过上述流程可以看出 JobTracker 非常繁忙：一是它需要负责作业调度（把任务安排给 TaskTracker）；二是要负责任务的进度监控（跟踪任务、重启失败的任务、记录任务流水等）。

因为 JobTracker 既要负责作业的调度，又要负责任务进度监控，所以若 JobTracker 的访问压力过大时，集群会出现性能瓶颈。所以 MapReduce 1 不适合任务数过多的大型计算。官方数据显示，当节点数超过 4000，任务数达到 40000 时，MapReduce 会遇到可扩展性方面的瓶颈问题。

除此之外，MapReduce1 的另一个问题是使 Hadoop 难以支持除 MapReduce 之外的其他计算框架，如 Spark、Storm 等；并且 JobTracker 还存在单点故障问题。

2. YARN 的架构

Hadoop 2.X 为解决上述问题，在 Hadoop 1.X 架构中明显增加了 YARN。可以认为：

MapReduce2 即 YARN+MapReduce。

YARN 架构也是一种主从结构，它由 ResourceManager（资源管理器）、NodeManager（节点管理器）、Container（容器）和 ApplicationMaster（主应用）组成，如图 1-15 所示。

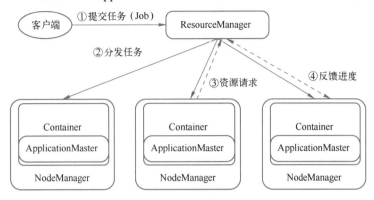

图 1-15　YARN 的架构和运行机制

（1）ResourceManager

ResourceManager 负责整个系统的资源分配和管理，是一个全局的资源管理器，主要由两个组件构成：调度器（Schedule）和应用程序管理器（ApplicationManager）。调度器根据资源情况为应用程序分配封装在 Container 中的资源。应用程序管理器负责整个系统中的所有应用程序。

（2）NodeManager

NodeManager 是每个节点上的资源和任务管理器。它定时向 ResourceManager 汇报本节点上的资源使用情况和各个 Container 的运行状态，接收并处理来自 ApplicationManager 的 Container 启动/停止请求。

（3）Container

YARN 中的资源包括内存、CPU、磁盘输入输出等。Container 是 YARN 中的资源抽象，它封装了某个节点上的多维度资源。YARN 会为每个任务分配 Container。

（4）ApplicationMaster

ApplicationMaster 是一个详细的框架库，它结合从 ResourceManager 获得的资源与 NodeManager 协同工作，来运行和监控任务。

客户端提交的每一个应用程序均包含一个 ApplicationMaster。其主要功能包括：

1）与 ResourceManager 调度器协商以获取抽象资源（Container）。

2）负责应用的监控，跟踪应用执行状态，重启失败任务等。

3）与 NodeManager 协同工作完成任务的执行和监控。

3．YARN 的运行机制

YARN 的运行机制如图 1-15 所示，具体的流程描述如下：

1）客户端向 ResourceManager 提交一个 YARN 任务。

2）ResourceManager 初始化 Container。

3）在 NodeManager 的协助下启动 Container。若是首次启动，Container 里面会包含 ApplicationMaster。

4）判断 ApplicationMaster 计算资源是否足够，如果足够，则自己处理。

5）如果资源不够，则 ApplicationMaster 向 ResourceManager 申请资源。

6）ApplicationMaster 拿到资源后，开始启动 Container。

7）在 NodeManager 的协助下，启动 Container、Application 运行。

下面对 MapReduce1 和 YARN 的资源管理进行一个对比，如表 1-2 所示。

表 1-2　MapReduce1 和 YARN 的资源管理的对比

分　　工	MapReduce1	YARN
作业调度	JobTracker	ResourceManager
任务进度监控		ApplicationMaster
任务执行	TaskTracker	NodeManager
资源调配单元（CPU、内存等）	Slot（槽）	Container

1.3.6　Hadoop 生态系统及其安装

实际上，Hadoop 是一个很庞大的生态系统，由很多组件组成，之所以称其为生态系统，是因为它的组件很多，并且这些组件是分为不同层次的，图 1-16 展示了 Hadoop 2.X 生态系统的构成。

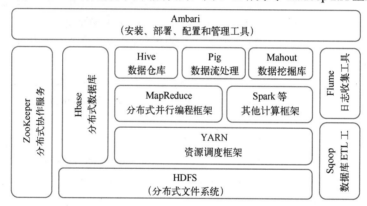

图 1-16　Hadoop 2.X 生态系统的构成

Hadoop 生态系统中的常用组件及其功能简介如表 1-3 所示。

表 1-3　Hadoop 生态系统的常用组件及其功能

组　　件	功　　能
HDFS	分布式文件系统
YARN	资源调度框架
MapReduce	分布式并行编程框架，适合于离线计算
Spark	基于内存的数据分析集群计算框架，适合于实时计算
HBase	建立在 HDFS 之上的分布式列存数据库
Hive	Hadoop 上的数据仓库
Pig	查询大型半结构化数据集的分析平台
Flume	一个高可用、高可靠、分布式的海量日志采集、聚合和传输的系统

（续）

组　件	功　能
Sqoop	在传统的数据库与 Hadoop 数据存储和处理平台间进行数据传递的工具
ZooKeeper	一个应用于分布式应用的高性能协调服务。它是一个为分布式应用提供一致性服务的软件，提供的功能包括配置维护、域名服务、分布式同步、组服务等
Ambari	Hadoop 的快速部署工具，支持 Apache Hadoop 集群的供应、管理和监控
Mahout	提供一些可扩展的机器学习领域的经典算法的实现

1．Hadoop 的安装方法

Hadoop 是一种运行在 Linux 操作系统上的集群软件，因此，在安装 Hadoop 之前，必须先安装 Linux 系统，一般在 Windows 下先安装虚拟机软件再安装 Linux。其中虚拟机软件可选择 Vmware 或 VirtualBox，Linux 操作系统可选择 Ubuntu 或 CentOS，这是两种最流行的 Linux 系统。它们的区别是：Ubuntu 是桌面级操作系统，功能比较简单、体积小巧，适合自己学习测试使用；而 CentOS 是服务器级操作系统，功能比较全面、体积较大，适合搭建真实的服务器。

图 1-17 是 Hadoop 的安装步骤，其中 JDK 和 Hadoop 的安装又分为两步，第一步是解压 tar 压缩文件，第二步是修改配置文件。

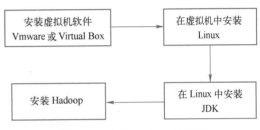

图 1-17　安装 Hadoop 的步骤

2．Hadoop 的安装模式

根据安装的 Hadoop 功能的不同，Hadoop 可分为三种安装模式：

（1）单机模式

只能用来调试 MapRedcue 程序，没有 HDFS，如果只需要学习 MapReduce 编程，可安装这种模式，这种模式需要在 hadoop-env.sh 文件中指定 JDK 的安装位置。单机模式的安装过程可扫描二维码 04 观看。

（2）伪分布模式

伪分布式模式是完全分布式模式的一种特例，它只有一个节点，既可以用来学习 HDFS，又可以用来学习 MapReduce。伪分布模式的安装过程可扫描二维码 05 观看。在这种模式中，需要在单机模式的基础上，编辑 Hadoop 2.X 的 4 个配置文件，这 4 个文件及其作用如下。

1）core-site.xml：指定哪台主机是 namenode。

2）hdfs-site.xml：指定块的副本数。

3）mapred-site.xml：配置 Hadoop 为集群（YARN）模式或（LOCAL）模式。

4）yarn-site.xml：设置资源管理器对应的主机和辅助服务器。

（3）完全分布式模式

完全分布式模式是真正的 Hadoop 集群架构，至少需要 3 台虚拟机来部署，其中一台虚拟机作为主节点，在上面部署：ResourceManager、NameNode 和 SecondaryNameNode，另外两台虚拟机为从

04　单机模式的安装

05　伪分布模式的安装

节点，用来部署 NodeManager 和 DataNode。这是 Hadoop 集群架构的真实应用，如果要从事企业 Hadoop 平台的部署则必须掌握完全分布式模式的配置。完全分布式模式的安装过程可扫描二维码 06 观看。

06　完全分布
模式的安装

完全分布式模式的配置在伪分布式模式的基础上，另外还需要配置 slavers 文件，在该文件中指定从节点是哪几台主机。

1.4　NoSQL 数据库

为了满足大数据处理时对高性能的需求，NoSQL 数据库成为大数据处理中最常用的存储工具，它能解决关系型数据库在大数据读写时的性能问题。

1. 关系型数据库的性能问题

关系型数据库在高并发访问下的性能是存在瓶颈的，尤其是在写入/更新频繁的情况下，关系型数据库会存在 CPU 占用率高、SQL 语句执行速度慢、客户端报数据库连接池不够等问题。具体问题如下。

（1）高并发访问情况下存储设备的输入输出访问压力大

关系型数据库数据按行存储，即使只针对行中某一字段进行运算，也会将整行数据从存储设备中读入内存，导致 I/O 占用较高。

（2）为维护索引付出的代价大

为了提供丰富的查询能力，通常热点表都会有多个二级索引，一旦有了二级索引，数据的新增必然伴随着所有二级索引的新增，数据的更新也必然伴随着所有二级索引的更新，这不可避免地降低了关系型数据库的读写能力，且索引越多，读写能力越差。

（3）为维护数据一致性付出的代价大

数据一致性是关系型数据库的核心，但是同样为了维护数据一致性的代价也是非常大的。SQL 标准为事务定义了不同的隔离级别，从低到高依次是读未提交、读已提交、可重复读、串行化，事务隔离级别越低，可能出现的并发异常越多，但是通常而言能提供的并发能力越强。为了保证事务一致性，数据库就需要提供并发控制与故障恢复两种技术，前者用于减少并发异常，后者可以在系统异常的时候保证事务与数据库状态不会被破坏。对于并发控制，其核心思想就是加锁，无论是乐观锁还是悲观锁，提供的隔离级别越高，则读写性能必然越差。

（4）水平扩展后带来的种种问题难处理

随着数据库规模的扩大，一种方式是对数据库做分库，做了分库之后，数据迁移（一个库的数据按照一定规则打到两个库中）、跨库 join（订单数据里有用户数据，两条数据不在同一个库中）、分布式事务处理都是需要考虑的问题，尤其是分布式事务处理，业界当前还没有特别好的解决方案。

（5）表结构扩展不方便

由于数据库存储的是结构化数据，因此表结构 schema 是固定的，扩展不方便，如果需要修改表结构，需要执行 DDL（Data Definition Language）语句修改，修改期间会导致锁表，部分服务不可用。

2. 常见的 NoSQL 数据库的类型及产品

为了解决关系型数据库无法满足大数据存储的性能需求问题，NoSQL 数据库应运而生。NoSQL 的全称为 Not Only SQL，泛指非关系型数据库，是对关系型数据库的一种补充。NoSQL

具有如下优点：①易扩展，NoSQL 数据库种类繁多，但都去掉了关系数据库的关系型特性。数据之间无关系，这样就非常容易扩展。在架构的层面上带来了可扩展的能力。②大数据量、高性能，NoSQL 数据库都具有非常高的读写性能，尤其在大数据量下同样表现优秀。这得益于 NoSQL 的无关系性，数据库的结构简单。常见的 NoSQL 数据库有如下几种。

（1）KV 型 NoSQL（代表产品——Redis）

KV 型 NoSQL 就是以键值对形式存储的非关系型数据库，是最简单、最容易理解的一种。Redis、MemCache 是其中的代表，Redis 又是 KV 型 NoSQL 中应用最广泛的 NoSQL，以 Redis 为例，KV 型数据库最大的优点有是：数据基于内存，读写效率高。KV 型数据的时间复杂度为 $O(1)$，查询速度快。因此，KV 型 NoSQL 最大的优点就是高性能。KV 型 NoSQL 也有比较明显的缺点：①只能根据键查值，无法根据值查键。查询方式单一，只有 KV 的方式，不支持条件查询，多条件查询唯一的做法就是数据冗余，但这会极大地浪费存储空间；②KV 型 NoSQL 的存储是基于内存的，会有丢失数据的风险。

综上所述，KV 型 NoSQL 最合适的场景就是应用缓存的场景：读远多于写，读取能力强，没有持久化的需求，可以容忍数据丢失。

例如根据用户 ID 查询用户信息，每次根据用户 ID 去缓存中查询，查到数据直接返回，查不到再去关系型数据库里面根据 ID 查询一次，把查到的数据写入缓存中。

（2）列式 NoSQL（代表——HBase）

列式 NoSQL 是大数据时代最具代表性的技术之一，以 HBase 为代表。列式 NoSQL 是基于列式存储的。列式 NoSQL 和关系型数据库一样都有主键的概念，区别在于关系型数据库是按照行组织的数据，而列式 NoSQL 是按照列来组织数据的。列式 NoSQL（如 Hbase）比较适用于 KV 型的且未来无法预估数据增长量的场景，另外 HBase 使用还需要有一定的经验，主要体现在 RowKey 的设计上。

（3）文档型 NoSQL（代表——MongoDB）

文档型 NoSQL 指的是将半结构化数据存储为文档的一种 NoSQL，文档型 NoSQL 通常以 JSON 或者 XML 格式存储数据，因此文档型 NoSQL 是没有 Schema 的，由于没有 Schema 的特性，所以可以随意地存储与读取数据，因此文档型 NoSQL 的出现是为了解决关系型数据库表结构扩展不方便的问题。

MongoDB 是文档型 NoSQL 的代表产品，作为文档型 NoSQL，MongoDB 和关系型数据库很相似，从存储上来看：关系型数据库是按部就班地每个字段存一列，在 MongoDB 里面就是用一个 JSON 字符串存储；关系型数据可以为 name、phone 建立索引，MongoDB 使用 createIndex 命令一样可以为列建立索引，建立索引之后可以大大提升查询效率。

对于 MongDB，可将其看成是一个 Free-Schema 的关系型数据库，它的优缺点比较明显，优点是：①没有预定义的字段，扩展字段很容易；②相较于关系型数据库，读写性能优越，命中二级索引的查询不会比关系型数据库慢，对于非索引字段的查询则是全面胜出。缺点在于：①不支持事务操作；②不支持多表之间的关联查询（虽然有嵌入文档的方式）；③占用空间较大，这个是 MongDB 的设计问题，由于采用空间预分配机制，删除数据后空间不释放。

总而言之，MongDB 比较适合处理那些没有表的连接、没有强一致性要求或表结构经常会发生变化的数据。

1.5　大数据分析技术

数据分析是指利用相关数学模型对数据进行分析，得到问题的解答或某个结论，这个结论可以是一种描述，也可以是一个推断或者预测。因此数据分析可分为描述性分析和预测性分析。下面举几个例子：

1）有个微信公众号的管理员，想要了解粉丝的阅读倾向，于是他通过后台的阅读量等统计数据，发现凡是标题中含有"女子深夜"这个词的图文阅读量都普遍是平均值的两倍以上。显然他发现的这个结论具有描述性质，他只是将一个不易发现的事实用结论描述出来。这就是典型的描述性分析。

2）王同学想调查全校同学平均月生活费开销。于是他调查了他们班所有同学，发现同学们的平均月生活费是 1200 元。他因此推断全校同学的平均月生活费也是 1200 元。这是一种推断统计分析，即通过样本（全班同学）推断总体（全校同学）。将样本的统计量（如均值）作为总体的参数（如均值），这是一种预测性分析。

3）世界杯期间，许多使用人工智能预测结果的公司根据以往的比赛数据，建立某种机器学习模型，预测到德国队将会出局。这就是典型的预测性分析。它的特点是通过已知数据，预测未知结果。

4）统计局根据近几年的经济数据，预测下一年的经济增长率为 6%。这也是一种预测性分析，但它预测出的结果是一个数值，而不是一个类别（如是否会出局）。这种预测性分析又称为数据趋势分析或回归分析。

数据分析是大数据价值链中最终和最重要的阶段，其目的是挖掘数据中潜在的价值以提供相应的建议或决策，通过分析不同领域中的数据集可以使数据在不同层面发挥最大价值。

1.5.1　大数据分析的方法

大数据分析需要把大数据处理技术和数据分析技术结合到一起，大数据分析主要涉及两方面技术：一是使用机器学习或数据挖掘技术对数据进行分析，这是大数据分析的技术基础，也是本书重点阐述的内容；二是将传统的机器学习或数据挖掘算法并行化，以满足大数据分析对处理速度的需要。这是大数据分析的前沿技术，具有很大的挑战性。

大数据分析的特点可归纳为以下 4 个方面。

（1）数据挖掘技术（Data Mining）

与传统数据分析更多地使用统计学方法相比，大数据分析更多地依赖于机器学习和数据挖掘技术，大数据挖掘是指从大数据集中寻找其规律。比如建立机器学习模型对数据进行分类预测，从而得出预测结果，为决策提供依据，或者挖掘出数据中隐含的、未知的有价值信息。

（2）数据可视化分析（Analytic Visualizations）

大数据分析中，从开始的数据集成到数据分析，到最后的数据解释过程，易用性贯穿于整个大数据分析的过程。为了便于理解大数据蕴涵的知识，大数据分析结果的可视化相对于传统数据分析来说更加必要。

（3）预测性分析（Predictive Analytic）

数据挖掘可以让数据分析人员更好地理解数据，而预测性分析可以让数据分析人员根据可视化分析和数据挖掘的结果做出一些预测性的判断。预测性分析包括分类和回归分析，大数据分析更偏向于预测性分析。而传统数据分析偏向于数据对比分析，比如通过假设检验或方差分析评估两组或多组样本之间是否具有显著差异。

（4）统计推断方法

当数据量比较大时，研究所有数据变得不现实。因此数据分析的一般方法是先从总体中抽样，得到样本，然后通过对样本的统计分析推断总体的一些特征，机器学习方法也属于统计推断方法，因为机器学习中有些样本是未知的，只能通过已知样本来建立模型，再对未知样本进行预测。大数据的数据量巨大，使其更加依赖于统计推断方法，因此大数据分析的对象是样本，而不是总体。

1.5.2　大数据分析的种类

根据对实时性的要求，大数据分析可分为实时分析和离线分析。

1. 实时分析

实时数据分析一般用于金融、电子商务、物联网和移动社交等产品。往往要求系统在数秒内返回上亿行数据的分析，从而才能达到不影响用户体验的目的。为了满足时间上这样严苛的需求，可以采用一些内存计算平台，或者采用流式计算（Stream Computing）框架。所谓流式计算，就是对大规模的流动数据在不断变化的运动过程中实时地进行分析，捕捉到可能有用的信息，并把结果发送到下一计算节点。目前主流的流式计算框架有 Storm、Spark 和 Flink 三种。

（1）Storm

Storm 由 Java 和 Clojure 编写而成，Storm 的优点是全内存计算，所以它是分布式实时计算系统。Storm 可以用来处理源源不断流进来的消息，处理之后将结果写入某个存储中去。

在 Storm 中，需要先设计一个实时计算结构，称之为拓扑（Topology）。之后，这个拓扑结构会被提交给集群，其中主节点负责给工作节点分配代码，工作节点负责执行代码。在一个拓扑结构中，包含 spout 和 bolt 两种角色。数据在 spouts 之间传递，这些 spouts 将数据流以元组的形式发送；而 bolt 则负责转换数据流。

（2）Spark

Spark 是一个基于内存计算的开源集群计算系统，目的是更快速地进行数据分析。Spark 使用 Scala 开发，是一个类似 Hadoop MapReduce 的通用并行计算框架。Spark 基于 MapReduce 算法实现分布式计算，拥有 MapReduce 所具备的优点，不同于 MapReduce 的是，作业（Job）的中间输出和结果可以保存在内存中，不再需要读写 HDFS，因此 Spark 能更好地适用于数据挖掘与机器学习等需要迭代的 MapReduce 的算法。

Spark 是基于内存的迭代计算框架，适用于需要多次操作特定数据集的应用场合。需要反复操作的次数越多，所需读取的数据量就越大，收益也越大，数据量小但是计算密集度较大的场合，收益就相对较小。

总的来说，Spark 的适用面比较广泛且比较通用，其批处理方面的性能优于 MapReduce，但是在流处理方面目前仍然弱于 Storm，产品仍在改进之中。

（3）Flink

Flink 是由 Apache 开发的开源流处理框架，其核心是用 Java 和 Scala 编写的分布式流数据引擎。Flink 以数据并行和流水线方式执行任意流数据程序，Flink 的流水线运行时系统可以执行批处理和流处理程序，创造性地统一了流处理和批处理，作为流处理看待时输入数据流是无界的，而批处理被当成一种特殊的流处理，只是它的输入数据流被定义为有界的。此外，Flink 在运行时本身也支持迭代算法的执行。

Flink 程序由 Stream 和 Transformation 这两个基本构建块组成，其中 Stream 是一个中间结果数据，而 Transformation 是一个操作，它对一个或多个输入 Stream 进行计算处理，输出一个或多个结果 Stream。

2．离线分析

离线分析通常用于对响应时间没有较高要求的应用，如机器学习、统计分析和推荐算法。离线分析一般通过数据采集工具将日志的大数据导入专用平台进行分析。常用的 Hadoop 离线分析架构为：用 HDFS 存储数据、用 MapReduce 做计算框架，用 Hive 计算工作流。

Hive 是一种数据仓库，Hive 中的数据存储于文件系统（大部分使用 HDFS），Hive 提供了方便访问数据仓库中数据的 HQL 方法，该方法将 SQL 翻译成 MapReduce。能够很好地解决离线处理中需要对批量处理结果的查询。Hive 是对 MapReduce 和 HDFS 的高级封装，本身不存储表等相关信息。

1.5.3　大数据分析的层次

大数据分析按照层次的不同，可分为内存级分析、商业智能（Business Intelligence，BI）分析和海量分析。

1．内存级分析

内存级分析适用于总数据量在集群内存的最大级别以内的情况。目前，服务器集群的内存超过数百 GB，甚至 TB 级别的内存都是很常见的。因此，可以在服务器集群中使用内存数据库技术，同时保证热数据驻留在存储器中，以便提高分析效率。内存级分析非常适合实时分析。其中，Spark 是一种具有代表性的内存级分析架构。Redis 是一种有代表性的内存数据库。

Spark 的主要特性是它在内存中进行集群计算，提高了应用程序的处理速度。例如，在 Spark 上运行 MapReduce 应用程序，在内存中计算速度可提高 100 倍，比在磁盘上运行时速度提高 10 倍。

2．BI 分析

BI（商业智能）分析适用于数据规模超过内存级别，但可以导入 BI 分析环境中的情况。目前，主流的 BI 产品提供了可以支持到 TB 级别的数据分析能力。BI 可以被描述为"一组用于获取原始数据，并将其转换为用于业务分析目的，有意义且有用的信息的技术和工具"。

BI 技术提供了业务运营的历史、当前和预测性视图。商业智能技术的常见功能包括报告、在线分析处理、数据挖掘、过程挖掘、复杂事件处理、业务绩效管理、基准测试、文本挖掘、预测分析和规范分析。

3．海量分析

当数据量完全超过 BI 和传统关系数据库的能力时，将用到海量分析。目前，大多数的海量分析使用 Hadoop 的 HDFS 来存储数据，并使用 MapReduce 进行数据分析。

大多数的海量分析都属于离线分析类别。海量分析整个架构一般由四大部分组成：数据采集模块、数据冗余模块、维度定义模块、并行分析模块。

1）数据采集模块通常使用 Flume（Hadoop 生态系统中的组件），Flume 将海量的小日志文件进行高速传输和合并，并能够确保数据的传输安全性。单个数据收集器宕机之后，数据也不会丢失，而是会自动将数据转移到其他数据收集器上处理。

2）数据冗余模块用来定义需要冗余的维度信息和来源（如数据库、文件、内存等）。该模块不是必需的，但如果日志数据中没有足够的维度信息，或者需要比较频繁地增加维度，则需要定义数据冗余模块，它可通过冗余维度定义器来定义。

3）维度定义模块是面向业务用户的前端模块，用户通过可视化的定义器从数据日志中定义维度和度量，并自动生成一种多维分析语言，同时可以使用可视化的分析器，通过 GUI 执行刚刚定义好的多维分析命令。

4）并行分析模块接受用户提交的多维分析命令，并通过核心模块将该命令解析为 MapReduce 程序，提交给 Hadoop 集群之后，生成报表供报表中心展示。

1.5.4　大数据分析的工具

大数据分析涉及很多数学运算方法，如统计学中的均值和方差的计算、极大似然估计法、数值分析中的最小二乘法、线性代数中的矩阵相乘、求逆矩阵等。目前，Python 以其方便易用、具备强大的科学计算功能和机器学习功能，成为大数据分析领域应用最广泛的工具之一。

为了方便高效地进行这些数学运算，Python 提供了 5 个在数据分析中经常使用的函数库，分别是 Numpy、Pandas、Matplotlib、Scipy 和 Sckit-learn。通过这些库，Python 能较快地完成从获取数据到可视化的全部工作。下面对 Python 的这 5 个库进行介绍。

1）Numpy 是 Python 的一种数值计算扩展库，它能够存储和处理大型矩阵，并能高效进行矩阵的各种运算和变换操作。其运算速度比 Python 自带的嵌套列表结构要高效很多。Numpy 的底层算法在设计时就有着优异的性能，对于同样的数值计算任务，使用 Numpy 要比直接编写 Python 代码高效得多。

2）Pandas 是基于 NumPy 数组构建的，其设计目的是为了使数据预处理、清洗、分析工作变得更快更简单。Pandas 是专门为处理表格和混杂数据设计的，而 NumPy 更适合处理统一的数值数组数据。Pandas 有两种主要的数据结构：Series 和 DataFrame。Pandas 提供了一些读取和写入表格型数据文件的方法，相当于 Python 中的 Excel，并且提供了一些将表格型数据读取为 DataFrame 对象的函数。

3）Matplotlib 是 Python 的一个数据绘图扩展库，是 Python 编程实现数据可视化的最主要工具，能够绘制出各种形式的复杂的出版质量级别的图形，如散点图、折线图、柱状图等。Matplotlib 有一套完全仿照 MATLAB 的函数形式的绘图接口，在 matplotlib.pyplot 模块中。这套函数接口方便 MATLAB 用户过渡到 Matplotlib 包的使用中来。

4）SciPy 是 Python 的一个开源的数学、科学和工程计算包。包括统计功能（如参数估计、假设检验）、最优化、整合、线性代数模块、傅里叶变换、信号和图像处理以及常微分方程求解器等。

5）Sckit-learn（简称 sklearn）是 Python 中的一个机器学习算法库，它实际上是 SciPy 的扩展，建立在 Numpy 和 Matplotlib 库之上，支持分类、回归、降维和聚类等机器学习算法。

1.5.5　大数据分析面临的挑战

与传统的数据分析相比，大数据分析面临如下一些挑战。

1）数据的异构性和不完备性问题。大数据的来源多样性使得数据越来越多地分散在不同的数据管理系统中，而且对于非结构化和半结构化数据，不能用已有的简单数据结构来描述它们。因此，如何将多源异构的数据集成在一起是大数据分析的一个重要挑战。数据的不完备性是指在大数据条件下所获得的数据常常包含一些不完整的信息和错误的数据，在进行大数据分析之前必须对数据的不完备性进行有效处理才能分析出有价值的信息，这个处理通常是在数据采集和预处理阶段完成的。

2）数据处理的时效性问题。随着时间的流逝，数据中所蕴含的信息价值就会随之衰减，因此，大数据处理的速度非常重要，一般来讲，数据规模越大，分析处理的时间就会越长，而在很多情况下用户要求立即得到数据的分析结果。大数据分析的时效性要求促使各种大数据处理技术迅速发展，如并行编程技术、内存数据库技术、计算智能等。

3）数据的安全与隐私保护问题。大数据通常需要使用云计算存储，数据在传输和共享过程中可能导致机密信息泄密问题。如何在大数据环境下确保信息共享的安全性和如何为用户提供更精细的数据共享安全策略等问题值得深入研究。

1.5.6 大数据分析的数据类型

大数据的数据类型多样，按照数据的结构特点，数据可分为结构化数据、半结构化数据和非结构化数据。据统计，在现有的大数据存储中，结构化数据仅占 20%，其余 80%则是存在于电子商务、社交网络和物联网等领域的半结构化和非结构化数据。全球结构化数据增长速度约为32%，而半结构化和非结构化数据的增长速度高达 63%。

1．结构化数据

所谓结构化数据，就是指以二维表形式组织的数据，此类数据存储在关系型数据库中。结构化数据的特点是每一列数据具有相同的数据类型，且不可再进行细分。所有的关系型数据库，如Oracle、SQL Server、MySQL、Access 中的数据库都是结构化数据。

2．半结构化数据

所谓半结构化数据，就是介于结构化数据和无结构化数据之间的数据，如 HTML、XML、JSON、日志文件等格式的数据。此种数据中的每条记录可能会有预定义的规范，但是其包含的信息可能具有不同的字段数、字段名或者包含着不同的嵌套格式。此类数据可通过解析输出，输出形式一般是纯文本形式，便于管理和维护。以下是半结构化数据的示例。

（1）XML 文档

XML 是可扩展标记语言的缩写，与 HTML 文档相比，XML 的结构更严格，并且标签可以自定义，不能定义文档的表现。XML 被设计用来结构化、存储以及传输信息。但 XML 比 JSON文档更冗余，下面是一个 XML 文档的实例。

```xml
<?xml version="1.0" encoding="utf-8"?>
<stulist>
    <student email="zhangsan@1.com">
     <name>张三</name>
     <id>1</id>
     <comment>沙发</comment>
    </student>
    <student email="lisi@2.com">
        <name>李四</name>
        <id>2</id>
         <comment>板凳</comment>
    </student>
</stulist>
```

（2）JSON 文档

JSON 是 JavaScript Object Notation 的缩写，即 JavaScript 对象表示法。JSON 是一种轻量级的数据交换格式，它使用 JavaScript 提供一种灵活而严格的存储和传输数据的方法。JSON 文档解析后的格式以"键—值对"组成的有序列表的形式输出数据。JSON 文档的示例如下。

```
{      "username":"andy",           "age":20,
    "info": { "tel": "123456", "cellphone": "98765"},
    "address": [
        {"city":"beijing","postcode":"222333"},
        {"city":"newyork","postcode":"555666"}
    ]   }
```

一个 JSON 对象以"{"开始，然后以"}"结束。对象中包含若干个属性，属性分为键和值两部分。键和值之间用":"（冒号）隔开；多个"'键:值'对"之间用","（逗号）分隔。还可以使用方括号[]定义 JSON 数组。将 JSON 对象和 JSON 数组的两种语法组合起来，可以轻松地表达复杂而且庞大的数据结构。

（3）日志文件

日志文件是用于记录系统访问事件的记录文件，如网站的日志文件，记录了网站所有的访问信息（包括时间、访问类型、访问的页面，来访者的 IP 等）。常见的日志文件类型还有数据库日志、计算机系统日志等，其中较为典型的日志文件如点击流，已被广泛应用。企业利用内部网络服务器来记录客户对企业网站的每次点击或者操作形成日志，并由此产生了点击流数据。

对于以上这几种半结构化数据的处理一般使用 NoSQL 数据库进行存储。

3．非结构化数据

非结构化数据就是指没有固定格式的数据，没有标准格式，无法直接解析出相应的值。各种文档、图片、视频/音频等都属于非结构化数据。对于这类数据，一般直接整体进行存储，而且一般存储为二进制的数据格式。此类数据不易收集和管理，且难以直接查询和分析。

生活中常见的半结构化数据有如下几种。

● Web 网页。
● 富文本文档（Rich Text Format，RTF）。
● 富媒体文件（Rich Media）。
● 实时多媒体数据（如各种视频、音频、图像文件）。
● Office 文档。

习题与实验

1．习题

1．以下哪项不是大数据的特点？（　　　）

    A．数据量大　　　　　　　　　　B．数据类型多样

    C．价值密度高　　　　　　　　　D．数据真实性

2．云计算的关键技术不包括下列哪项？（　　　）

    A．负载均衡　　　　　　　　　　B．虚拟化

    C．串行计算   D．按需部署

3．按照虚拟化的层次，Vmware 虚拟机属于（　　　）。

    A．指令集架构虚拟化   B．硬件抽象层虚拟化

    C．操作系统层虚拟化   D．编程语言层虚拟化

4．平台即服务的英文缩写是（　　　）。

    A．PaaS   B．SaaS   C．IaaS   D．CaaS

5．云计算是对＿＿＿＿＿＿＿技术的发展与运用。（　　　）

    A．并行计算   B．分布式计算

    C．网格计算   D．以上都是

6．从研究现状上看，下面不属于云计算特点的是（　　　）。

    A．超大规模   B．虚拟化

    C．私有化   D．高可靠性

7．游戏机模拟器软件属于＿＿＿＿＿＿＿虚拟化。（　　　）

    A．指令集架构   B．硬件抽象层

    C．操作系统层   D．编程语言层

8．与 SaaS 不同，下列哪种云计算形式把开发环境或者运行平台也作为一种服务给用户提供？（　　　）

    A．PaaS   B．DaaS   C．IaaS   D．CaaS

9．HDFS 中的块（Block）默认保存几份？（　　　）

    A．4   B．3   C．2   D．1

10．下列哪项通常是集群的最主要的性能瓶颈？（　　　）

    A．CPU   B．网络   C．磁盘   D．内存

11．在 HDFS 中，若块的大小是 128MB，有三个文件的大小分别是 150MB、190MB 和 180MB，则共需要分几个块存储（　　　）

    A．4   B．5   C．6   D．7

12．下列哪种数据库不是 NoSQL 数据库？（　　　）

    A．Mongodb   B．Redis   C．MySQL   D．HBase

13．下列哪项是 MapReduce 编程模型不能解决的问题？（　　　）

    A．层次聚类法   B．K-means 聚类

    C．朴素贝叶斯分类   D．Top K 问题

14．在 MapReduce 程序中，map()函数输入的数据格式是（　　　）。

    A．字符串   B．整型

    C．键值对   D．数组

15．HDFS 是基于流数据模式访问和处理超大文件的需求而开发的，适合的读写任务是＿＿＿＿＿＿＿。（　　　）

    A．一次写入，少次读   B．多次写入，少次读

    C．多次写入，多次读   D．一次写入，多次读

16．关于 SecondaryNameNode 下面哪项是正确的？（　　　）

　　A．它是 NameNode 的热备份　　　B．它对内存没有要求

　　C．它帮助 NameNode 合并编辑日志，减少 NameNode 启动时间

　　D．SecondaryNameNode 应与 NameNode 部署到一个节点

17．下列哪项是 Hadoop 2.X 中新增的组件？（　　　）

　　A．MapReduce　　　　　　　　　B．HDFS

　　C．HBase　　　　　　　　　　　D．YARN

18．按技术路线来看，Hadoop 属于＿＿＿＿云计算（填资源整合型或资源切分型）。

19．大数据的两大核心技术是＿＿＿＿和分布式计算。

20．YARN 负责任务分配和调度的节点称为＿＿＿＿，负责任务执行的节点称为＿＿＿＿。

21．简述 MapReduce 四个阶段的任务。

22．简述 Hadoop 完全分布式模式下，主节点和从节点中会启动哪些和 Hadoop 相关的进程。

23．简述 Hadoop2.X 的系统架构，以及与 Hadoop1.X 架构的区别。

24．简述 MapReduce 中 JobTracker、TaskTracker 之间的关系。

25．Secondary NameNode 是否应与 NameNode 部署到同一个节点上，为什么？

26．简述 MapReduce 的 Combiner 过程。

27．简述 Hadoop 的单机模式和伪分布模式在功能上有哪些不同。

28．简述 NoSQL 数据库的几种类型及代表产品。

2．实验

1．在 Virtual Box 虚拟机中安装 Ubuntu 操作系统。

2．Hadoop 单机模式的安装。

3．Hadoop 伪分布模式的安装。

4．Hadoop 完全分布式模式的安装。

第2章

Python 数据分析与可视化基础

Python 是一种跨平台、开源的解释型高级动态编程语言，与其他语言相比，Python 编写的程序代码更加简短，更适合初学者。Python 易于学习，拥有大量的库，可以高效地开发各种应用程序。同时，Python 的应用领域也非常广泛，既适用于 Web 编程、网络爬虫这些互联网相关的应用开发，也适用于数据分析、机器学习这些与大数据、人工智能相关的领域。

2.1 Python 程序入门

目前 Python 有两个版本，一种是 2.x 版，一种是 3.x 版，这两种版本是不兼容的，本书以 Python3.7.3 版本为基础。

2.1.1 一些简单的 Python 程序

Python 程序的语法相当精简，对于有编程基础的学习者来说，阅读 Python 程序，并注意比较 Python 与其他编程语言的异同是快速学习 Python 编程的好方法。

```
0
1 1
2 2 2
3 3 3 3
4 4 4 4 4
5 5 5 5 5 5
```

图 2-1　程序 2-1 的运行结果

【程序 2-1】　下面是一个画金字塔的程序，其运行结果如图 2-1 所示。

```python
for i in range(6):
    for j in range(-1,i):
        print(i,end=' ')
    print()
```

该程序的几个要点：

1）print()函数是 Python 里的输出函数，print()函数在输出完后默认会换行，要使 print()函数不换行，需要在该函数中添加 end=' '。

2）在 Python 中的 for 循环只有 for…in…循环，其中 i 是循环变量，in 后面可接一个序列、列表、元组或字符串。

3）range()函数用来产生一个数字序列。如果 range()函数只有一个参数，那么参数表示数列的结束数字，默认起始数字为 0，range()函数产生的数列不包括结束数字。例如 range(6)产生的数列是[0,1,2,3,4,5]。如果有 2 个参数，则表示起始数字和结束数字，例如 range(-1,1)产生的数列是[-1,0]。如果有 3 个参数，则第 3 个参数表示步长，例如 range(0,10,3)表示从 0 开始直到 9 每隔 3

取一个数字组成的数列，结果是[0,3,6,9]。

4）与其他语言不同，在 Python 中，缩进是有语法含义的。对于 for 循环来说，它的循环体必须缩进一级，才表示是上面一个 for 循环的循环体，因此，Python 中的代码缩进是不能随意删除或增加的，否则会引起语法错误。

5）for 语句在循环体之前会有 "："，表示 for 循环还没结束。

6）程序 2-1 还可写成如下形式。

```
for i in range(6):
    print("*  "*i)          #*i 表示把字符串重复 i 遍
```

【程序 2-2】　接收用户输入的整数，然后输出不同提示的程序，代码如下。

```
a=int(input('输入一个正整数：'))
if a>6:
    print(a,"大于 6")
elif a==6:
    print(a,"等于 6")
else:
    print(a,"小于 6")
```

该程序的要点如下：

1）input()函数是 Python 中的输入函数，该函数的参数是一个字符串，将显示在屏幕上用于提示用户，返回值是用户输入的内容。

2）在 Python 中，字符串常量用双引号(")或单引号(')括起来。双引号字符串与单引号字符串含义完全相同。

3）Python 借鉴了很多 C 语言的语法，int()是强制类型转换，将字符串类型转换成整型。但要注意，字符串中只能是纯整数，不能含小数，类似 int('3.2')或 int('32f ')都会出错。

4）如果 print()函数要输出多项内容，这些内容之间要用 "，" 隔开。

【程序 2-3】　百钱买百鸡的程序，本例用 while 循环实现。

```
'''鸡翁一，值钱五；鸡母一，值钱三；鸡雏三，值钱一；
百钱买百鸡，则翁、母、雏各几何？'''
xj = 1      # xj 代表小鸡
while xj <= 100:
    mj = 1  # mj 代表母鸡
    while mj <= 100:
        gj = 100-xj-mj
        if xj/3 + mj *3 + gj * 5 == 100 and gj>=0:
            print('小鸡', xj, '母鸡', mj, '公鸡', gj)
        mj += 1
    xj += 1
```

运行结果如下。

```
小鸡 75 母鸡 25 公鸡 0
小鸡 78 母鸡 18 公鸡 4
小鸡 81 母鸡 11 公鸡 8
小鸡 84 母鸡 4 公鸡 12
```

程序说明：

1）在 Python 中，只有 while 循环，而没有 Do…while…循环。

2）在 Python 中，单行注释符是"#"号，例如：# xj 代表小鸡。多行注释符是一对三引号，"'…'"或者"""…"""。需要注意的是，多行注释不能和程序代码在同一行内，多行注释的缩进量必须和紧跟在它后面的行相同。

【程序 2-4】 倒计时程序，本例用 while…else…混合结构语句实现。

```
import time
count = 0
while count < 3:                    #程序将每隔 1 秒输出还剩几秒
    print ("还剩 %d 秒"%(3-count))    #注意用%连接格式字符串和值
    count = count + 1
    time.sleep(1)  #延时 1 秒
else:
    print (" 发射! ")
```

程序说明：

1）import 语句用于导入模块，相当于是 C 语言中的 include 命令，这样就可使用 Python 提供的标准库或第三方库。导入模块时还可给模块取别名，如 import time as tm，此时调用模块中的类也要使用别名，如 tm.sleep(1)。

2）与其他语言不同，在 Python 中，除了 if 可与 else 配对以外，while 和 for 也可以与 else 配对使用，从而实现循环结构和条件结构融合到一起。

3）与 C 语言类似，Python 也支持格式化输出，%d 表示输出整数，%s 表示字符串，%f 表示浮点数，格式字符串与值之间用"%"连接，而不是 C 语言中的","。

2.1.2 序列数据结构

序列是 Python 中最基本的复合数据结构，除了可使用 range()函数生成一个简单的整数序列外，Python 内置的序列数据结构最常见的有列表、元组和字符串。另外，Python 还提供了字典和集合这样的数据类型，它们属于无序的数据集合，不能通过位置索引来访问数据元素。

1. 列表

Python 中的列表类似于其他语言中的数组，但比数组更加灵活，表现在列表中的元素不需要具有相同的数据类型。

要创建一个列表，只要把用逗号分隔的不同元素写在一个方括号中即可，例如：

```
list1=['西瓜','苹果',5.2,8]
```

遍历列表一般采用 len()函数获取列表长度，再采用 range()函数生成从 0 到列表长度的数字序列，将该数字序列作为列表的下标值（如 arr[i]）即可输出列表元素。下面是一个遍历列表的示例程序。

```
arr=['a','b','c','d','e']
for i in range(len(arr)):
    print(i,'->' ,arr[i])
```

2. 元组

元组与列表类似，不同之处在于元组中的元素不能修改，但能添加、删除元素。在形式上，元组使用圆括号将元素括起来。例如：

```
tup1=('西瓜','苹果',5.2,8)
tup2=('西瓜',)
```

3. 字典

字典是一种可变容器模型，且可存储任意类型对象，如字符串、数字、元组等其他容器模型。字典也被称为映射或哈希表。

字典由若干个键值对组成。键和值之间用冒号分隔，每个键值对之间用逗号分隔，整个字典必须包含在花括号内。例如：

```
dic1={'name':'tang','age':39,'sex':True}
```

在同一个字典中，键不能重复，值可以重复。

4. 集合

集合是一个无序不重复元素的序列。集合的基本功能是进行成员关系测试和删除重复元素。集合可以有 $0\text{-}n$ 个元素，它们可以是不同的数据类型（如数值、元组、字符串等），但是集合中不能有可变元素（如列表、集合或字典）。

集合由内置的 set 类型定义，只要将所有的元素写在花括号内即可创建集合。例如：

```
s={1,2,3}                #整型集合
p={2.5,'tang',(1,2,3)}   #混合类型的集合
q=set(['six','tang',6])  #从列表创建集合
nu=set()                 #空集合
d={}                     #空字典，不是集合
```

由于集合是无序的，所以无法使用索引访问或更改集合的元素。例如：

```
s=set('Python')
print(s)                 #无序性，结果是{'y', 'h', 'o', 'P', 't', 'n'}
s=set('Hello')
print(s)                 #不重复性，结果是{'o', 'H', 'l', 'e'}
y='H' in s
print(y)                 #确定性，结果是 True
print(s[2])              #执行出错，集合不支持索引
```

2.1.3　序列处理函数

1. append()函数

append()函数用于在列表末尾添加新的元素，每次只能添加一个元素。该函数没有返回值，但是会修改原来的列表。例如：

```
aList = [123, 'xyz', 'abc'];
aList.append( 2020 );      #添加一个数值元素
aList.append( [20,'19']);  #添加一个列表元素
```

```
print(aList) #[123, 'xyz', 'abc', 2020, [20, '19']]
```

【程序 2-5】 用 append()函数生成二维列表，代码如下。

```
a=[]
for i in range(4):
    a.append([])
    for j in range(4):
        a[i].append(i)
print(a)
```

程序的运行结果如下。

```
[[0, 0, 0, 0], [1, 1, 1, 1], [2, 2, 2, 2], [3, 3, 3, 3]]
```

2．zip()函数

zip() 函数用于将可迭代的对象作为参数，将对象中对应的元素打包成一个个元组，然后返回由这些元组组成的列表。

如果各个迭代器的元素个数不一致，则返回列表长度与最短的对象相同，利用"*"操作符，可以将元组解压为列表，示例代码如下。

```
>>>a = [1,2,3]
>>> b = [4,5,6]
>>> c = [4,5,6,7,8]
>>> zipped = zip(a,b)       #打包为元组的列表
[(1, 4), (2, 5), (3, 6)]
>>> zip(a,c)                #打包后的元素个数与最短的列表一致
[(1, 4), (2, 5), (3, 6)]
>>> zip(*zipped)            #与 zip 相反，*zipped 可理解为解压，返回二维列表
[(1, 2, 3), (4, 5, 6)]
```

2.1.4 函数和类

1．函数

在 Python 程序开发中，将完成某一特定功能的代码封装成一个函数，并可放在函数库（模块）中供大家使用，在需要使用某一功能时直接调用，这就是函数的作用。函数定义的基本形式如下。

```
def 函数名(参数1,参数2,…,[参数n]):
    函数体
    return [值或表达式]
```

【程序 2-6】 将画金字塔的程序（程序 2-1）改写成函数形式。该函数的输入有两个参数，一个是行数 n，另一个是字符的形状 shape，代码如下。

```
def jzt(n,shape) :
    for i in range(n):
        for j in range(-1,i):
            print(shape,end=' ')
        print()
jzt(6,'$')
```

程序说明：

1）本例中的函数只有输入，没有输出，所以没有 return 语句。

2）return 语句将返回一个值给函数的调用方。不带表达式的 return 语句相当于返回 None。

【程序 2-7】　对长度大于指定值 n 的字符串自动截取前 n 个字符并加省略号，否则直接输出该字符串不做处理。该函数的输入是字符串 string 和长度 n，输出是截取后的字符串。

```
def Title(string,n) :
    if len(string)>n:
        return string[0:n]+"……"
    else:
        return string
a=Title('航空母舰已经下水入列！',8)
print(a)
```

运行结果如下：

航空母舰已经下水……

2．Lambda 表达式

Lambda 表达式实际上是定义了一个匿名函数，即没有函数名字、临时使用的小函数，它只可以包含一个表达式，且该表达式的计算结果为函数的返回值，不允许包含其他复杂的语句，但可在表达式中调用其他函数。例如：

```
s=lambda x,y,z:x+y+z
print(s(1,2,3))
```

说明：

1）Lambda 表达式创建的匿名函数没有名字，因此必须把 Lambda 表达式赋给一个变量，则该变量就相当于匿名函数的函数名。

2）Lambda 表达式冒号前的部分相当于函数的参数（输入），冒号后的部分相当于函数的 return 语句（输出）。

想一想：

能否将求阶乘的函数改写成 Lambda 表达式的形式？

3．类的声明和调用

Python 使用 class 关键字来定义类，Python 中类名的首字母约定要大写。

【程序 2-8】　将画金字塔的程序（程序 2-1）改写成类和对象实现。类 Jzt 中定义了两个成员属性，即字符形状 shape 和行数 row，一个成员方法 draw。

```
class Jzt:                          #定义 Jzt 类
    shape="*"                       #成员变量（属性）
    row=5
    def draw(self,row,shape):       #成员函数（方法）
        for i in range(row):
            for j in range(-1,i):
                print(shape,end=' ')
```

```
                 print()
#声明对象p
p=Jzt()
shape="%"
row=4
p.draw(row,shape)                    #调用类的方法
print(p.shape,p.row)                 #调用类的属性
```

该程序的运行结果如下：

```
%
% %
% % %
% % % %
* 5
```

程序说明：

1）在 Python 中，规定类的成员函数中必须要有一个参数 self，而且位于参数列表的开头。这也是类的成员函数和普通函数的主要区别。

2）self 代表类的实例（对象）而非类，可以使用 self 引用类的属性和成员函数。在类的成员函数中访问实例属性时，需要以 self 为前缀，但在外部通过对象名调用对象成员函数时并不需要传递这个参数，如果在外部通过类名调用对象成员函数，则需要显式为 self 参数传值。

3）对象是类的实例，如果把人类看成一个类的话，那么某个人就是人类的一个对象。只有定义了具体的对象，并通过"对象名.成员"的方式才可以访问类中的成员变量或成员函数。

可见，函数是把程序的某个功能封装成一个模块，而类可把多个相关的功能（函数）及数据（成员变量）再次封装在一起，因此类从本质上来说就是程序功能的二次封装。

4．构造函数和析构函数

在类中，可以定义一个特殊的成员函数，称为构造函数。Python 规定，构造函数的名称必须为__init__()，（init 前后各有两个下划线）。定义了构造函数后，类实例化时就会自动调用构造函数，因此构造函数可用来为对象的成员变量设置初始值，或进行其他必要的初始化工作。

【程序 2-9】 使用构造函数初始化类举例。本例定义了一个 people 类，然后通过构造函数为该类的姓名、年龄和体重赋初始值。

```
class people:
    name = ''
    age = 0
    __weight = 0                    #定义私有属性,私有属性在类外部无法直接访问

    def __init__(self,n,a,w):       #定义构造函数
        self.name = n               #姓名
        self.age = a                #年龄
        self.__weight = w           #体重定义为私有属性
    def speak(self):
        print("%s 说: 我 %d 岁。" %(self.name,self.age))
# 实例化类,将自动调用构造函数完成类的初始化
p = people('Sixtang',39,75)
p.speak()                          #用类的对象 p 调用 speak 方法
```

该程序的运行结果如下：

```
Sixtang 说：我 39 岁。
```

程序说明：

1）在类中，成员变量可分为公有属性和私有属性，如果属性名以两个下划线开头则表示是私有属性，私有属性在类的外部不能直接被访问，需要通过调用对象的公有成员方法来访问，或者通过 Python 提供的特殊方法来访问。这种方法如下：

```
对象名._类名+私有成员
```

例如，Car 类的对象 car1 要访问 Car 类的私有成员变量__price。

```
car1._Car. __price
```

需要注意的是，这种方法一般只用于程序的调试，并不建议在编程时这样做。

2）在类中定义的方法（函数）可分为 3 类：公有方法、私有方法、静态方法。其中，公有方法和私有方法都属于对象，私有方法的名字以两下划线开头。公有方法通过对象名直接调用，私有方法不能通过对象名调用，只能在属于对象的方法中通过 self 调用。静态方法可以通过类名和对象名调用，但不能直接访问属于对象的成员，只能访问属于类的成员。

2.2　Python 数据分析工具

Python 的强大之处在于它的应用领域非常广泛，遍及人工智能、科学计算、Web 开发、系统运维、大数据及云计算、金融、游戏开发等。而实现其强大功能的前提，是 Python 具有数量庞大且功能相对完善的标准库和第三方库（也称为包）。通过对这些库的引用，能够实现对不同领域业务的开发。

2.2.1　Anaconda 的使用

07　Anaconda 的安装和使用

Anaconda（"蟒蛇"的英文）是一个开源的 Python 发行版本，其功能是为了方便开发者一次性地安装 Python 和其大量的第三方库，以及 Python 的开发环境。因为包含了大量的科学包，Anaconda 的下载文件比较大（约 531MB），如果只需要某些包，或者需要节省带宽或存储空间，也可以使用 Miniconda 这个较小的发行版（仅包含 conda 和 Python）。

Anaconda 是一个工具箱，其中包含了 conda、flask、nltk、pandas、pip 等 180 多个科学包及其依赖项，可以方便地实现包的安装、更新和卸载，如机器学习包 scikit-learn、词云包 wordcloud 等。Anaconda 还集成了 Jupyter Notebook 和 Spyder，这两个工具可以快速地让开发者看到代码的运行结果，方便进行调试。

Anaconda 中的常用扩展库有：openpyxl（用于读写 Excel 文件）、python-docx（用于读写 Word 文件）、pymssql（用于操作 Microsoft SQLServer 数据库）、numpy（用于数组计算与矩阵计算）、scipy（用于科学计算）、pandas（用于数据分析）、matplotlib（用于数据可视化或科学计算可视化）、scrapy（爬虫框架）、sklearn（用于机器学习）、tensorflow（用于深度学习）。

Anaconda 还提供了以下两种功能。

1）提供了包管理功能，Windows 平台安装第三方包经常失败的场景得以解决。

2）提供环境管理的功能，功能类似 Virtualenv，解决了多版本 Python 并存、切换的问题。

常用的 Python 开发环境除了 Anaconda3，还有 PyCharm、Eclipse、zwPython 以及 Python 官方安装包自带的 IDLE 等。相对来说，Python 安装包自带的 IDLE 环境稍微简陋一些，虽然也提供了语法高亮（使用不同的颜色显示不同的语法元素）、交互式运行、程序编写与运行以及简单的程序调试功能，但没有项目管理与版本控制等功能，这在大型软件开发中是非常重要的。其他 Python 开发环境对 Python 解释器主程序进行了不同程度的封装和集成，使得代码编写和项目管理更加方便一些。

08　Spyder 的使用

2.2.2　Spyder 集成开发环境

Spyder 是 Anaconda 中一个简单的集成开发环境，可以快速地查看代码运行的结果，和 PyCharm 相比更轻量级。Spyder 的界面由许多窗格构成，用户可以根据自己的喜好调整它们的位置和大小。当多个窗格出现在一个区域时，将使用标签页的形式显示。

图 2-2　Spyder 的界面

如图 2-2 所示，Spyder 的界面分为左右两部分，左边部分是程序代码区域，右边部分既可以显示程序的运行结果，也可以在 In[]后直接输入交互式命令，按〈Enter〉键就会显示命令的执行结果。

2.2.3　numpy 库

numpy（Numerical Python 的简称）是 Python 的一个科学计算库，提供了大量有用的工具，如数组对象（用来表示向量、矩阵、图像等）以及线性代数函数。numpy 中的数组对象可以帮助实现数组中的重要操作，如矩阵转置、相乘、解方程、向量乘积和归一化，这在图像处理中非常有用，为图像变形、图像分类、图像聚类提供了计算基础。numpy 底层使用 C 语言编写，其对数组的操作速度不受 Python 解释器的限制，效率远高于纯 Python 代码。

numpy 库的主要功能如下：

1）ndarray 是 numpy 内置的一个对象，是一个具有矢量算术运算和复杂广播能力的快速且节省空间的多维数组。

2）用于对整组数据进行快速运算的标准数学函数（无须编写循环程序）。

3）用于读写磁盘数据的工具以及用于操作内存映射文件的工具。

4）线性代数、随机数生成以及傅里叶变换功能。

5）用于集成 C、C++、FORTRAN 等语言编写的代码的工具。

1. numpy 数组

numpy 数组是一个多维数组对象，称为 ndarray。numpy 数组的下标从 0 开始，同一个 numpy 数组中所有元素的类型必须相同。numpy 数组的维数称为秩（rank），一维数组的秩为 1，二维数组的秩为 2。每一个线性的数组称为轴（axis）。如二维数组相当于两个一维数组，其中第 1 个一维数组中每个元素又是一个一维数组。

【程序 2-10】　创建 numpy 数组的实例。

```
import numpy as np            #导入 numpy 库
a = np.array([1,2,3])         #创建一维数组
print (a)                     #输出[1 2 3]
b = np.array([[1,2], [3,4]])  #创建二维数组
print (b)                     #输出[[1 2] [3 4]]
c = np.array([2,3,4,5], ndmin = 3)   #指定数组维度
print (c)                     #输出[[[2 3 4 5]]]
d = np.array([1,2,3], dtype = complex)    #指定元素的数据类型
print (d)                     #输出[1.+0.j 2.+0.j 3.+0.j]
e = np.arange(0,1,0.2)        #arrange()函数创建数组
print (e)                     #输出[0. 0.2 0.4 0.6 0.8]
f = np.linspace(0,10,5)       #arrange()函数创建数组
print (f)                     #输出[0. 2.5 5. 7.5 10.]
g = np.zeros((3,4))           #zeros()函数创建全零数组
print (g)
```

程序说明：

1）Python 中的 import 语句功能非常强大，该语句除了导入库之外，实际上还创建了 numpy 类的一个对象实例。可以认为，import numpy as np 等价于 Java 等语言中以下两条语句。

```
import numpy;
numpy np = new numpy();
```

import numpy as np 语句的另一种写法如下：

```
from numpy import *
```

使用这种方法，就可以直接使用 numpy 中的函数，函数前面不需要加 "np."。

2）numpy 提供了两个类似 range() 的函数，用来返回一个数列形式的数组。

● arrange() 函数，通过指定开始值、终值和步长来创建一维数组。

● linspace() 函数，通过指定开始值、终值和元素个数来创建一维数组。

3）在 numpy 中，用函数 zeros() 可创建一个全是 0 的数组，用函数 ones() 可创建一个全为 1 的数组，用函数 random() 可创建一个内容随机且依赖于内存状态的数组。这 3 个函数创建的数组元素默认的数据类型（dtype）都是 float64，可以用 d.dtype.itemsize 查看数组中元素占用的字节数。

2. numpy 数组的形状操作

数组的形状指数组的维数和每一维元素的个数。利用数组的 shape 属性可获取其形状，数组的 shape() 函数可更改数组的形状。ravel() 方法可以扁平化数组，而 transpose() 方法能够转置数组。

【程序 2-11】　更改 numpy 数组的形状操作。

```
import numpy as np            #导入 numpy 库
a=np.int32(100*np.random.random((3,4)))     #创建 3×4 的二维数组
print (a)
print(a.shape)                #输出(3, 4)
b=a.ravel()                   #将数组 a 扁平化，转换为一维数组
print(b)
b.shape=(6,2)                 #改变数组 b 的维度
print (b)
```

```
c=b.transpose()          #转置数组 b
print (c)
```

该程序的输出结果如下。

```
[[46 55 20 67] [86 16 96 23] [ 6 68 90 50]]
(3, 4)
[46 55 20 67 86 16 96 23 6 68 90 50]
[[46 55] [20 67]   [86 16]    [96 23]    [ 6 68]    [90 50]]
[[46 20 86 96  6 90]         [55 67 16 23 68 50]]
```

3．提取数组的行或列

numpy 数组中的元素可以通过下标来访问，方法是通过带方括号的下标值来访问数组中的单一元素，也可以以切片的形式访问数组中多个元素。对于多维数组，每个维之间用逗号隔开。具体规则如表 2-1 所示。

表 2-1　numpy 数组或矩阵的索引和切片方法

访　　问	描　　述
a[i]	访问第 i 个元素，如果是二维数组，表示访问第 i 行
a[-i]	访问倒数第 i 个元素（从后向前索引）
a[n:m]	访问第 n 到第 m-1 个元素，索引从 0 开始
a[-n:-m]	访问倒数第 n 到倒数第 m-1 个元素
a[n:m:i]	访问第 n 到第 m-1 中步长为 i 的元素
a[:,i]	仅用于二维数组，表示访问第 i 列

在机器学习分类的数据集中，前面 n-1 列是特征属性，而最后一列是类别属性，通过 a[:,-1] 就能将最后一列提取出来。

【程序 2-12】　提取数组中的行或列。

```
import numpy as np    #导入 numpy 库
a=np.array([0,1,2,3,4])
b=np.array([[0,1,2,3],[10,11,12,13],
            [20,21,22,23],[30,31,32,33]])
print(a[:1],a[1:3],a[::-1],a[1:-1:2],)
print(b[1:-1,:2],b[:1],b[:,1],b[:,-1])    #b[1:-1,:2]取第 1 到倒数第
                                            1 行，然后再取 0~1 列
```

该程序的输出结果为：

```
[0] [1 2] [4 3 2 1 0] [1 3]
[[10 11]          [20 21]]
 [[0 1 2 3]]
 [ 1 11 21 31]
 [ 3 13 23 33]
```

4．numpy 矩阵

numpy 库中提供了矩阵对象 matrix，能够实现矩阵数据的处理，包括矩阵的计算、转置、可逆性及基本的统计功能，还包括对复数的处理。

矩阵是数组的一个分支，矩阵和二维数组在很多时候是通用的，官方建议如果两种都可以使

用，那就选择数组，因为数组更灵活、速度更快。

矩阵的优势在于相对简单的运算符号，比如要执行两个矩阵相乘，只要使用相乘符号"*"，而二维数组则需要使用方法 dot()。

矩阵对象的属性如下：

- matrix.T(transpose)：返回矩阵的转置矩阵。
- matrix.H(conjugate)：返回复数矩阵的共轭元素矩阵。
- matrix.I(inverse)：返回矩阵的逆矩阵。
- matrix.A(base array)：返回矩阵基于的数组。

【程序 2-13】　定义矩阵及对矩阵的操作。

```
import numpy as np                   #导入 numpy 库
a=np.matrix('1 2 3;4 5 6;7 8 9')     #用字符串创建矩阵
x=np.array([[1,3],[2,4]])
b=np.matrix(x)                       #用数组创建矩阵
c=a.T                                #转置矩阵
d=a.H        #求共轭矩阵，仅对复数矩阵有用
e=a.I        #求逆矩阵
f=a.A        #返回该矩阵对应的二维数组
g=a[:,-1]    #取矩阵一列，方法和数组完全相同
print(a,b,c,d,e,f)
```

该程序的运行结果如下：

```
[[1 2 3]          [4 5 6]          [7 8 9]]          #a
 [[1 3]                                              #b
 [2 4]]
 [[1 4 7]                                            #c
 [2 5 8]
 [3 6 9]]
 [[1 4 7]                                            #d
 [2 5 8]
 [3 6 9]]
 [[-4.50359963e+15  9.00719925e+15 -4.50359963e+15]  #e
 [ 9.00719925e+15 -1.80143985e+16  9.00719925e+15]
 [-4.50359963e+15  9.00719925e+15 -4.50359963e+15]]
 [[1 2 3]          [4 5 6]          [7 8 9]]          #f
```

程序说明：

1）matrix(data,dtype,order)函数第一个参数 data 的值为字符串或数组。这意味着创建矩阵有两种方式：用字符串创建或用数组创建。dtype 用来指定 data 的数据类型。order 为布尔类型，表示行序优先（T）或者列序优先（F），默认值是 T。

2）用字符串创建矩阵时，矩阵的换行必须用分号隔开，矩阵的元素之间用空格隔开。

3）要提取矩阵中的行或列，方法和提取数组中的行或列完全相同，例如 g=a[:,-1]。

2.3　数据可视化——基于 Matplotlib 库

Matplotlib 是 Python 中一套基于面向对象编程的绘图库，旨在用 Python 实现 Matlab 的绘图

功能，可以很方便地设计和输出二维及三维的数据，它所绘制的图表中的每个绘图元素，如线条、文字、刻度等都对应一个对象。MatPlotLib 中主要的几个对象如下：

1）整个图形是一个 Figure 对象，即一个弹出的绘图的窗口，便是一个 Figure。

2）Figure 对象至少包含一个子图，也就是 Axes 对象。

3）Figure 对象包含一些特殊的 Artist 对象，如标题 title、图例 legend。

2.3.1 绘制曲线图

在 Matplotlib 中绘图的一般步骤是：①用 figure()函数创建一个绘图对象；②用数组或序列设置 *x*、*y* 坐标值；③用 plot()函数在坐标系中绘制曲线、直线或点，或者用其他函数绘制散点图、直方图等其他图形。

【程序 2-14】 用 plot()函数绘制 $y=x^2$ 函数的图形。

```
import numpy as np                    #导入 numpy 库
import matplotlib.pyplot as plt       #导入 pyplot 库
plt.figure()                          #创建一个绘图对象
x=np.arange(-5,5,0.01)                #x 值
y=x*x                                 #y 值
plt.plot(x,y,'b--')                   #进行绘图，第 3 个参数表示蓝色虚线
plt.show()                            #显示图像
```

该程序的运行结果如图 2-3 所示。

1．用 figure()函数创建绘图对象

调用 figure()函数将创建一个绘图对象，这一步是可选的，如果不调用 figure()函数，在调用 plot()函数绘图时，Matplotlib 会自动创建一个绘图对象。

figure()函数的参数可以指定绘图对象的宽度和高度，单位为英寸；dpi 参数指定绘图对象的分辨率，即每英寸多少像素，默认值为 100。

2．设置坐标值

二维坐标图实际上是由很多点组成的，如果该图在 *x* 轴上是连续的，则可以用 np.arange()函数生成一个一维数组，表示各个点的 *x* 坐标值，然后再用这些 *x* 坐标值计算 *y* 的坐标值。则 plot 会自动连接这些坐标点绘制出一个曲线图出来。这些坐标点的数量要足够多，如果坐标点太少，绘制出的曲线图就会不够精确，例如将步长设置为 1 之后，即 *x*=np.arange(-5,5,1)绘制的图形如图 2-4 所示。

3．用 plot()函数在当前绘图对象中绘图

创建 figure 对象后，接下来调用 plot()函数就可在当前 figure 对象中绘图。需要注意的是，plot 函数实际上是在 Axes 子图对象上绘图，如果当前 figure 对象中没有 Axes 对象，则会自动创建一个几乎充满整个图表的 Axes 对象，并且使该 Axes 对象成为当前 Axes 对象。

Axes 的字面意思是数据轴（Axis 的复数），但它并不是指数据轴，而是子图对象。可以认为，每一个子图都有 *x* 和 *y* 轴，Axes 则用于代表这两个数据轴所对应的一个子图对象。

plot 函数的第 3 个参数'b--'用来指定线条的颜色和线型，其中，b 表示蓝色，其他颜色参数如表 2-2 所示。"--"表示虚线，该参数称为线型参数，其他参数值如表 2-3 所示。

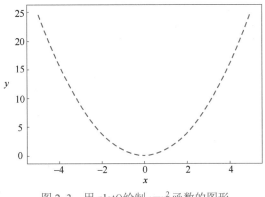

图 2-3　用 plot()绘制 $y=x^2$ 函数的图形

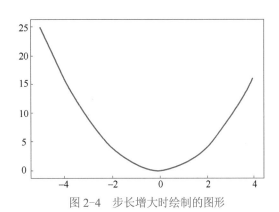

图 2-4　步长增大时绘制的图形

表 2-2　颜色参数值

蓝	绿	红	青	品红	黄	黑	白
'b'	'g'	'r'	'c'	'm'	'y'	'k'	'w'

表 2-3　线型参数值

实线	虚线	点画线	点线	点标记	星形	圆标记
'.'	'--'	'-.'	':'	'.'	'*'	'o'
像素	正方形	五边形	六边形 1	六边形 2	加号	X 标记
','	's'	'p'	'h'	'H'	'+'	'x'
菱形	窄菱形	水平线	竖直线	倒三角	正三角	左三角
'D'	'd'	'_'	'|'	'v'	'^'	'<'
右三角	下箭头	上箭头	左箭头	右箭头		
'>'	'1'	'2'	'3'	'4'		

提示：

plot()函数可以只含一个参数，例如 plt.plot([1, 2, 3, 4])，则该参数被当成是 y 坐标轴的值，而 x 轴的坐标值将自动生成，自动生成的 x 轴坐标值与 y 轴坐标值有相同的长度，并且会从 0 开始，因此生成的 x 轴坐标值为[0, 1, 2, 3]。所以 plt.plot([1, 2, 3, 4])等价于 plt.plot([0, 1, 2, 3] ,[1, 2, 3, 4])。

4. 在坐标图中绘制多个图形

要在坐标系中绘制多个图形，只要定义多组 x、y 坐标值，再多次调用 plot()函数即可。

【程序 2-15】　用 plot()函数在坐标系中绘制多个图形。

```
import matplotlib.pyplot as plt #导入 pyplot 库
import numpy as np              #导入 numpy 库
plt.figure()                    #创建一个绘图对象
plt.xlabel('x')                 #x 轴标签
plt.ylabel('y')                 #y 轴标签
plt.title('Simple Diagram')     #图的标题
x=np.arange(-5,5,0.01)          #x 值
y,y2=x*x,2*x2+9                 #同时给 y 和 y2 赋值
```

47

```
plt.plot(x,y,'b--',label="x^2")          #进行绘图
plt.plot(x,y2,'r-.',label="2x+9")        #绘制第 2 条曲线
plt.legend()                             #显示图例
plt.show()                               #显示图像
```

该程序的运行结果如图 2-5 所示。

程序说明：

1）绘制多条曲线也可以在一个 plot 函数中传入多对 *x*, *y* 值，例如：

```
plt.plot(x,y,'b--',x,y2,'r-.')
```

2）本例还添加了图例。方法是：首先要在 plot()函数中添加第 4 个参数，如 label="x^2"；然后使用 plt.legend()显示图例。

5. 设置 plt 对象的属性和方法

plt 对象具有很多属性和方法，常用的属性和方法如下。

- plt.xlabel()：设置 *x* 轴的标签。plt.ylabel()：设置 *y* 轴标签。
- plt.title：设置图的标题。
- plt.xlim():设置 *x* 轴的起始坐标，plt.ylim():设置 *y* 轴的起始坐标。
- plt.legend()：显示图例，即图中表示每条曲线的标签和样式的矩形区域，matplotlib 会将图例的位置自动调整到图中的空白区域。

【程序 2-16】 设置坐标轴的起始范围、图例、图的标题等。

```
import matplotlib.pyplot as plt          #导入 pyplot 库
import numpy as np                       #导入 numpy 库
plt.figure()                             #创建一个绘图对象
x=np.arange(-5,5,0.01)                   #y 值
y=x*x                                    #x 值
plt.xlim(-8,8)                           #定义 x 轴的范围
plt.ylim(0,10)
plt.plot(x,y,'b--',label="x^2")          #进行绘图
plt.xlabel('x')                          #y 轴标签
plt.ylabel('y')                          #x 轴标签
plt.title('Simple Diagram')              #图的标题
x2=np.arange(-5,5,0.01)                  #x 值
y2=2*x2+9
plt.plot(x2,y2,'r-.',label="2x+9")       #绘制第 2 条曲线
plt.legend()                             #显示图例
plt.show()                               #显示图像
```

该程序的运行结果如图 2-6 所示。

6. 绘制多个子图

使用 subplot()函数可以快速绘制包含多个子图的图表，它的调用形式如下。

```
subplot(numRows,numCols,plotNum)
```

subplot()函数会将整个绘图区域等分为 numRows 行×numCols 列个子区域，然后按照从左至右、从上至下的顺序对每个子区域进行编号，左上的子区域编号为1。plotNum 指定使用第几个子区域。

48

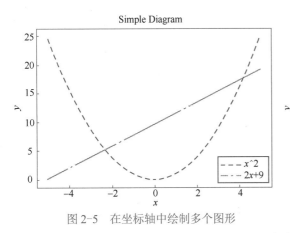

图 2-5　在坐标轴中绘制多个图形

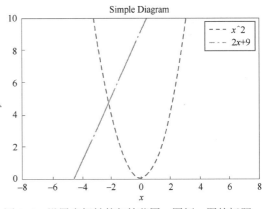

图 2-6　设置坐标轴的起始范围、图例、图的标题

如果 numRows、numCols 和 plotNum 三个参数均小于 10，则可以把它们缩写为一个整数，例如，subplot(456) 和 subplot(4,5,6) 是等价的。

subplot() 函数会在参数 plotNum 指定的区域中创建一个轴对象，如果新创建的轴对象和之前创建的轴重合，则之前的轴将被删除。

【程序 2-17】　使用 subplot() 函数绘制多个子图。

```
import matplotlib.pyplot as plt    #导入 pyplot 库
import numpy as np                 #导入 numpy 库
plt.figure()                       #创建一个绘图对象
ax1=plt.subplot(121)               #在 1 行 2 列的第 1 个区域创建轴对象 ax1
ax2=plt.subplot(122)               #在 1 行 2 列的第 2 个区域创建轴对象 ax2
x=np.arange(-5,5,0.01)             #x 值
y=x*x                              #y 值
plt.sca(ax1)                       #选择子图 1
plt.plot(x,y,'b--',label="x^2")    #在子图 1 进行绘图
x2=np.arange(-5,5,0.01)            #x 值
y2=2*x2+9
plt.sca(ax2)                       #选择子图 2
plt.plot(x2,y2,'r-.',label="2x+9") #绘制第 2 条曲线
plt.legend()                       #显示图例
plt.show()                         #显示图像
```

该程序的运行结果如图 2-7 所示。

7. 保存图像文件和输出设置

使用 plt.savefig() 函数可将当前的绘图区域（Figure 对象）保存成图像文件，该函数支持的图像文件格式有 emf、eps、pdf、png、ps、raw、rgba、svg 和 svgz。下面的代码将当前的图表保存为 tang.png，并且通过 dpi 参数指定图像的分辨率为 120 像素。

```
plt.savefig("tang.png",dpi=120)
plt.show()  #显示图像
```

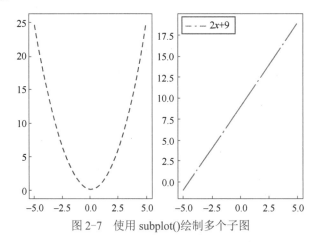

图 2-7　使用 subplot()绘制多个子图

需要注意的是，plt.savefig()函数一定要写在 plt.show()函数之前，否则保存的图像将会是空白图像，这是因为 plt.show()函数在显示图像后还会创建一个新的空白的图片（坐标轴对象）。

8．交互式标注

应用程序有时需要和用户交互，例如显示一幅图像，获取用户在图像区域的点击位置，pyplot 库中提供的 ginput()函数可以实现交互式标注。

【**程序 2-18**】　在图中实现交互式标注。

```
from PIL import Image
import numpy as np
import matplotlib
matplotlib.use('Qt5Agg')                    #必须显式指明 matplotlib 的后端
import matplotlib.pyplot as plt
img=np.array(Image.open('d:\\tt1.jpg'))
plt.imshow(img)                             #显示图像
print('请单击图片中的物品')
x=plt.ginput(1)                             #等待用户单击 1 次
print('你单击了',x)
plt.show()
```

该程序首先使用 plt.imshow()函数显示一幅图像（tt1.jpg），然后等待用户在绘图窗口中的图像区域上单击 1 次，程序将单击位置的坐标保存在列表变量 x 中并输出。

9．在图表中显示中文和负号

由于 MatPlotLib 的默认配置文件中所使用的字体为英文字体，无法正确显示中文和负号，为了让图表正确显示中文，需要在.py 程序源文件的头部添加如下两行代码。

```
plt.rcParams['font.sans-serif']=['SimSun']#将默认字体改成宋体，还可是
                                          SimHei
plt.rcParams['axes.unicode_minus']=False  #解决负号显示不正常的问题
```

2.3.2　绘制散点图等其他图形

除了曲线图之外，Matplotlib 还可绘制散点图等其他各种图形，pyplot 模块提供了 14 个用于

绘制基础图表的常用函数，如表 2-4 所示。

表 2-4　pyplot 模块中绘制基础图表的常用函数

函　　数	功　　能
plt.scatter(x,y)	绘制散点图（x,y 必须是长度相同的序列或数组）
plt.hist(x,bins,normed)	绘制直方图
plt.bar(left,height,width,bottom)	绘制条形图
plt.barh(bottom,width,height,left)	绘制横向条形图
plt.boxplot(data,notch,position)	绘制箱型图
plt.psd(x,NFFT,pad_to,Fs2)	绘制功率谱密度图
plt.specgram(x,NFFT,pad_to,F)	绘制谱图，即音频文件的声音波形图
plt.polar(theta,r)	绘制极坐标图
plt.pie(data,explode)	绘制饼图
plt.step(x,y,where)	绘制步阶图
plt.contour(X,Y,Z,N)	绘制等值图
plt.vlines()	绘制垂直图
plt.stem(x,y,linefmt,markerfmt)	绘制柴火图
plt.cohere(x,y,NFFT=256,Fs)	绘制 x-y 的相关性函数
plt.plot(x,y,label,color,width)	根据 x、y 坐标绘制点、直线或曲线
plt.plot_date()	绘制数据日期
plt.plot_date()	绘制数据后写入文件

1. 散点图

散点图（Scatter Diagram）是二维数据点在直角坐标系平面上的分布图，它在聚类分析、回归分析及分类分析中非常有用，能将数据之间的规律用图形直观地展现出来。通过考察散点的分布，能判断两变量之间是否存在某种关联或总结坐标点的分布模式。

绘制散点图需要两组数据分别表示所有点的 x 坐标值和 y 坐标值，因此两组数据必须是等长的序列或数组。

【程序 2-19】　使用 plt.scatter()函数绘制散点图。

```
import matplotlib.pyplot as plt        #导入 pyplot 库
plt.figure()                           #创建一个绘图对象
x=[2,1,2,3,4,5]                        #设置 6 个散点的 x 坐标值
y=[1,2,2,5,4,3]
plt.scatter(x,y,s=60,c='r',marker='o') #绘制散点图
plt.show()                             #显示图像
```

该程序的运行效果如图 2-8 所示。

程序说明：

1）使用 plot()函数也可直接绘制散点图。例如，将 plt.scatter()函数替换成 plt.plot(x,y,'ro')，效果相同，只要 plot()函数的第 3 个参数是表 2-3 中列出的点型（而不是线型）就能画散点图。

2）plt.scatter()函数前两个参数是散点的 x、y 坐标值。第三个参数 s 表示散点的大小，值越

大，点越大，c 表示散点的颜色，'r'为红色，marker 表示散点的样式，'o'为圆点。

3）如果要绘制多组散点，只需多次调用 plt.scatter()函数，并将每次散点的样式参数设置为不同即可。

2．直方图

直方图（Histogram）又叫质量分布图。它由一系列高度不等的纵向条纹或线段表示数据的分布情况，横轴表示数据类型，纵轴表示分布情况。直方图的绘制可通过 plt.hist()函数来实现。

【程序 2-20】　使用 plt.hist()函数绘制直方图。

```
import matplotlib.pyplot as plt        #导入 pyplot 库
import numpy as np                     #导入 numpy 库
mu,sigma=100,20
x=mu+sigma*np.random.randn(20000)
plt.hist(x,bins=100,color='r',normed=True)
plt.show()                             #显示图像
```

该程序的运行效果如图 2-9 所示。

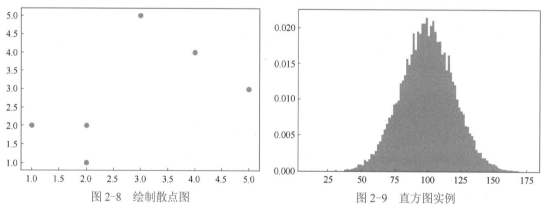

图 2-8　绘制散点图　　　　　　　　　图 2-9　直方图实例

3．饼状图

饼状图（Sector Graph，又名 Pie Graph）显示一个数据系列中各项的大小与各项总和的比例。饼状图中的数据点显示为整个饼状图的百分比。

【程序 2-21】　使用 plt.pie()函数绘制饼状图。

```
import matplotlib.pyplot as plt
labels = 'Frogs', 'Hogs' ,'Dogs' ,'Logs'
sizes = [15, 30, 45, 10]
explode = (0, 0.1, 0, 0)
plt.pie(sizes, explode=explode, labels=labels,
autopct='%1.1f%%', shadow=False, startangle=90)
plt.show()
```

该程序的运行效果如图 2-10 所示。

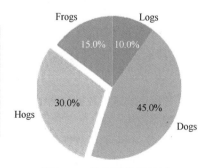

图 2-10　绘制饼状图示例

说明：

该程序中，labels 设置每个数据的标签；sizes 设置每一块所占的比例；explode 设置某一块或多块突出来显示，突出多少由值决定，0 表示不突出。plt.pie()函数中的 shadow 设置阴影，这样的显示效果更逼真。

4．条形图

条形图是将许多不同的数值分别用不同长度的直条表示，然后把这些直条按一定的顺序排列起来。从条形图中很容易看出各种数量的多少。条形图通过 plt.bar()函数绘制，可以通过设置参数 orientation='horizontal'来绘制水平方向条形图，或通过 barh()来绘制。

【程序 2-22】　使用 plt.bar()函数绘制条形图。

```
import numpy as np
import matplotlib.pyplot as plt
y = [15, 30, 25, 10,20,34,33,18]
x=np.arange(8)  #0-7 个条形
plt.bar(x, y, color='r', width=0.5)  #绘制条形图
plt.plot(x, y, "b", marker='*')         #此例同时绘制线形图
for x1, yy in zip(x, y):                 #在条形上添加文本
  plt.text(x1, yy + 1, str(yy), ha='center', va='bottom')
plt.show()
```

该程序的运行效果如图 2-11 所示。

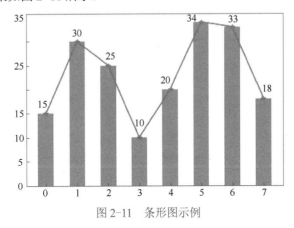

图 2-11　条形图示例

5．极坐标图

极坐标图相当于是由很多扇形构成的条形图，并将这些扇形放在一个圆形中。

【程序 2-23】　使用 plt.viridis()函数绘制极坐标图。

```
import numpy as np
import matplotlib.pyplot as plt
N = 20                                      #绘制 20 个扇形
#设置每个标记所在射线与极径的夹角
theta = np.linspace(0.0, 2 * np.pi, N, endpoint=False)
radii = 10 * np.random.rand(N)
```

```
    width = np.pi / 4 * np.random.rand(N)
    ax = plt.subplot(111, projection='polar')
    bars = ax.bar(theta, radii, width = width,
bottom = 0.0)
    for r, bar in zip(radii, bars):
        bar.set_facecolor(plt.cm.viridis(r /
10.))                        #绘制极坐标的扇形
        bar.set_alpha(0.5)
                                  #设置透明度
    plt.show()
```

该程序的显示效果如图 2-12 所示。

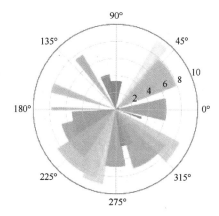

图 2-12　极坐标图示例

2.4　SciPy 库

SciPy 库是 Python 的一个高级科学计算库，SciPy 需要依赖 numpy 库的支持才能安装和运行，并且它一般都是基于 numpy 的数组来进行科学计算、统计分析，因此可以说是建立在 numpy 库基础之上。SciPy 函数库主要是在 numPy 库的基础上增加了众多的数学、科学以及工程计算中常用的库函数，如线性代数、常微分方程数值求解、信号处理、图像处理、稀疏矩阵等。常用的 SciPy 子模块库如表 2-5 所示。

表 2-5　SciPy 子模块库及其功能

子模块	功能	子模块	功能
constans	物理和数学函数	cluster	聚类算法
fftpack	快速傅里叶变换	integrate	集成和常微分方程求解
interpolate	拟合平滑曲线	linalg	线性代数
io	输入和输出	ndimage	N 维图像处理
maxentropy	最大熵模型	optimize	求最优化解
odr	正交距离回归	sparse	稀疏矩阵以及相关程序
signal	信号处理	special	特殊函数
spatial	空间数据结构和算法	weave	C/C++程序整合
states	统计函数和分布	—	—

1．求解最优化问题

以最优化问题为例，寻找函数在一定约束条件下的最大值或最小值是数学和运筹学中一大领域，对于复杂函数的最优化问题或者多变量的最优化问题，如果自己编程实现可能会非常复杂，但利用 Scipy 库却可以很方便地求得最优解。

【程序 2-24】　使用 optimize 类求函数 $4x^3+(x-2)^2+x^4$ 的最优解。

```
import numpy as np
from matplotlib import pyplot as plt
from scipy import optimize          #引入 scipy 库的 optimize 模块
x=np.linspace(-5,3,100)             #定义 x 值的范围为-5 到 3
def f(x):
```

```
          return 4*x**3+(x-2)**2+x**4
x_min_local=optimize.fmin_bfgs(f,2)   #采用 fmin_bfgs()函数求 f 的最小值
print('f(x)极小值点:',x_min_local)
x_max_global=optimize.fminbound(f,-10,10)
print('取得极小值时的 x 值:',x_max_global)
plt.plot(x,f(x))
plt.show()
```

该程序运行后输出的文字如下，输出的图形如图 2-13 所示。

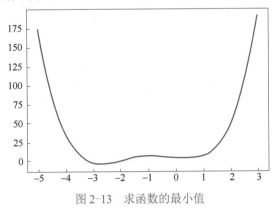

图 2-13　求函数的最小值

```
Optimization terminated successfully
        Current function value: 2.804988
        Iterations: 7
        Function evaluations: 24
        Gradient evaluations: 8
f(x)极小值点: [0.46961766]
取得极小值时的 x 值: -2.6729805844842622
```

说明：

optimize 类中求最小值的函数有 5 个：fmin、fmin_powell、fmin_cg、fmin_bfgs、fminbound，这几个函数的第 1 个参数都是要求最小值的函数名，后面几个参数的含义各不相同。

2. 图像模糊处理

SciPy 中的 ndimage 模块用来实现图像处理功能，其中用来做图像滤波操作的是 scipy.ndimage.filters 模块。该模块使用快速一维分离的方式来计算卷积。

图像的高斯模糊是经典的图像卷积例子。本质上，图像模糊就是将（灰度）图像 I 和一个高斯核进行卷积操作：$I_\sigma = I * G_\sigma$，其中 $G_\sigma = \dfrac{1}{2\pi\sigma}\mathrm{e}^{-(x^2+y^2)/2\sigma^2}$ 是标准差为 σ 的二维高斯核。高斯模糊通常是其他图像处理操作的一部分，如图像插值操作、兴趣点计算等，具有很重要的应用价值。

【程序 2-25】　使用快速一维分离方式计算卷积实现高斯模糊。

```
from PIL import Image
import numpy as np
from scipy.ndimage import filters          #引入滤波模块
import matplotlib.pyplot as plt
```

```
im = np.array(Image.open('D:\\wfz.jpg'))
index = 141                            #画1行4列的图，与1,4,1同
plt.subplot(index)
plt.imshow(im)
for sigma in (2, 5, 10):               #模糊参数，值越大越模糊
    im_blur = np.zeros(im.shape, dtype=np.uint8)
    for i in range(3):                 #对图像的每一个通道都应用高斯滤波
        im_blur[:,:,i] = filters.gaussian_filter(im[:,:,i], sigma)
    index += 1
    plt.subplot(index)
    plt.imshow(im_blur)
plt.show()
```

该程序的运行结果如图 2-14 所示。

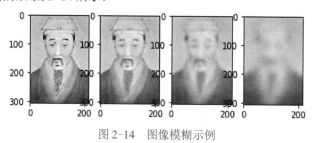

图 2-14　图像模糊示例

2.5　sklearn 库

sklearn（Scikit-learn）库是 Python 基于 numpy、sciPy 和 matplotlib 库实现机器学习的算法库（安装 sklearn 库需要先安装 pandas、numpy、scipy 库），目前 sklearn 的版本已经是 0.20。sklearn 库始于 2007 年 Google Summer of Code 项目，最初由 David Cournapeau 开发，它是一个简洁、高效的算法库，可以实现数据预处理、分类、回归、降维、模型选择等常用的机器学习算法，以用于数据挖掘和数据分析。本书后续章节的内容都是基于 sklearn 的这些算法进行大数据分析的。

2.5.1　机器学习的概念和方法

机器学习是实现人工智能的主要方法。目前，人工智能的主流发展趋势是数据驱动的人工智能，而数据驱动的人工智能实际上就是运用机器学习的思想。

1. 机器学习的思想

机器学习是通过模型和算法让计算机从数据中进行学习的科学（和艺术）。需要明确的是：从数据中进行学习并不是说让计算机存储这些数据，而是从这些数据中提炼出规则。人们常说，"吃一堑，长一智"，就是说人们能从事例中学习到经验，对于机器学习来说，它需要从大量事例中进行学习，可以认为是"吃十堑，长一智"。因此，机器学习中的"学习"是从事例实践中领悟式学习的意思，而不是指死记硬背的记忆式学习；是从实践经验中总结学习，不是从书本中学习；是直接经验，而不是间接经验。

举例来说，张三喜欢用石头打狗，他打过 10 次狗，其中被狗咬过 9 次。于是他从这些事例中总结出规则："如果用石头打狗，那么狗是会咬人的"。若将这里的"张三"看成"机器"，那

这就是机器学习。

再举一例，李四听老人说："不能用石头打狗，否则狗是会咬人的"，于是李四经过简单推理，得出规则"如果用石头打狗，那么狗是会咬人的"。将"李四"看成"机器"，则这并非是机器学习，首先，这里的知识是听人说的，并非是从事例中总结得出；其次，简单的逻辑推理并不是机器学习，因此一般的计算机编程不是机器学习，像传统的计算机下棋程序就属于逻辑推理，如果它不能从每次下棋过程中改进规则就不是机器学习。

一个不具有学习能力的智能系统难以称得上是一个真正的智能系统，早期的人工智能系统都普遍缺少学习的能力。例如，它们遇到错误时不能自我校正；不会通过经验改善自身的性能；不会自动获取和发现所需要的知识；它们的推理仅限于演绎而缺少归纳。

随着大数据时代各行业对数据分析需求的持续增加，通过机器学习高效地获取知识，已逐渐成为当今人工智能技术发展的主要推动力。大数据时代的机器学习更强调"学习本身是手段"，机器学习成为一种支持和服务技术。如何基于机器学习对复杂多样的数据进行深层次的分析，更高效地利用信息成为当前大数据环境下机器学习研究的主要方向。所以，机器学习越来越朝着智能数据分析的方向发展，并已成为大数据分析领域的一个重要手段。

机器学习是基于对数据的初步认识以及对学习目的的分析，选择合适的数学模型，拟定超参数，并输入样本数据，依据一定的策略，运用合适的学习算法对模型进行训练，最后运用训练好的模型对数据进行分析预测。因此机器学习是给定数据（样本、实例）和一定的学习规则，从数据中获取知识。

2．机器学习的组成要素

机器学习又称为统计机器学习，它具有三个要素：

1）模型（Model）：模型在未进行训练前，其可能的参数是多个甚至无穷的，故可能的模型也是多个甚至无穷的，这些模型构成的集合就是假设空间。

2）策略（Strategy）：即从假设空间中挑选出参数最优模型的准则。模型的分类或预测结果与实际情况的误差（损失函数）越小，模型就越好。那么策略就是误差最小。

3）算法（Algorithm）：即从假设空间中挑选模型的方法（等同于求解最佳的模型参数）。机器学习的参数求解通常都会转化为最优化问题，故学习算法通常是最优化算法。

3．机器学习的流程

机器学习的流程可总结为：①获取大量和任务相关的数据集来构建模型；②通过模型在数据集上的误差不断迭代使误差最小来训练模型，得到对数据集拟合合理的模型；③将训练好、调整好的模型应用到真实的场景中。

举个例子，如果要编写一个垃圾邮件识别与过滤程序。传统的方法是：

1）先观察一下垃圾邮件一般都是什么样子，比如有一些词或短语（如 from、信用卡、免费、amazing）在邮件主题中频繁出现，也许发件人名、邮件正文格式等也存在异常。

2）将观察到的规律写成一个检测程序，然后收集一些邮件（既有正常邮件也有垃圾邮件）作为检测样本，如果程序在样本中检测到了这些规律，就标记这些邮件为垃圾邮件。

3）测试程序，根据样本调整规则，重复第 1）步和第 2）步，直到检测程序的准确率满足要求。

上述过程如图 2-15 所示。

图 2-15　不使用机器学习的传统方法

在这种方法中，输入样本的作用是作为验证集和测试集，即前 $n-1$ 次作为验证集，第 n 次作为测试集。这种方法的缺点是：程序可能会变成一长串很复杂的规则，而且经常需要根据实际的变化人工修改规则，这就使得程序很难维护。

相反地，基于机器学习技术的垃圾邮件识别程序会自动学习哪个词或哪些短语是垃圾邮件的标识，通过与普通邮件比较，检测垃圾邮件中反常频次的词语列表。这个识别程序很简短，更易于维护，预测也更精确。基于机器学习的方法如图 2-16 所示。

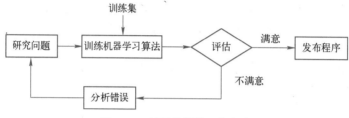

图 2-16　基于机器学习的方法

进而，如果发送垃圾邮件的人发现所有包含"4U"的邮件都被屏蔽了，可能会转而使用"For U"。使用传统方法的垃圾邮件过滤器需要手动更新以标记"For U"。如果发送垃圾邮件的人持续更改，则开发者就需要被动地不停地写入新规则。

相反的，基于机器学习的垃圾邮件过滤器会自动注意到"For U"被用户手动标记为垃圾邮件的反常频繁性，然后就能自动标记"For U"为垃圾邮件而无须干预（图 2-17）。

最后，机器学习可以帮助人们进行学

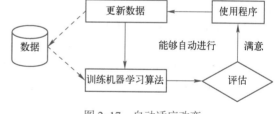

图 2-17　自动适应改变

习，可以检查机器学习算法已经掌握了什么。例如，当垃圾邮件过滤器被训练过滤了足够多的垃圾邮件后，就可以用它列出垃圾邮件预测值的单词和单词组合列表。而这些单词中有些是人们并没有发觉的，从而有助于人们更好地理解问题。

总之，机器学习的过程就是：①研究数据；②选择模型；③用训练数据进行模型训练（即用算法搜寻模型的参数值，使代价函数最小）；④使用训练好的模型对新案例（样本）进行预测（这称作推断），如果这个模型的预测效果不差，那就可以作为一个典型的机器学习项目。

2.5.2　样本及样本的划分

机器学习是根据已知样本估计数据之间的依赖关系，从而对未知或无法测量的数据进行预测和判断。

从数据中学得模型的过程称为"学习"（Learning）或"训练"（Training），这个过程通过执行某个学习算法来完成。因为机器学习需要从样本中进行学习，所以机器学习中也有样本的概念，根据样本在学习中所起的作用，机器学习中的样本经常划分为如下三类，如图 2-18 所示。

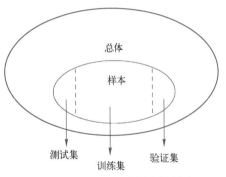

图 2-18　机器学习中样本的划分

1）训练集（Training Set）：用于模型拟合的数据样本，即建立模型使用的样本集。

2）验证集（Validation Set）：是模型训练过程中单独留出的样本集，它可以用于调整模型的超参数和用于对模型的能力进行初步评估。

3）测试集（Test Set）：用来测试模型在预测未知样本时的准确率，即评估最终模型的泛化能力。所谓泛化能力（Generalization Ability），是指机器学习模型对新鲜样本的适应能力，即对于任意未知类别的新样本，模型预测的准确率，它的目标是寻找一个假设 $h(x)$，使得对所有的样本 x，都有 $h(x)=c(x)$（$c(x)$为实际类别）。

一般做预测分析时，会将样本划分为两部分：一部分是训练集数据，用于构建模型；一部分是测试集数据，用于检验模型。但是，有时候模型的构建过程中也需要检验模型辅助模型构建，这时就需要在样本中再划分出一部分作为验证集。验证集是可选项。

训练集的规模远大于验证集和测试集。在小样本机器学习中，训练集、测试集、验证集的比例一般为 7:1:2，而在大样本机器学习中，训练集所占的比例一般为 99%以上，验证集和测试集占 1%。

对于统计学来说，样本的作用是通过样本的特征（统计量）来估计总体的特征（参数，如方差、均值）。而在机器学习中，样本的作用是利用训练集来建立模型和参数估计，利用测试集进行模型测试。

提示：

统计学和机器学习中都有"参数估计"的概念，但它们的含义是不同的，统计学中的参数是指总体的均值、方差，而机器学习中的参数是指模型的参数，如神经网络中各个节点的权重值。

1．样本划分举例

下面举个例子，表 2-6 是收集到的客户信息样本，如果想用这些样本数据建立一个机器学习模型，来预测任意特征的客户是否会购买计算机。则可以将表 2-6 中的样本划分成训练集（表 2-7）、测试集（表 2-8）和验证集（表 2-9）。

表 2-6　客户信息样本

年　　龄	收　　入	学　　生	信　　用	买了计算机
<30	高	否	一般	否
<30	高	否	好	否
30～40	高	否	一般	是
>40	中等	否	一般	是
>40	低	是	一般	是
>40	低	否	好	否

（续）

年　龄	收　入	学　生	信　用	买了计算机
30～40	低	是	好	是
<30	中	否	一般	否
<30	低	是	一般	是
>40	中	是	一般	是
<30	中	是	好	是
30～40	中	否	好	是
30～40	高	是	一般	是
>40	中	否	好	否

表 2-7　训练集

年　龄	收　入	学　生	信　用	买了计算机
<30	高	否	一般	否
<30	高	否	好	否
30～40	高	否	一般	是
>40	中等	否	一般	是
>40	低	是	一般	是
>40	低	否	好	否
30～40	低	是	好	是
<30	中	否	一般	否
<30	低	是	一般	是
>40	中	是	一般	是

表 2-8　验证集

年　龄	收　入	学　生	信　用	买了计算机
<30	中	是	好	是
30～40	中	否	好	是

表 2-9　测试集

年　龄	收　入	学　生	信　用	买了计算机
30～40	高	是	一般	是
>40	中	否	好	否

　　机器学习的步骤是：①首先使用训练集中的数据来训练模型，得到一个初步的模型；②然后使用验证集来验证模型是否有效，并调整参数使模型尽可能地有效，这一步就得到最终的模型；③使用测试集测试最终模型的准确率。方法是，先不看测试集中的类别属性，将测试集中的样本特征集输入机器学习模型中，看该模型输出的类别属性与测试集中的实际类别属性差异有多大。差异越小，就说明模型的有效性越高。测试集只是测试模型的准确率，而不会再对模型进行调整，这是测试集和验证集的明显区别。

2．划分样本的方法

在机器学习中，样本的划分可采用 train_test_split()函数实现，也可采用交叉验证的方法。

（1）train_test_split()函数

在 sklearn 中，提供了一个将数据集切分成训练集和测试集的函数：train_test_split()，该函数默认把数据集的 75%作为训练集，把数据集的 25%作为测试集。也可用 test_size 设置测试集所占的比例，代码如下：

```
from sklearn.model_selection import train_test_split
 #将样本划分为训练集和测试集，其中测试集占 30%，random_state 表示随机因子
Xtrain, Xtest, Ytrain, Ytest = train_test_split(X,y,test_size=0.3,
random_state=420)
```

（2）交叉验证（Cross Validation）

对于大数据集，使用上面的划分方法没有问题，但是对于小数据集，将它分成两份或三份，会导致训练样本量的不足。所以，对于小数据集，通常使用交叉验证的方法，交叉验证有许多版本，一般使用 k 折交叉验证，它的原理如图 2-19 所示。

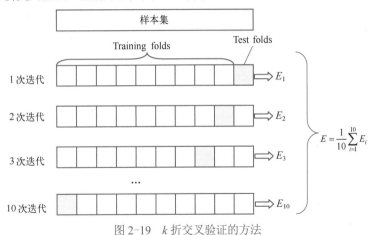

图 2-19　k 折交叉验证的方法

交叉验证一般取 10 折交叉验证（10-fold cross validation），将样本划分为 k 个子集，每个子集均做一次测试集，其余的作为训练集。交叉验证重复 k 次，每次选择一个子集作为测试集，并将 k 次的平均交叉验证识别正确率作为结果。

在 sklearn 中，提供了一个对于样本集进行交叉验证的函数：cross_val_predict()。该函数有 4 个参数，其中 cv 表示迭代次数。代码如下：

```
from sklearn.model_selection import cross_val_predict
 predicted = cross_val_predict(clf, iris.data, iris.target, cv=10)
 metrics.accuracy_score(iris.target, predicted) #交叉验证的结果
```

其中，clf 是一个分类器，iris.data 是特征数据，iris.target 是类别数据。

交叉验证的好处有三点。

1）验证结果更加稳定。训练数据需要进行随机打乱，如果是单纯拆分得到的训练集就可能刚刚碰到一组数据表现特别好或者特别差，这种情况在小数据集中很常见，所以使用交叉验证结

果会更稳定。

2）能够查看数据分布对于模型效果的影响。通过查看每份的验证结果，可以得到该数据集分布对模型的影响。

3）更好地利用训练数据。如果是 5 折交叉验证，那么训练量占了 80%（4/5），如果是 10 折交叉验证，那么训练量达到 90%（9/10）。

在使用交叉验证时，计算量会增加很多，这对于处理大数据集是个负担。可以通过查看交叉验证中的 train_score、test_score，判断模型是否过拟合或者欠拟合。

2.5.3 导入或创建数据集

传统的机器学习任务的一般流程是：获取数据→数据预处理→训练建模→模型评估→预测、分类。

在 sklearn 中要获取或创建样本数据，有三种方法。

1. 导入 sklearn 自带的样本数据集

sklearn 的 datasets 模型提供一些样本训练数据，可以使用这些数据来进行分类、聚类或回归分析等，以方便创建机器学习模型。导入这些自带的样本数据集需使用专门的调用函数，如表 2-10 所示。

表 2-10 sklearn 自带的样本数据集

数据集名称	调用函数	适用算法	数据规模	数据集大小
波士顿房价数据集	load_boston()	回归	506 行×13 列	小
鸢尾花数据集	load_iris()	分类	150×4	小
糖尿病数据集	load_diabetes()	回归	442×10	小
体能训练数据集	load_linnerud()	—	—	—
手写数字图像数据集	load_digits()	分类	5620×64	小
Olivetti 脸部图像数据集	fetch_olivetti_faces()	降维	400×64×64	大
新闻分类数据集	fetch_20newsgroups()	分类	—	大
带标签的人脸数据集	fetch_lfw_people()	分类、降维	—	大
路透社新闻语料数据集	fetch_rcv1()	分类	804414×47236	大

注：小数据集可直接使用，大数据集要在调用时程序会自动下载（一次即可）。

表 2-10 中常用的数据集介绍如下：

1）波士顿（Boston）房价数据集包含 506 组数据，每条数据包含房屋以及房屋周围的详细信息。其中包含城镇犯罪率、一氧化氮浓度、住宅平均房间数、到中心区域的加权距离以及自住房平均房价等。因此，波士顿房价数据集能够应用到回归问题上（如 CART 回归树）。

2）鸢尾花（Iris）数据集是数据挖掘任务常用的一个数据集；鸢尾花数据集采集的是鸢尾花的测量数据以及其所属的类别。测量数据包括：萼片长度、萼片宽度、花瓣长度、花瓣宽度。类别共分为三类：Iris Setosa、Iris Versicolour、Iris Virginica。该数据集可用于多分类问题（如 CART 分类树）。

3）手写数字（digits）数据集包括：1797 个 0～9 的手写数字数据，每个数字由 8×8 大小的矩阵构成，矩阵中值的范围是 0～16，代表颜色的深度（如 KNN 算法识别手写体数字）。

4）20 newsgroups 数据集（fetch_20newsgroups）包括 18846 篇新闻文章，共涉及 20 种话

题，所以称作 20 newsgroups text dataset，分为两部分：训练集和测试集，通常用来做文本分类（如多项式朴素贝叶斯算法对新闻分类）。

表 2-10 中所有函数的默认参数都为空，但它们也可以有以下参数。

- return_X_y：表示是否返回 target（即类别属性），默认为 False，只返回 data（即特征属性）。
- n_class：表示返回数据的类别数，如 n_class=5，则返回 0~4 含有 5 个类别的样本。

【程序 2-26】　导入 Iris 数据集并输出该数据集的特征属性和类别标签。

```
from sklearn.datasets import load_iris
dataSet = load_iris()              # 导入 Iris 数据集
data = dataSet['data']             # data 是特征属性集
label = dataSet['target']          # label 是类别标签
feature = dataSet['feature_names'] # 特征的名称
target = dataSet['target_names']   # 标签（类别）的名称
print(feature ,target)
```

该程序的运行结果如下：

```
['sepal length (cm)', 'sepal width (cm)', 'petal length (cm)', 'petal width (cm)']
['setosa' 'versicolor' 'virginica']
```

可见该数据集是一个有 4 个特征属性的三分类问题的数据集。

2．利用 sklearn 生成随机的数据集

sklearn 的 datasets 模块还提供了很多类似 make_<name>的函数，用来自动生成具有各种形状分布的数据集，这些函数可以无中生有地生成随机数据。常用的函数有：

- make_circles()：生成环形数据；产生二维二元分类数据集，可以为数据集添加噪声，可以为二元分类器产生一些环形判决界面的数据。
- make_moons()：生成月亮形（半环形）数据，其他特征同 make_circles()。
- make_blobs()：多类单标签数据集，为每个类分配一个或多个正态分布（球形）的点集。
- make_classification()：多类单标签数据集，为每个类分配一个或多个正态分布的点集，提供了为数据添加噪声的方式，包括维度相关性，无效特征以及冗余特征等。
- make_gaussian_quantiles()：将一个单高斯分布的点集划分为两个数量均等的点集，作为两类。
- make_hastie-10-2()：产生一个相似的二元分类数据集，有 10 个维度。

【程序 2-27】　生成环形、月亮形和球形数据集。

```
from sklearn.datasets import make_circles
from sklearn.datasets import make_moons
from sklearn.datasets import make_blobs
import matplotlib.pyplot as plt
fig=plt.figure(figsize=(12, 4))
plt.subplot(131)
x1,y1=make_circles(n_samples=1000,factor=0.5,noise=0.1)
# factor 表示里圈和外圈的距离之比.每圈共有 n_samples/2 个点
plt.scatter(x1[:,0],x1[:,1],marker='o',c=y1)
plt.subplot(132)
x1,y1=make_moons(n_samples=1000,noise=0.1)
plt.scatter(x1[:,0],x1[:,1],marker='o',c=y1)
```

```
plt.subplot(133)
x1,y1=make_blobs(n_samples=100,n_features=2,centers=3)
plt.scatter(x1[:,0],x1[:,1],c=y1);
plt.show()
```

该程序的运行结果如图 2-20 所示。

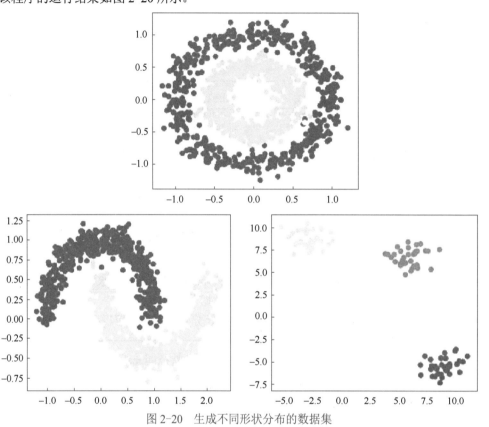

图 2-20　生成不同形状分布的数据集

3．读入自己创建的数据集

在实际的机器学习项目中，需要读入自己创建的数据集。如果数据集比较小，可以将其保存成数组直接写在程序中，然后让程序读取该数组中的内容即可。例如：

```
data=[[123,45],[150,55],[87,23],[102,34]]
target=[[250],[320],[160],[220]]
```

（1）用 Python 直接读取文本文件

当然更好的办法是从文本文件中导入数据集，这样程序就和数据独立了。例如：

```
def loadDataSet():
    dataMat = []
    labelMat = []
    fr = open('C:\\lr2.txt')              # 打开文本文件 lr2.txt
    for line in fr.readlines():           # 依次读取文本文件中的一行
        lineArr = line.strip().split()    # 根据空格分割一行中的每列
```

```
        dataMat.append([float(lineArr[0]),float(lineArr[1])])
        labelMat.append(int(lineArr[2]))
    return dataMat,labelMat
```

其中文本文件 lr2.txt 的内容如下：

```
123     250     1
150     320     1
87      160     0
102     220     0
```

（2）用 pandas 库读取 Excel 或文本文件

pandas 是 Python 的一个数据分析包，提供了读取和写入文件的功能。使用 pandas 可以读取表格型数据，包括 excel 文件、csv 文件或 txt 文件等，并转成 DataFrame 类型的数据结构，然后就可以通过操作 DataFrame 进行数据分析，以及行和列等操作。通过 padas 读取 excel 文件、csv 文件、txt 文件如下所示：

```
import pandas as pd                    #导入 pandas 库
data=pd.read_excel('D:\\18ds.xlsx')    #读取 excel 文件
data2=pd.read_csv('C:\\lr2.csv')       #该函数可读取 csv 或 txt 文件
print(data)
```

2.5.4　数据预处理

在机器学习中，获取到的原始样本数据往往会存在有缺失值、重复值等问题，在使用之前必须进行数据预处理。数据预处理没有标准的流程，但一般包括以下几个步骤：去除唯一属性、处理缺失值、属性编码、数据标准化、特征选择、主成分分析。

1. 数据标准化

对于样本数据来说，首先需要消除样本特征之间不同量级的影响，这是因为：①数量级的差异将导致数量级较大的属性占主导地位，比如样本中有两个属性（年龄、年收入），两个个体的属性值分别为（25、60000）和（55、61000），如果不进行数据的标准化，单纯将两个属性的差异值（30、1000）作为个体的差异程度，就会得出年收入的差异远大于年龄的差异，而实际上却明显是年龄的差异大于年收入的差异；②数量级的差异将导致迭代收敛速度减慢；③依赖于样本距离的算法对于数量级非常敏感。

数据标准化就是用来消除不同量级的影响，常用的数据标准化方法有如下两种。

（1）min-max 标准化（归一化）

对于每个属性，设 minA 和 maxA 分别为属性 A 中的最小值和最大值，将 A 的一个原始值 x 通过 min-max 标准化映射成在区间[0,1]中的值 x'，其公式为：

$$新数据＝（原数据－最小值）／（最大值－最小值）$$

这样标准化后，所有属性值都将变成区间[0,1]中的值。

（2）z-score 标准化（规范化）

基于原始数据的均值（Mean）和标准差（Standard Deviation）进行数据的标准化。将 A 的原始值 x 使用 z-score 标准化到 x'。z-score 标准化方法适用于属性 A 总体的最大值和最小值未知的情况，或有超出取值范围的离群数据的情况。其公式为：新数据＝（原数据－均值）／标准差，即：

$$x'=(x-\mu)/\sigma$$

均值和标准差都是在样本集上定义的，而不是在单个样本上定义的。标准化是针对某个属性的，需要用到所有样本在该属性上的值。

2．sklearn 中数据标准化函数

sklearn 提供了一个专门用于数据预处理的模块：sklearn.preprocessing，这个模块中集成了很多数据预处理的方法，包括数据标准化函数，常用方法如下。

（1）二值化函数 binarizer()

binarizer()函数根据给定的阈值将数据映射到 0 和 1，其中阈值默认是 0.0，它可接收 float 类型的阈值，数据大于阈值的时候映射为 1，小于等于阈值时映射为 0。

【程序 2-28】 数据矩阵的二值化举例。

```
from sklearn.preprocessing import Binarizer
X = [[ 1., -1.,2.],[ 2.,0.,0.],[ 0.,1.,-1.]] #数据矩阵
binary = Binarizer()
transformer =binary.fit(X)      # fit does nothing.
transformer.transform(X)
Binarizer(copy=True, threshold=0.0)
print(transformer.transform(X))
```

运行结果为：

```
[[1. 0. 1.]        [1. 0. 0.]        [0. 1. 0.]]
```

说明：binary=Binarizer()实例化一个阈值为 0 的二值化对象，transformer =binary.fit(X)使用这个二值化对象的 fit()方法去拟合 X，返回一个二值化类的实例化对象，注意，此时 X 还没有被二值化，transformer.transform(X)调用二值化对象的 transform()方法对 X 进行二值化，返回二值化后的 X。fit()方法和 transform()方法也可以合并为一个方法 fit_transform()。

（2）归一化函数 MinMaxScaler()

归一化函数 MinMaxScaler()将数据均匀映射到给定的 range(min,max)，默认 range 为(0, 1)。

【程序 2-29】 数据矩阵的归一化举例。

```
from sklearn.preprocessing import MinMaxScaler
data = [[-1, 6], [-0.5, 2], [0, 10], [1, 18]]
scaler = MinMaxScaler()
scaler.fit(data)
MinMaxScaler(copy=True, feature_range=(0, 1))
print('range 的最大值为: ',scaler.data_max_)
print('range 的最小值为: ',scaler.data_min_)
print(scaler.transform(data))
```

该程序的运行结果如下：

```
range 的最大值为:  [ 1. 18.]
range 的最小值为:  [-1.  2.]
[[0.   0.25]      [0.25 0.  ]      [0.5 0.5 ]      [1.   1.  ]]
```

说明：scaler = MinMaxScaler()实例化一个最小/最大化对象，scaler.fit(data)计算 data 的最小值和最大值，返回一个对象，此时可查看此对象的属性值 scaler.data_max_ ，然后使用 scaler.transform(data)对 data 进行归一化，返回归一化后的结果。

（3）z-score 标准化（Scale）

标准化通过计算训练集中样本的相关统计量（均值和单位方差）、存储均值和标准差，对每个特征单独进行中心化和缩放，利用变换方法对测试数据进行使用。

标准化有两种实现方式，一是调用 sklearn.preprocessing.scale()函数，二是实例化一个 sklearn.preprocessing.StandardScaler()对象。后者的好处是可以保存训练得到的参数（均值、方差），直接使用其对象对测试数据进行转换。

【程序 2-30】　数据矩阵的 z-score 标准化举例。

```python
from sklearn.preprocessing import StandardScaler
data = [[0, 0], [0, 0], [1, 1], [1, 1]]
scaler = StandardScaler()
print(scaler.fit(data))
StandardScaler(copy=True, with_mean=True, with_std=True)
print(scaler.mean_)                      #输出均值
print(scaler.var_)                       #输出标准差
print(scaler.transform(data))            #标准化矩阵 data
print(scaler.transform([[2, 2]]))        #标准化新数据
```

运行结果为：

```
StandardScaler(copy=True, with_mean=True, with_std=True)
[0.5 0.5]
[0.25 0.25]
[[-1. -1.]          [-1. -1.]          [ 1.  1.]          [ 1.  1.]]
[[3. 3.]]
```

提示：

标准化和归一化的选择：在数据预处理中，很多时候既可以使用标准化方法也可以使用归一化方法，二者并没有优劣之分，要具体情况具体分析。如果样本数据本身就服从正态分布，就用标准化方法。而归一化方法的缺点是对离群值（outlier）很敏感，因为离群点会影响 max 或 min 值，其次，当有新数据加入时，可能导致 max 和 min 值发生较大变化。而在标准化方法中，新数据加入对标准差和均值的影响并不大。归一化会改变数据的原始距离、分布，使得归一化后的数据分布呈现类圆形。优点是数据归一化后，最优解的寻找过程会变得更平缓，更容易正确地收敛到最优解。

标准化常用在聚类分析和主成分分析（Principal Component Analysis，PCA）中，归一化常用在图像处理、神经网络算法中，当不确定该用哪种方法时，那就用标准化。

3．正则化函数 Normalizer()

正则化是将每个样本缩放到单位范数（每个样本的范数为 1），如果后面要使用如二次型（点积）或者其他核方法计算两个样本之间的相似性时，这个方法会很有用。正则化在逻辑回归、支持向量机、神经网络中经常使用。

正则化主要思想是对每个样本计算其 p-范数，然后对该样本中每个元素除以该范数，这样处理的结果是使得每个处理后样本的 p-范数（l1-norm 或 l2-norm）等于 1。p-范数的计算公式如下：

$$\|\boldsymbol{X}\|_p = \left(\sum_{i=1}^{n}|x_i|^p\right)^{\frac{1}{p}} = \left(|x_1|^p + |x_2|^p + \cdots + |x_n|^p\right)^{\frac{1}{p}} \qquad (2\text{-}1)$$

例如：有向量 $\boldsymbol{X}$=[2, 3, -5, -7] ，求向量的 1-范数，2-范数和无穷范数。

向量 $\boldsymbol{X}$ 的 1-范数：即 $\boldsymbol{X}$ 各个元素的绝对值之和，$\|\boldsymbol{X}\|_1$=2+3+5+7=17。

向量 $\boldsymbol{X}$ 的 2-范数：每个元素平方和的平方根，$\|\boldsymbol{X}\|_2 = (2^2 + 3^2 + 5^2 + 7^2)^{\frac{1}{2}} = 9.3274$。

【程序 2-31】 数据矩阵的正则化举例。

```
from sklearn.preprocessing import Normalizer
X = [[4, 1, 2, 2], [1, 3, 9, 3], [5, 7, 5, 1]]
transformer = Normalizer().fit(X)
print(transformer.transform(X))
```

该程序的运行结果为：

```
[[0.8 0.2 0.4 0.4]    [0.1 0.3 0.9 0.3]    [0.5 0.7 0.5 0.1]]
```

2.5.5 数据的降维

在机器学习中，所谓"维度"就是指样本集中特征属性的个数，例如 sklearn 中的鸢尾花数据集，每个样本都有 4 个特征属性（萼片长度、萼片宽度、花瓣长度、花瓣宽度），则称该样本集的维度为 4。

降维算法中的"降维"，指的是降低特征矩阵中特征的数量。降维的目的是为了让算法运算更快、效果更好，但其实还有另一个好处——数据可视化。图像和特征矩阵的维度是可以相互对应的，即一个特征对应一个特征向量，对应一条坐标轴。所以，三维及以下的特征矩阵，是可以被可视化的，这有助于很快地理解数据的分布，而三维以上的特征矩阵则不能被可视化，数据的性质也就比较难理解。

下面举例来说明降维的过程，假设样本集中的样本有两个特征属性，对应平面中的二维向量，现在要将该样本集降维成一维向量，则降维的过程如图 2-21 所示。方法是：将原来二维平面的直角坐标系逆时针旋转一定角度，形成新的特征向量 $\boldsymbol{x}_1^*$ 和 $\boldsymbol{x}_2^*$，组成新的平面，可以注意到，$\boldsymbol{x}_2^*$ 上的数值此时都变成了 0，那么可以将 $\boldsymbol{x}_2^*$ 删除，同时也删除图中的 $\boldsymbol{x}_2^*$ 特征向量，剩下的 $\boldsymbol{x}_1^*$ 就代表了曾经需要两个特征来代表的 4 个样本点了。这样就将二维特征降维成了一维特征。可见，降维的目标是找出 n 个新特征向量，让数据能够被压缩到少数特征上并且总信息量损失不太多的技术就是矩阵分解。

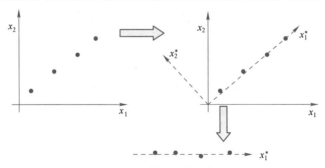

图 2-21 数据降维示意图

主成分分析（Principal Component Analysis，PCA）是最常用的一种降维方法，通常用于高维数据集的探索与可视化，还可以用作数据压缩和预处理。矩阵的主成分就是其协方差矩阵对应的特征向量，按照对应的特征值大小进行排序，最大的特征值就是第一主成分，其次是第二主成分，以此类推。

sklearn 的 decomposition 模块中提供了 PCA 类，用来实现主成分分析。下面的程序使用 PCA 降维的方法来实现对鸢尾花数据的降维。

【程序 2-32】　使用 PCA 方法对鸢尾花数据进行 PCA 降维（由四维降成二维）

```
import matplotlib.pyplot as plt        #加载 matplotlib 用于数据的可视化
from sklearn.decomposition import PCA  #加载 PCA 算法包
from sklearn.datasets import load_iris
data=load_iris()                       #载入 iris 数据集
y=data.target
x=data.data
pca=PCA(n_components=2)                 #加载 PCA 算法，设置降维后维度为 2
reduced_x=pca.fit_transform(x)         #对样本的特征属性集进行降维
red_x,red_y=[],[]                      #保存第 0 类样本
blue_x,blue_y=[],[]                    #保存第 1 类样本
green_x,green_y=[],[]                  #保存第 2 类样本
for i in range(len(reduced_x)):
 if y[i] ==0:                          #该数据集有 3 个类别，因此 y[i]=0,1,2
  red_x.append(reduced_x[i][0])        #reduced_x[i]表示第 i 个样本降维后的
  red_y.append(reduced_x[i][1])
 elif y[i]==1:
  blue_x.append(reduced_x[i][0])
  blue_y.append(reduced_x[i][1])
 else:
  green_x.append(reduced_x[i][0])
  green_y.append(reduced_x[i][1])
plt.scatter(red_x,red_y,c='r',marker='x')    #可视化
plt.scatter(blue_x,blue_y,c='b',marker='D')
plt.scatter(green_x,green_y,c='g',marker='.')
plt.show()
```

该程序的运行结果如图 2-22 所示。

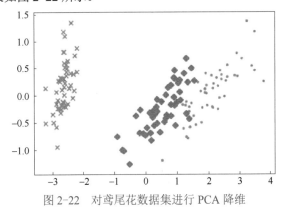

图 2-22　对鸢尾花数据集进行 PCA 降维

2.5.6　调用机器学习模型

sklearn 的核心功能是实现机器学习，机器学习库中的模型可分为四类：回归、分类、聚类、降维。各类算法模型包含的主要功能如下。

1）回归：梯度下降回归、Lasso 回归、岭回归等。

2）分类：朴素贝叶斯、K 近邻算法（KNN）、向量机（Support Vector Machine，SVM）、决策树和随机森林、逻辑回归、GradientBoosting 等。

3）聚类：K 均值（K-means）、层次聚类（Hierarchical Clustering）、DBSCAN。

4）降维：主成分分析（PCA）、线性判别分析（Linear Discriminant Analysis，LDA）。

实际上，sklearn 中的大部分函数可以归为估计器（Estimator）和转化器（Transformer）两类。估计器其实就是模型，它用于对数据的预测或回归。

sklearn 中的估计器一般有以下几个方法。

1）fit(X,y)：传入数据（X）以及标签（y）即可训练模型，训练的时间和参数设置，数据集大小以及数据本身的特征有关。

2）score(X,y)：用于对模型的正确率进行评分（分数范围是 0～1）。但由于对在不同的问题下，评判模型优劣的标准不限于简单的正确率，可能还包括召回率或者是查准率等其他指标，特别是对于类别失衡的样本，准确率并不能很好地评估模型的优劣，因此在对模型进行评估时，score()函数的得分还要综合其他指标的得分一起考虑才有说服力。

3）predict(X)：用于对数据的预测，它接受输入，并输出预测标签，输出的格式为 numpy 数组。通常使用这个方法返回测试的结果，再将这个结果用于评估模型。

转化器（Transformer）用于对数据的处理，如标准化、降维以及特征选择等。转化器的常见方法如下，它们的使用方法与估计器类似。

1）fit(X,y)：该方法接受输入和标签，计算出数据变换的方式。

2）transform(X)：根据已经计算出的变换方式，返回对输入数据 X 变换后的结果（不改变 X）

3）fit_transform(X,y)：该方法在计算出数据变换方式之后对输入 X 就地转换。

以上仅仅是简单地概括 sklearn 函数的一些特点。sklearn 绝大部分函数的基本用法大概如此。但是不同的估计器会有自己不同的属性，例如随机森林会有 Feature_importance 来衡量特征的重要性，而逻辑回归有 coef_存放回归系数，以及 intercept_存放截距等。并且对于机器学习来说，模型的好坏不仅取决于选择的是哪种模型，很大程度上还与这些模型的超参数设置有关。因此使用 sklearn 模型时一定要学会评估各种参数下的模型结果，以便对超参数进行调整以获得最优值。

提示：

对于机器学习来说，业界广泛流传这么一句话：数据和特征决定了机器学习的上限，而模型和算法只是逼近这个上限而已。因此，数据比模型更重要。在选择最优的机器学习模型时，一定还要注意选择最有代表性的数据集，利用特征工程的方法选择最合适的属性作为特征，才能保证机器学习项目能应用于实际。

特征工程，顾名思义，其本质是一项工程活动，使用专业的背景知识和技巧最大限度地从原始数据中提取并处理数据，使得特征在机器学习的模型上得到更好的发挥，这会直接影响机器学习的效果。

习题与实验

1. 习题

1. 关于 Python 语言的语法，下列哪项是错误的？（　　　）
   A．Python 程序中的代码缩进不能随意删除
   B．import 语句必须写在程序的开头位置
   C．print('Hey')输出 Hey 后会自动换行
   D．Python 语言是区分大小写的

2. 下列不属于 numpy 数组属性的是（　　　）。
   A．ndim　　　　　B．shape　　　　　C．size　　　　　D.add

3. 创建一个 3×3 维的数组，下列代码中错误的是（　　　）。
   A．np.arange(0,9).reshape(3,3)　　　　B．np.eye(3)
   C．np.random.random([3,3])　　　　　　D．np.mat(np.zeros((3,3)))

4. 以下关于绘图标准流程说法错误的是（　　　）。
   A．绘制最简单的图形可以不用创建画布
   B．添加图例可以在绘制图形之前
   C．添加 x 轴、y 轴的标签可以在绘制图形之前
   D．添加图的标题可以在 plt.show()方法之后

5. 下列代码中能够绘制出散点图的是（　　　）。
   A．plt.scatter(x,y)　　　　　　B．plt.plot(x,y)
   C．plt.legend(x,y)　　　　　　D．plt.figure(x,y)

6. 下列字符串表示 plot 线条颜色、点的形状和类型为红色五角星点短虚线的是（　　　）。
   A．'bs-'　　　　B．'go-.'　　　　C．'r+-.'　　　　D．'r*:'

7. train_test_split()函数的返回值有_____个。（　　　）
   A．1　　　　　B．2　　　　　C．3　　　　　D．4

8. 数据_____要求知道样本的最大值和最小值。（　　　）
   A．标准化　　　B．归一化　　　C．二值化　　　D．正则化

9. 要设置 x 轴的坐标范围需要用到（　　　）。
   A．xlabel　　　B．xlim　　　C．xticks　　　D．hlines

10. 使用 Pandas 不能读取下列哪种文件？（　　　）
    A．xlsx　　　B．txt　　　C．csv　　　D．mdb

11. numpy 提供的两种基本对象是_____和_____。

12. 将 numpy 一维数组 a 中的所有元素反转，方法是_____。

13. 提取 numpy 数组中除了最后一列的所有列，方法是_____。

14. 创建一个范围在(0,1)之间的长度为 12 的等差数列，方法是_____。

15. 在 Matplotlib 中，要绘制多个子图，需要使用_____函数。

16. train_test_split()函数能将样本划分为_____和_____。

17. 数据的_____需要计算样本数据的标准差和均值。

18．在 sklearn 中，要用训练数据拟合模型需要使用_____方法。

19．数据的维度是指样本_____的个数。

20．主成分分析一般用来实现数据的_____。

21．元组与列表的主要区别是什么?$s=(9,6,5,1,55,7)$能添加元素吗?

22．读取鸢尾花数据集，使用循环和子图绘制各个特征之间的散点图。

23．创建一个长度为 10 的一维全为 0 的 ndarray 对象，然后让第 5 个元素等于 1。

24．用 numpy 库生成范围在 0～100 之间，服从均匀分布的 10 行 5 列的数组。

25．用 numpy 生成两个 3×3 的矩阵，并计算这两个矩阵的乘积。

26．使用 np.random.random 创建一个 10×10 的 ndarray 对象，并打印出最大最小元素。

27．创建一个 10×10 的 ndarray 对象，且矩阵边界元素全为 1，里面的元素全为 0。

28．给定数组[1, 2, 3, 4, 5]，如何得到在这个数组的每个元素之间插入 3 个 0 后的新数组?

29．编写一个函数，实现将 numpy 矩阵的每一行元素都减去该行的平均值。

30．简述机器学习的主要步骤。

2．实验

1．用 Matplotlib 库绘制函数 $2x^3+(x-5)^2+3x^4$ 的图形，并使用 Scipy 库求该函数的最小值。

2．用 sklearn 中的 decomposition 模块对 sklearn 中自带的手写数字数据集（调用方法：load_digits()）进行 PCA 降维，将维度降为 2，然后绘制降维后的样本散点图。

第3章

关联规则与推荐算法

关联规则和推荐算法都可用来为客户推荐商品等信息。关联规则是根据商品之间的关联性来推荐，其算法复杂度较高，适合离线计算，推荐算法根据商品之间的相似性或用户之间的相似性来推荐，其算法复杂度低，适合在线计算。

3.1 关联规则挖掘

关联规则（Association Rules）用来反映一个事物与其他事物之间的相互依存性和关联性，是数据挖掘的一项重要技术，用于从大量数据中挖掘出有价值的数据项之间的相互关系。

关联规则挖掘源于购物篮分析，即在超市中用来分析顾客所购买的商品之间的关联性，这有助于决定超市商品的摆放和商品的捆绑销售策略。

3.1.1 基本概念

关联规则挖掘用来发现数据集中项集之间的关联关系。如果两项或多项之间存在关联，那么就可以根据其中一项推荐相关联的另一项。关联规则的一般表现为蕴含式规则形式：$X \Rightarrow Y$。X 称为关联规则的前提或先导条件，Y 称为关联规则的结果或后继。定义和表示关联规则需要引入置信度（Confidence）和支持度（Support）两个指标。例如：

```
buys(x, "diapers") ⇒buys(x, "beers") [0.5%, 60%]
```

表示购买尿布的客户也会购买啤酒，该规则的支持度为 0.5%，置信为 60%。该规则也可简写为：diapers⇒ beers[0.5%, 60%]。又如：

```
major(x, "CS") ^ takes(x, "DB") ⇒grade(x, "A") [1%, 75%]
```

表示专业为计算机专业、选修数据库课程的同学成绩得 A 的支持度为 1%，置信度为 75%。该规则也可简写为：CS^ DB ⇒ A[1%, 75%]。

关联规则中的基本概念如下。

（1）项与项集

数据库中不可分割的最小信息单位（即记录）称为项（或项目），用符号 i 表示，项的集合称为项集。设集合 $I=\{i_1,i_2,\cdots,i_k\}$ 为项集，I 中项的个数为 k，则集合 I 称为 k-项集。例如，集合 {啤酒,尿布,奶粉}

是一个 3-项集，而奶粉就是一个项。

（2）事务

每一个事务都是一个项集。设 $I=\{i_1,i_2,\cdots,i_k\}$ 是由数据库中所有项构成的全集，则每一个事务 t_i 对应的项集都是 I 的子集。事务数据库 $T=\{t_1,t_2,\cdots,t_n\}$ 是由一系列具有唯一标识的事务组成的集合。例如，如果把超市中所有商品看成 I，则每个顾客每张小票中的商品集合就是一个事务，很多顾客的购物小票就构成一个事务数据库。

（3）项集的频数

包含某个项集的事务在事务数据库中出现的次数称为项集的频数。例如，事务数据库中有且仅有 3 个事务 $t1=\{$啤酒,奶粉$\}$、$t2=\{$啤酒,尿布,奶粉,面包$\}$、$t3=\{$啤酒,尿布,奶粉$\}$，这 3 个事务都包含了项集 $I_1=\{$啤酒,奶粉$\}$，则称项集 I_1 的频数为 3，项集的频数代表了支持度计数。

（4）关联规则

关联规则是形如 $X \Rightarrow Y$ 的蕴含式，其中 X、Y 分别是项集 I 的真子集，并且 $X \cap Y=\varnothing$，X 称为规则的前提，Y 称为规则的结果。关联规则反映了 X 中的项目出现时，Y 中的项目也跟着出现的规律。

（5）支持度

关联规则的支持度是事务集中同时包含项 X 和 Y 的事务数与事务集中总事务数的比值。它反映了 X 和 Y 中所包含的项在事务集中同时出现的概率，记为 $support(X \Rightarrow Y)$，即：

$$support(X \Rightarrow Y)=support(X \cup Y)=P(XY) \tag{3-1}$$

（6）置信度

关联规则的置信度是事务中同时包含 X 和 Y 的事务数与包含 X 的事务数的比值，记为 $confidence(X \Rightarrow Y)$，置信度反映了包含 X 的事务中出现 Y 的条件概率。即：

$$confidence(X \Rightarrow Y) = \frac{support(X \cup Y)}{support(X)} = P(Y \mid X) \tag{3-2}$$

（7）最小支持度与最小置信度

通常支持度与置信度必须都大于（或等于）人为设置的阈值，才表明项与项之间存在关联。支持度的阈值称为最小支持度（min_sup），它描述了关联规则的最低重要程度；置信度的阈值称为最小置信度（min_conf），它反映了关联规则必须满足的最小可靠性。

（8）强关联规则

如果某条关联规则 $X \Rightarrow Y$ 的支持度大于等于最小支持度，置信度大于等于最小置信度，则称关联规则 $X \Rightarrow Y$ 为强关联规则；否则，称为弱关联规则。只有强关联规则才有实际意义，因此通常所说的关联规则都是指强关联规则。

（9）频繁项集

如果某个项集的支持度大于等于最小支持度，即：项集 $\{X,Y\}$ 的支持度 $support(X \Rightarrow Y) \geqslant min\_sup$，则称该项集为频繁项集，求频繁项集是求强关联规则的第一步。

支持度和置信度的示意图如图 3-1 所示。其中，T 代表事务数据库，则 A 的支持度就是 A/T，$A \Rightarrow C$ 或 $C \Rightarrow A$

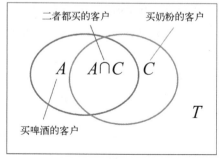

图 3-1　支持度和置信度的示意图

的支持度为$(A \cap C)/T$，$A \Rightarrow C$ 的置信度为$(A \cap C)/A$。

【例 3-1】　现有事务数据库 T（如表 3-1 所示），设最小支持度为 50%，最小可信度为 50%，求所有频繁项集（2 项集以上）和强关联规则。

表 3-1　事务数据库 T

交易 ID	1001	1002	1003	1004
购买的商品	A,B,C	A,D	A,C	B,E,F

解：事务数据库 T 中共有 4 个事务，项集{A, C}在所有事务中出现了两次，因此{A, C}的支持度为 2/4=50%，等于最小支持度，其余项集（2 项集以上）均只出现过 1 次。故项集{A, C}为 T 中唯一的频繁项集。

在频繁项集的基础上求强关联规则，项集{A, C}可以构成的关联规则有 2 条，即：

A$\Rightarrow$C 和 C$\Rightarrow$A

$confidence(A \Rightarrow C) = support(A \cup C)/ support(A) = (2/4)/(3/4) = 2/3 = 66\%$

$confidence(C \Rightarrow A) = support(C \cup A)/ support(C) = 2/2 = 100\%$

因为 $A \Rightarrow C$ 和 $C \Rightarrow A$ 的置信度均大于最小置信度，因此它们都是强关联规则。

说明：

① 在同一个事务数据库中，所有项集的支持度的分母都相同，例如本例为 4。因此在求置信度时，两个项集支持度的分母可以约去，故可直接用项集的频数相除来求置信度。

② 为什么用支持度和置信度就能表示关联性呢？原因如下。

假设一个超市一天有 10000 条销售记录，如果有 100 条销售记录中都同时销售了 A 商品和 C 商品，当然可以认为商品 A 和 C 之间具有某种销售关联性，这就是支持度。但是如果另外 900 条销售记录里也销售了 A 商品，但却没出现 C 商品，这时似乎又不能认为买 A 商品的顾客一定也会买 C 商品，这就是置信度，因此商品之间的关联性与支持度和置信度都有关系。

【练习 3-1】　已知总交易笔数（事务数）为 1000，其中，包含某些商品的交易数如下。

包含"牛奶"：50

包含"面包"：80

包含"鸡蛋"：20；

包含"牛奶"和"面包"：15

包含"鸡蛋"和"面包"：10

包含"牛奶"和"鸡蛋"：10

包含"牛奶""鸡蛋"和"面包"：5。

求："牛奶和面包"的支持度；

"牛奶、面包和鸡蛋"的支持度；

"牛奶$\Rightarrow$面包"的置信度；"面包$\Rightarrow$牛奶"的置信度；

"牛奶和面包$\Rightarrow$鸡蛋"的置信度；"鸡蛋$\Rightarrow$牛奶和面包"的置信度。

3.1.2　Apriori 算法

关联规则挖掘可分解为两个子问题：第一步是找出事务数据库中所有大于等于用户指定的最

小支持度的数据项集，即频繁项集；第二步是利用频繁项集生成所需要的关联规则，方法是根据用户设定的最小置信度进行取舍，从而得到强关联规则。识别或发现所有频繁项集是关联规则挖掘算法的核心。

1993 年，Agrawal 等人首先提出了关联规则概念，并于 1994 年又提出了著名的关联规则挖掘的经典算法——Apriori 算法。

1. Apriori 算法的原理和实例

Apriori 算法的基本思想是通过对事务数据库的多次扫描来计算项集的支持度，发现所有的频繁项集从而生成关联规则。Apriori 算法对数据集进行多次扫描。第一次扫描得到频繁 1-项集的集合 L_1，第 k（k>1）次扫描首先利用第 k-1 次扫描的结果 L_{k-1} 来产生候选 k-项集的集合 C_k，然后在扫描的过程中确定 C_k 中元素的支持度，最后在每一次扫描结束时计算频繁 k-项集的集合 L_k，算法在候选 k-项集的集合 C_k 为空时结束。

可见，Apriori 算法是通过频繁 1-项集来求频繁 2-项集，再通过频繁 2-项集来生成频繁 3-项集，如此迭代。这样做的理论依据是：频繁项集的任何子集也一定是频繁的；反之，任何一个项集是非频繁的，那么它的超集也一定不是频繁项集。例如，如果{A，C}不是频繁项集，那么{A，B，C}也一定不会是频繁项集。

【例 3-2】 现有 A、B、C、D、E 五种商品的交易记录表（如表 3-2 所示），试找出三种商品关联销售情况(k=3)，设最小支持度 *min_sup*≥50%，最小置信度为 *min_conf*≥75%。

表 3-2 交易记录表

交易号	101	102	103	104
商品代码	A,C,D	B,C,E	A, B,C,E	B,E

解：因为要找出三种商品的关联销售情况，所以要找出所有频繁 3-项集。那么必须先找频繁 1-项集，再找频繁 2-项集。

1）首先第 1 次扫描数据库，并计算每个 1 项集的支持度，得到候选 1 项集 *C*1。在候选 1 项集中去掉支持度小于最小支持度的项集，得到频繁 1-项集 *L*1，如图 3-2 所示。

	项集	支持度
*C*1	{A}	50%
	{B}	75%
	{C}	75%
	{D}	25%
	{E}	75%

去掉不满足最小支持度的项集 ⇒

	项集	支持度
*L*1	{A}	50%
	{B}	75%
	{C}	75%
	{E}	75%

图 3-2 从候选 1 项集找频繁 1-项集

2）第 2 次扫描，为了得到候选 2 项集 *C*2，算法使用 *L*1∞*L*1，即把 *L*1 中的 4 个 1 项集两两组合，得到 6 个候选 2 项集，再在候选 2 项集中去掉不满足最小支持度的项集，得到频繁 2-项集 *L*2，如图 3-3 所示。

3）第 3 次扫描，为了得到候选 3 项集 *C*3，算法使用 *C*3=*L*2∞L2，即把 *L*2 中的 4 个 2 项集两两组合，产生的详细项集的步骤如下，过程如图 3-4 所示。

① *C*3=*L*2∞*L*2={{A,B,C},{A,B,C,E},{A,C,E},{B,C,E}}。

② 使用 Apriori 剪枝算法，因为{A,B,C,E}是 4 项集，故从 $C3$ 中删除。另外，频繁项集的所有子集也应该是频繁项集，若某个候选 3 项集的子集中存在非频繁项集，则应该将该候选 3 项集删除，这称为 Apriori 剪枝。在 $C3$ 中，候选 3 项集{A,C,E}的子集{A,E}是非频繁项集，故应将{A,C,E}删除。{A,B,C}的子集{A,B}也是非频繁项集，故应将{ A,B,C }删除。最终得到 $C3$={{B,C,E}}。

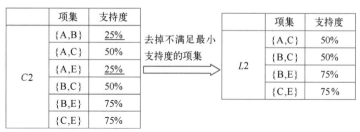

图 3-3　从候选 2 项集找频繁 2-项集

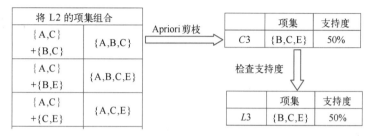

图 3-4　从频繁 2-项集得到候选 3 项集的过程

③ 在候选 3 项集中去掉不满足最小支持度的项集，得到频繁 3-项集 $L3$。

4）得到频繁 3-项集 $L3$ 后，就可以找出三种商品的关联销售情况，方法是找出频繁 3-项集 $L3${B,C,E}的所有真子集，并计算这些真子集的支持度。再用真子集的支持度除以 $L3$ 的支持度，就得到关联规则的置信度，置信度大于 min_conf 的就是强关联规则，如图 3-5 所示。

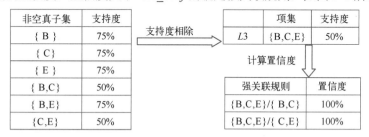

图 3-5　从频繁 3-项集中找强关联规则

所以，最终得到的强关联规则有两条，即 B^C⇒E [50%, 100%]、C^E⇒B[50%, 100%]，表示购买了商品 B、C 的顾客可能会购买商品 E，购买了商品 C、E 的顾客可能会购买商品 B。

2. Apriori 算法的实现

Apriori 算法的主要步骤如下。

1）扫描整个事务数据库，产生候选 1 项集的集合 C_1。

2）根据最小支持度，由候选 1-项集的集合 C_1 产生频繁 1-项集的集合 L_1。

3）设 k 表示 k 项集，对 $k>1$，重复置信步骤4、5、6。

4）由 L_k 执行连接和剪枝操作，产生候选(k+1)-项集的集合 C_k+1。

5）根据最小支持度，由候选(k+1)-项集的集合 C_k+1，产生频繁(k+1)-项集的集合 L_k+1。

6）若 L_k+1≠∅，则 $k=k$+1，跳往步骤4）；否则转到步骤7）。

7）根据最小置信度，由频繁项集产生强关联规则，算法结束。

Apriori 算法求频繁项集的伪代码描述如下。

输入：事务数据库 D，最小支持度 min_sup。

输出：D 中的频繁项集 L。

```
L₁= find_frequent_1-itemsets(D);              //找出频繁1项集
for (k=2;Lₖ₋₁≠Φ ;k++) {
    Cₖ = apriori_gen(Lₖ₋₁);                   //产生候选k项集
    for each 事务 t in D {                      //扫描事务数据库
        Cₜ = subset(Cₖ, t);                    //得到t的子集
        for each candidate c in Cₜ
            c.count++;
    }
    //返回候选项集中不小于最小支持度的项
    Lₖ={c ∈  Cₖ | c.count≥min_sup}
}
return L= 所有频繁项集 L[k]的并集;
```

在该算法中，候选项集的生成是整个算法的核心，通过 apriori_gen()函数的连接和剪枝两步生成。apriori_gen()函数的参数为 L_{k-1}，即所有频繁(k-1)-项集的集合。它返回所有频繁 k-项集的一个超集（Superset）。方法是：首先，在连接步，将 L_{k-1} 与 L_{k-1} 自连接，获得一个 k 阶候选项集 C_k，条件 $p[k-1]<q[k-1]$ 保证不会出现相同的扩展项集，经过合并运算，$C_k⊇L_k$。apriori_gen()函数的伪代码如下。

```
Procedure apriori_gen(Lₖ₋₁)
    for each 项集 p in Lₖ₋₁
        for each 项集 q in Lₖ₋₁
        if((p[1]=q[1])&& (p[2]=q[2])&&···&& (p[k-2]=q[k-2])&& (p[k-1]<q[k-1])) {
            c= q 连接 p
            //若k-1项集中已经存在子集c则进行剪枝
            if has_infrequent_subset(c, Lₖ₋₁) then
                delete c;          //剪枝步，删除非频繁候选项集
            else add c to Cₖ
        }
    return Cₖ;
```

然后，在剪枝步，对于所有项集 $c∈C_k$，若它的某项(k-1)-项集不在 L_{k-1} 中，则将该项集 c 删除。检测是否存在非频繁项集的伪代码如下。

```
Procedure has_infrequent_subset(c, Lₖ₋₁)   //检测是否存在非频繁项集
    for each (k-1)-subset s of c
        if (s ∉ Lₖ₋₁ ) { return true;}
    return false;
```

例如，假设频繁 2-项集 L_2={{A,B},{A,C},{A,E},{B,C},{B,D},{B,E}}，得到候选 3 项集的连

接和剪枝过程如下。

连接步：L_2 按照上面的步骤自连接得到 {{A,B,C},{A,B,E},{A,C,E},{B,C,D},{B,C,E},{B,D,E}}

剪枝步：{A,B,C} 的所有 2 项子集 {A,B}{A,C}{B,C} 都是 L_2 中的元素，因此，保留 {A,B,C} 在 C_3 中。{B,C,E} 的 2 项子集中的 {C,E} 不是 L_2 中的元素，因此，在 C_3 中删除 {B,C,E}，最终剪枝后的结果是 C_3={{A,B,C},{A,B,E}}。

3. Apriori 算法的优缺点及应用

Apriori 算法的缺点主要表现在计算性能上，其计算开销耗费在两方面：一是会产生巨大的候选集 C_k，算法采用自连接的方式产生候选集，例如，10^4 个频繁 1-项集 i 将生成 10^7 个候选 2-项集，如果要找尺寸为 100 的频繁模式，如 {a1, a2, ⋯, a100}，则必须先产生 $2^{100} \approx 10^{30}$ 个候选集。显然，这将耗费巨大的内存空间。

其二是需要多次扫描事务数据库，每次产生候选集都要扫描一次数据库，如果最长的模式是 n 的话，则需要 $(n+1)$ 次数据库扫描。

Apriori 算法的优点有：它是一个迭代算法；数据采用水平组织方式；可采用 Apriori 优化方法；适合事务数据库的关联规则挖掘；适合稀疏数据集。

Apriori 算法广泛应用于商业领域，例如在消费市场价格分析中，它能够很快地求出各种产品之间的价格关系和它们之间的影响。通过数据挖掘，商户可以瞄准目标客户，采用一些特殊的信息手段进行市场推广，从而极大地减少广告预算和增加收入。百货商场、超市和一些零售店也在进行数据挖掘，以便猜测这些年来顾客的消费习惯。

Apriori 算法也应用于网络安全领域，比如网络入侵检测技术。Apriori 算法通过模式的学习和训练可以发现网络用户的异常行为模式，使网络入侵检测系统可以快速地发现用户的行为模式，从而锁定攻击者，提高了基于关联规则的入侵检测系统的检测性能。

3.1.3　Apriori 算法的程序实现

由于 sklearn 框架中没有提供关联规则分析的功能，因此没有 Apriori 和 Fp-growth 算法，但是在其他一些 Python 工具包中，提供了 Apriori 算法，可以通过 https://pypi.org 搜索任何 Python 的工具包。本节选择 efficient-apriori 1.1.1，首先下载安装文件 efficient_apriori-1.1.1-py3 -none-any.whl，然后执行 "pip install 安装文件路径和文件名" 命令，完成安装。

efficient-apriori 模块提供了 apriori 类，该类的构造函数有 3 个参数，分别是数据集、最小支持度和最小置信度，输出是所有的频繁项集和关联规则。

【程序 3-1】　使用 Apriori 算法挖掘事务数据集 data 的频繁项集，并输出关联规则。

```
from efficient_apriori import apriori        #导入模块
    # 设置事务数据集 data
data = [('牛奶','面包','香蕉'),
        ('可乐','面包', '香蕉', '啤酒'),
        ('牛奶','香蕉', '啤酒', '鸡蛋'),
        ('面包', '牛奶', '香蕉', '啤酒'),
        ('面包', '牛奶', '香蕉', '可乐')]
    # 挖掘频繁项集和频繁规则
itemsets, rules = apriori(data, min_support=0.5,  min_confidence=1)
print(itemsets)      #输出频繁项集
```

```
print(rules)          #输出关联规则
```

该程序的输出结果如下。其中，"1:"表示频繁 1-项集，"('香蕉',):5"表示香蕉的支持度计数为 5。

```
{1: {('香蕉',): 5, ('面包',): 4, ('牛奶',): 4, ('啤酒',): 3},
2: {('牛奶', '面包'): 3, ('牛奶', '香蕉'): 4, ('面包', '香蕉'): 4, ('啤酒', '香
蕉'): 3},
3: {('牛奶', '面包', '香蕉'): 3}}
[{牛奶} -> {香蕉}, {面包} -> {香蕉}, {啤酒} -> {香蕉}, {牛奶, 面包} -> {香蕉}]
```

3.1.4 FP-Growth 算法

由于 Apriori 算法会重复扫描数据库，并且产生巨大的候选集，导致其算法性能较差。2000年，由韩嘉炜等提出了一种不产生候选项集的算法，称为 FP-Growth（Frequent Pattern Growth，频繁模式树增长）算法，它采用分而治之的思想，将数据库中的频繁项集压缩到一棵频繁模式树中，同时保持项集之间的关联关系。然后，将这些压缩后的频繁模式树分成一些条件子树，每个条件子树对应一个频繁项，从而获得频繁项集，最后挖掘出关联规则。该算法总共只需对数据库进行两次扫描，因此能显著加快发现频繁项集的速度。

FP-Growth 算法的主要任务是将数据集存储在 FP-Tree（频繁模式树）中，通过 FP-Tree 可以高效地发现频繁项集，执行速度通常比 Apriori 算法快两个数量级。FP-Growth 算法只给出了高效地发现频繁项集的方法，但不能用于发现关联规则。

1. FP-Growth 算法的原理及实例

FP-Growth 算法的基本思路如下。

1）遍历一次数据库，找出频繁 1-项集，按递减顺序排序。

2）建立 FP-Tree。

3）利用 FP-Tree 为频繁 1-项集每一项构造条件 FP-Tree。

4）得到频繁项集。

【例 3-3】 表 3-3 是一个事务数据库，试利用 FP-Growth 算法找出所有的含两项以上的频繁项集（设最小支持度计数为 2）。

表 3-3 事务数据库

交 易 号	商 品 代 码
1	A，B，E
2	B，D
3	B，C
4	A，B，D
5	A，C
6	B，C
7	A，C
8	A，B，C，E
9	A，B，C

解：1）扫描事务数据库得到频繁 1-项集，如表 3-4 所示，这是第 1 次扫描数据库。

表 3-4　频繁 1-项集

A	B	C	D	E
6	7	6	2	2

2）对频繁 1-项集按项集的频数从大到小排序，得到排序后的频繁 1-项集，如表 3-5 所示。

表 3-5　排序后的频繁 1-项集

B	A	C	D	E
7	6	6	2	2

3）按频繁 1-项集支持度递减的顺序重新排序事务数据库中的项，如表 3-6 所示。

表 3-6　按支持度计数递减排序的事务数据库

交 易 号	商 品 代 码
1	B, A, E
2	B, D
3	B, C
4	B, A, D
5	A, C
6	B, C
7	A, C
8	B, A, C, E
9	B, A, C

4）创建 FP-Tree 的根节点和频繁项目表，FP-Tree 的根节点总是 Null。

5）向 FP-Tree 中加入每个事务，这是第 2 次扫描数据库。例如，经排序后的第一个事务是 { B ,A, E }，则按照该排序顺序将 B、A、E 依次添加到 FP-Tree 的一个分支中，并将计数值设为 1，如图 3-6 所示。为了方便遍历，FP-growth 算法还需要一个称为节点头（Node-head）指针表的数据结构，这是一个用来记录各个元素项的总出现次数的数组，再附带一个指针指向 FP 树中该元素项的第一个节点，这样每个元素项都构成一条单链表。

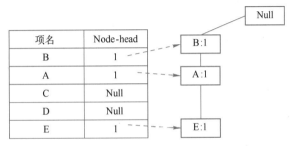

图 3-6　向 FP-Tree 中加入第一个事务

6）然后依次加入第 2 个事务（图 3-7）和第 3 个事务（图 3-8），如果 FP-Tree 中已经有该事务，则将该事务的计数加 1。

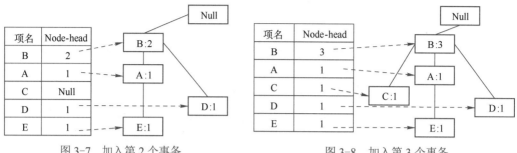

图 3-7　加入第 2 个事务　　　　　　图 3-8　加入第 3 个事务

7）按照上述方法加入剩下的第 4～9 个事务，最终生成的 FP-Tree 树如图 3-9 所示。

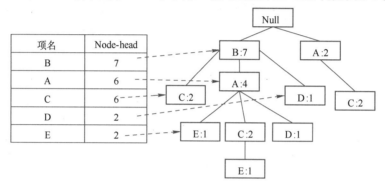

图 3-9　最终生成的 FP-Tree 树

在 FP-Tree 树建立好之后，只要寻找节点的条件模式基（Conditional Pattern Base）就能快速得到频繁项集了。条件模式基是以所查找元素项为结尾的路径集合。每一条路径其实都是一条前缀路径。

例如，要找包含 E 的频繁项集，方法是：从元素 E 向上找它的前缀路径，本例中有两个节点 E，因此 E 的前缀路径有两条。条件模式基的计数为 E 的计数值（本例均为 1）。得到 E 的条件模式基为：

<(B,A):1>，<(B,A,C):1>

将条件模式基中节点的出现次数合并，得到包含 E 的频繁项集为：

{{B,E:2},{A,E:2},{A,B,E:2}}。

对于元素 C，得到的条件模式基为：

<(B,A):2>，<B:2>，<A:2>。

得到 C 的频繁项集为：　{{B,C:4},{A,C:4},{A,B,C:2}}。

其他节点的频繁项集也是按上述步骤生成的，从而得到所有频繁项集，再根据频繁项集生成关联规则即完成关联规则的挖掘。

2．FP-Growth 算法的程序实现

FP-Growth 算法的程序实现步骤如下。

1）建立头指针：遍历数据集，找出所有的频繁一项集，构成头指针，并根据支持度对一项集排序。

2）建立 FP 树：定义根节点，遍历数据集，对于每条记录，根据头指针的顺序向树中添加节点。如果记录中上一个节点的子节点中，当前节点已存在，则更新当前节点的支持度，令节点支持度=节点支持度+记录支持度，如果节点不存在，则在上一节点中添加当前子节点，并设置支持度为记录支持度。

3）查找条件模式基：根据头指针查找每个一项集的前缀路径，作为条件模式基，且当前一项集作为频繁项基。

4）查找频繁项：深度遍历，重复步骤 3。每次查找完成后，将每一层遍历的频繁项集+新的头指针中的频繁一项集作为频繁项，重复此步骤直到 FP 树的头指针为空。

下面给出 FP-Growth 算法的描述。

输入：事务集 D、最小支持度。

输出：FP 树、头指针表。

算法步骤：

1）遍历事务集 D，统计各元素项出现次数，创建头指针表。

2）移除头指针表中不满足最小支持度的元素项。

3）第二次遍历数据集，创建 FP 树，对每个事务集中的项集进行如下操作。

① 初始化空 FP 树。

② 对每个项集进行过滤和重排序。

③ 使用这个项集更新 FP 树，从 FP 树的根节点开始。

a. 如果当前项集的第一个元素项存在于 FP 树当前节点的子节点中，则更新这个子节点的计数值。

b. 否则，创建新的子节点，更新头指针表。

c. 对当前项集的其余元素项和当前元素项的对应子节点递归③的过程。

3. FP-Growth 算法的特点

FP-Growth 算法的优点包括：不生成候选集，不用候选测试；使用紧缩的数据结构；避免重复数据库扫描；基本操作是计数和建立 FP-tree 树。缺点是：实现比较困难，在某些数据集上性能会下降。

3.2　推荐系统及算法

推荐系统在互联网领域有着非常广泛的应用，推荐可以满足用户非明确的潜在需求，而搜索用来满足用户主动表达的需求。可见，推荐是搜索功能的重要补充。据统计，在电子商务网站中，有 35%的销售来源于推荐。在视频播放网站中，有 75%的观看来自于推荐。在交友网站中，推荐系统常根据好友的爱好，向用户推荐可能感兴趣的人。在移动 APP 中，经常根据用户所处的地理位置来推荐附近的景点、美食和住宿等信息。

推荐系统是通过用户与产品之间的二元关系，利用已有的选择过程或相似性关系挖掘每个用户潜在的感兴趣对象，进而进行个性化推荐，其本质就是信息过滤。一个完整的推荐系统由 3 个模块组成：收集用户信息的行为记录模块，分析用户喜好的模型分析模块和推荐算法模块。其中，协同过滤推荐算法是推荐系统最常用的算法，它能分析用户的喜好，并根据推荐算法进行推荐。

3.2.1 协同过滤推荐算法

协同过滤（Collaborative Filtering，CF）推荐算法是推荐系统中主流的推荐算法。它包括协同和过滤两个操作，所谓协同就是利用群体的行为来做决策（推荐）；而过滤，就是从可行的决策（推荐）方案（标的物）中将用户喜欢的方案找（过滤）出来。

协同过滤推荐算法分为基于用户的协同过滤推荐算法(User-based CF)和基于物品的协同过滤推荐算法（Item-based CF）。

基于用户的协同过滤推荐算法基本假设为：为了给用户推荐感兴趣的内容，可通过找到与该用户偏好相似的其他用户，并将他们感兴趣的内容推荐给该用户。举例来说，如果 A、B 两个用户都购买了 x、y、z 三本图书，并且给出了 5 星的好评。那么 A 和 B 就属于相似的用户。可以将 A 看过的图书 w 也推荐给用户 B。

基于物品的协同过滤推荐算法基本假设为：如果一个用户对某个物品感兴趣，则将与该物品相似的其他物品推荐给该用户。物品与物品之间的相似性根据物品是否被许多用户同时购买来评判，而根本不会考虑物品本身的属性。例如有很多购买 iPhone 手机的用户也同时购买了 iPad，则说明 iPhone 和 iPad 这两种物品具有相似性，可向购买了 iPhone 的用户推荐 iPad。

1. 基于物品的协同过滤推荐算法

该算法通过用户对不同物品的评分来评测物品之间的相似性，基于物品之间的相似性做出推荐。这里不是利用物品自身属性去计算物品之间的相似度，而是通过分析用户的行为记录来计算物品之间的相似度。具体而言，通过计算不同用户对不同物品的评分获得物品间的关系，基于物品间的关系对用户进行相似物品的推荐，这里的评分代表用户对商品的态度和偏好。简单来说，如图 3-10 所示，用户 1 和用户 2 都购买了商品 1 和商品 3，并给出了 5 星好评，说明商品 1 和商品 3 比较相似，那么当用户 3 也购买了商品 3 时，可以推断他也有购买商品 1 的潜在需求，因此可向他推荐商品 1。

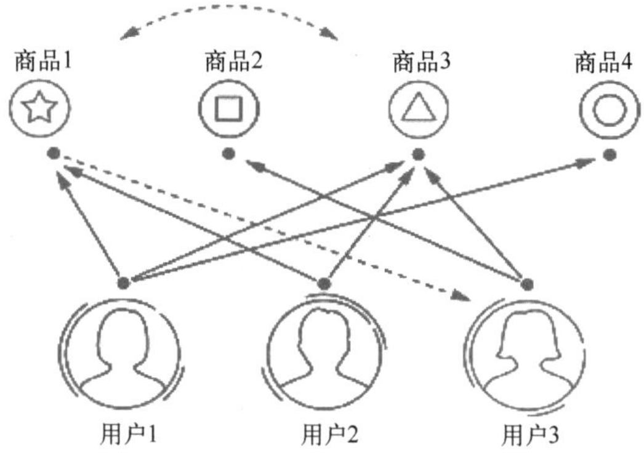

基于物品的协同过滤推荐算法的实现步骤如下。

图 3-10　基于物品的协同过滤推荐

1）计数物品之间的相似度。在协同过滤算法中，相似度是采用余弦相似度来衡量的，余弦相似度表征了两个向量之间夹角的相似度，即如果两个向量的方向相似，它们的余弦相似度值就较大（接近于 1）。

采用余弦相似度是因为，两个用户购买或评价的商品种类可能各不相同，如果采用距离的方法度量，则距离的某些维度将没有值，距离计算将无法进行。其次，每个用户的评分宽严程度不同，有些用户的评分可能总体偏低，此时，如果计算距离，则差距较大，而计算向量的方向（余弦相似度）则差距很小。

余弦相似度的计算方法如下。

假设两个对象 v_i 和 v_j 对应的向量分别为 $X=(x_{i1}, x_{i2}, \cdots, x_{im})$ 和 $Y=(x_{j1}, x_{j2}, \cdots, x_{jm})$，则余弦相似度 $sim(v_i, v_j)$ 的计算公式为：

$$sim(v_i, v_j) = \frac{X}{\|X\|} \cdot \frac{Y}{\|Y\|} = \frac{\sum\limits_{k=1}^{n} x_{ik} \times x_{jk}}{\sqrt{\sum\limits_{k=1}^{n} x_{ik}^2} \times \sqrt{\sum\limits_{k=1}^{n} x_{jk}^2}} \tag{3-3}$$

设 x_{ik} 和 x_{jk} 的取值只能是 0 或 1，则式（3-3）转换成如下形式：

$$w_{ij} = \frac{|N(i) \cap N(j)|}{\sqrt{|N(i)| \cdot |N(j)|}} \tag{3-4}$$

式中，$N(i)$、$N(j)$ 表示集合 i 和 j 中元素的个数，$N(i) \cap N(j)$ 表示集合 i 和 j 中相同元素的个数。

例如，对于物品 a、b、c、d 和用户 A、B、C、D，设 $N(a)=\{A,B\}$ 表示对物品 a 感兴趣的用户有 A 和 B，$N(b)=\{A,C,D\}$ 表示对物品 b 感兴趣的用户有 A、C 和 D，各用户对各物品的感兴趣程度均为 1，则物品 a、b 之间的相似度为：

$$w_{ab} = \frac{|N(a) \cap N(b)|}{\sqrt{|N(a)| \cdot |N(b)|}} = \frac{|\{A,B\} \cap \{A,C,D\}|}{\sqrt{2 \times 3}} = \frac{1}{\sqrt{6}}$$

提示：只有当感兴趣程度为 1 或 0 时，才能使用简化公式(3-4)来计算余弦相似度，否则必须使用完整公式(3-3)来计算。然后根据 w_{ij} 的大小选出与物品 i 最相似的 K 个物品（K 的大小视情况而定），求这 K 个物品的集合。

2）根据物品的相似度和用户的历史行为给用户生成推荐列表。计算用户 u 对物品 j 的感兴趣程度 p_{uj} 的公式如下。

$$p_{uj} = \sum_{i \in S_{jk} \cap N(u)} w_{ij} r_{uj} \tag{3-5}$$

式中，$N(u)$ 表示用户 u 曾经有过正反馈的物品集合；S_{jK} 表示与物品 i 最相似的 K 个物品的集合；r_{uj} 表示用户 u 对物品 j 的感兴趣程度（用正整数表示）。通过设定阈值来决定是否推荐物品从而生成推荐列表。

【例 3-4】 对于物品 a、b、c、d、e 和用户 A、B、C、D，设 $N(a)=\{A,B\}$，$N(b)=\{A,C\}$，$N(c)=\{D,B\}$，$N(d)=\{A,D\}$，$N(e)=\{C,D\}$。各用户对各物品的感兴趣程度均为 1，推荐阈值为 0.9。试使用基于物品的协同过滤算法给用户 A 推荐物品。

解：根据式（3-4）计算物品之间的相似度，有：

$w_{ab}=1/2$，$w_{ac}=1/2$，$w_{ad}=1/2$，$w_{ae}=0/2=0$。

取 $K=3$，而用户 A 对物品 a、b、d 感兴趣（$K=3$），剩余可推荐物品只有 c 和 e。先看 c 和 a、b、d 的相似度，$w_{ac}=w_{cd}=1/2$，$w_{bc}=0$。则 $p_{Ac}=1/2 \times 1+0 \times 1+1/2 \times 1=1$。

又因为 $w_{be}=w_{de}=1/2$，$w_{ae}=0$。所以 $p_{Ae}=1/2 \times 1+0 \times 1+1/2 \times 1=1$。

由于阈值为 0.9，因此物品 c 和 e 均可推荐给 A。

2. 基于用户的协同过滤推荐算法

该算法通过不同用户对物品的评分来评测用户之间的相似性，然后基于用户之间的相似性做出推荐。具体而言，基于用户的协同过滤推荐算法是通过用户的历史行为数据，发现用户对物品的喜好(如商品购买、收藏、内容评论或分享)，并对这些喜好进行度量和打分。根据不同用户对相同商品或内容的态度和偏好程度计算用户之间的关系，在有相同喜好的用户间进行商品推荐。简单地说，如图 3-11 所示，用户 1 和用户 3 都购买了商品 2 和商品 3，并给出了 5 星好评，那么用户 1 和用户 3 就属于同一类用户，可以将用户 1 买过的物品商品 1 和商品 4 推荐给用户 3。

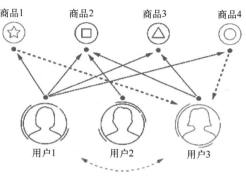

图 3-11   基于用户的协同过滤推荐算法示意图

【例 3-5】 对于用户 A、B、C、D 和物品 a、b、c、d、e，设 $N(A)=\{a,b,d\}$，$N(B)=\{a,c\}$，$N(C)=\{b,e\}$，$N(D)=\{c,d,e\}$。各用户对各物品的感兴趣程度均为 1，推荐阈值为 0.7。试使用基于用户的协同过滤推荐算法给用户 A 推荐物品。

解：根据式（3-4）计算用户之间的相似度，有：

$$w_{AB} = \frac{1}{\sqrt{6}}, \quad w_{AC} = \frac{1}{\sqrt{6}}, \quad w_{AD} = \frac{1}{3}。$$

取 $K=3$，因为用户 A 对物品 a、b、d 感兴趣（$K=3$），剩余可推荐物品只有 c 和 e。

因为用户 B 和 D 对商品 c 感兴趣，而用户 A 和用户 B、D 之间有相似性，故用户 A 对物品 c 的感兴趣程度为：

$$p_{Ac} = w_{AB} \cdot r_{Ac} + w_{AD} \cdot r_{Ac} = \frac{1}{\sqrt{6}} \cdot 1 + \frac{1}{3} \cdot 1 \approx 0.742$$

因为用户 C 和 D 对商品 c 感兴趣，而用户 A 和用户 C、D 之间有相似性，故用户 A 对物品 e 的感兴趣程度为：

$$p_{Ae} = w_{AC} \cdot r_{Ae} + w_{AD} \cdot r_{Ae} = \frac{1}{\sqrt{6}} \cdot 1 + \frac{1}{3} \cdot 1 \approx 0.742$$

由于阈值为 0.7，因此物品 c 和 e 均可推荐给 A。

3.2.2 协同过滤推荐算法应用实例

在【例 3-4】和【例 3-5】中，都是假设用户对商品的感兴趣程度只能是 1 或 0，而实际上，感兴趣程度是通过用户的行为来评估的。通常对用户的各种行为赋予不同的权重值，然后根据权重值来判断用户的感兴趣程度。

1. 基于物品的协同过滤推荐算法实例

【例 3-6】 假设在电子商务网站中，用户的行为有以下 4 种：

1）点击，用户点击了某个商品页面，设权重值为 1 分。

2）搜索，用户在搜索栏搜索某种商品，设权重值为 3 分。

3）收藏，用户收藏了某个商品，设权重值为 5 分。

4）付款，设权重值为 10 分。

现有如下用户、商品和行为：

用户：*A*、*B*、*C*；

商品：1、2、3、4、5、6；

行为：点击（1）、搜索（3）、收藏（5）、付款（10）。

网站记录的用户行为列表如图 3-12（左）所示。

则基于物品的协同过滤推荐算法的执行步骤如下。

1）根据用户行为列表计算用户、物品的评分矩阵，如图 3-12（右）所示。

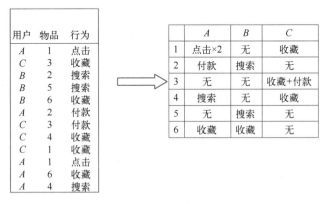

图 3-12　用户行为列表与用户、物品的评分矩阵

2）将用户、物品评分矩阵中的用户行为转换成权重值，如图 3-13（左）所示。显然，评分矩阵中的每个权重值代表了用户对物品的喜好程度。

3）根据用户、物品的评分矩阵计算物品与物品的相似度矩阵。例如，使用余弦相似度公式计算物品 1 和物品 2 之间的相似度，如图 3-13（右）所示。

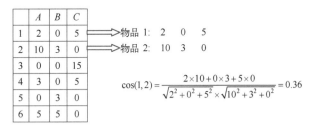

$$\cos(1,2)=\frac{2\times10+0\times3+5\times0}{\sqrt{2^2+0^2+5^2}\times\sqrt{10^2+3^2+0^2}}=0.36$$

图 3-13　根据用户、物品的评分矩阵计算物品与物品的相似度

按照该方法，计算所有物品两两之间的相似度值，就得到图 3-14 所示的物品与物品之间的相似度矩阵。显然，相似度矩阵中的相似度值代表了物品与物品之间的相似度。

4）相似度矩阵（相似程度）×评分矩阵（喜好程度）=推荐列表，如图 3-15 所示。得到推荐列表如图 3-16 所示。

5）根据推荐列表，将推荐值最高的若干种物品推荐给用户，如图 3-17 所示。当然，也可先将用户已经购买过的物品推荐值置为 0。

	1	2	3	4	5	6
1	1	0.36	0.93	0.99	0	0.26
2	0.36	1	0	0.49	0.29	0.88
3	0.93	0	1	0.86	0	0
4	0.99	0.49	0.86	1	0	0.36
5	0	0.29	0	0	1	0.71
6	0.26	0.88	0	0.36	0.71	1

图 3-14　物品与物品之间的相似度矩阵

	1	2	3	4	5	6			A	B	C
1	1	0.36	0.93	0.99	0	0.26		1	2	0	5
2	0.36	1	0	0.49	0.29	0.88		2	10	3	0
3	0.93	0	1	0.86	0	0	×	3	0	0	15
4	0.99	0.49	0.86	1	0	0.36		4	3	0	5
5	0	0.29	0	0	1	0.71		5	0	3	0
6	0.26	0.88	0	0.36	0.71	1		6	5	5	0

图 3-15　相似度矩阵×评分矩阵

	A	B	C
1	9.9	2.4	23.9
2	16.6	8.3	4.3
3	4.4	0	24
4	11.7	3.3	22.9
5	6.5	7.4	0
6	15.4	9.8	3.1

图 3-16　推荐列表

	A	B	C
1	9.9	2.4	23.9
2	0	8.3	4.3
3	4.4	0	0
4	11.7	3.3	22.9
5	6.5	7.4	0
6	15.4	9.8	3.1

图 3-17　推荐权重值最高的物品

例如，对于用户 A 来说，推荐值最高的是物品 6，因此可将物品 6 推荐给 A。

总结：基于物品的协同过滤推荐算法步骤如下。

step1：根据用户行为列表计算用户与物品的评分矩阵。

step2：根据用户与物品的评分矩阵计算物品与物品的相似度矩阵。

step3：物品与物品相似度矩阵×用户与物品评分矩阵=推荐列表。

step4：将推荐列表中用户之前已经有过购买行为的元素推荐值置为 0。

基于物品的协同过滤推荐算法的优缺点如下。

优点：两个物品之间的距离评分可能是根据成百上千万用户的评分计算得出的，这个评分往往能在一段时间内保持稳定。因此，这种算法可以预先计算距离，其在线部分能更快地生成推荐列表。

缺点：不同领域的最热门物品之间经常具有较高的相似度。这样，可能会给喜欢《算法导论》的同学推荐《哈利波特》。为此，在运行这种算法时可以不纳入最畅销商品。

2. 基于用户的协同过滤推荐算法实例

基于用户的协同过滤推荐算法的基本假设为：和我兴趣相似的人喜欢的商品，我也会喜欢。对于【例 3-5】，这种推荐算法的主要步骤如下。

1）根据用户对各种物品偏好值的相似程度，对每两个用户之间进行相似度计算，为每个用户找到与之相似度最高的几个邻居用户，这一步是对用户进行分类。

2）将目标用户的邻居对每个物品的偏好值的加权平均作为目标用户偏好值的预测值。把预测值最高的若干个商品作为目标用户的推荐列表。

其中，每个邻居用户的权重取决于该邻居用户与目标用户之间的相似度。

算法具体步骤如下。

step1：根据用户行为列表计算物品与用户的评分矩阵。

step2：根据用户与物品的评分矩阵计算用户与用户的相似度矩阵。

step3：用户与用户相似度矩阵 × 评分矩阵 = 推荐列表。

step4：将推荐列表中用户之前已经有过购买行为的元素推荐值置为 0。

基于用户的协同过滤推荐算法的缺点是：①形成有意义的邻居集合很难，很多用户两两之间只有很少几个共同评分。而仅有的共同打了分的物品，往往是最热门的商品。②用户之间的距离可能变化得很快。这让离线算法难以瞬间更新推荐结果。

3．在协同过滤算法中考虑时间和地域的因素

在协同过滤推荐算法中，还应考虑时间和地域的因素。这是因为用户对商品的喜好具有时效性。为此，在基于物品的协同过滤中可进行以下调整。①物品之间的相似度可以改为：同一个用户在间隔很短的时间内喜欢的两件商品之间，可以给予更高的相似度。②根据当前用户的偏好，为其推荐相似的物品，可以改为：在描述目标用户偏好时，给其最近喜欢的物品赋予较高权重。在基于用户的协同过滤中，计算相似度和描述用户行为时，都给最新的偏好赋予较高权重。

在协同过滤中要考虑到地域因素，因为不同地域的用户对商品的偏好往往是有区别的。为此，在基于物品的协同过滤中：物品之间的相似度可以改为：同一用户在同一个地域内喜欢的两件商品之间，可以给予更高的相似度。在基于用户的协同过滤中，把类似地域用户的行为作为推荐的主要依据。

4．协同过滤推荐算法的特点

协同过滤推荐算法具有下列优点：

1）由于不需要根据内容计算物品之间的相似性，某些物品（如艺术品、音乐、视频），即使机器无法对其内容进行分析，也能使用协同过滤推荐算法。

2）能够对一些复杂的，难以表达的概念（信息质量、品位）进行过滤。

3）推荐结果具有新颖性。

协同过滤算法的缺点是：

1）在系统刚使用时，用户对商品的评价非常少，这样基于用户的评价所得到的用户间（或物品间）的相似性可能不准确（即冷启动问题）。

2）随着用户和商品的增多，系统的性能会越来越低。

3）如果从来没有用户对某一商品加以评价，则这个商品就不可能被推荐（即最初评价问题）。

3.2.3　推荐算法的 MapReduce 实现

在协同过滤推荐算法中，需要将相似度矩阵乘以评分矩阵以得到推荐列表，如果商品和用户的数量很多，则这两个矩阵是非常庞大的，两个庞大的矩阵相乘很可能会超过单台计算机的处理能力，为此，协同过滤推荐算法经常需要借助于云计算技术。

对协同过滤推荐算法程序编写 MapReduce 程序实现并行计算是一种常用的方法。

1．Hadoop 分布式缓存机制

在执行 MapReduce 时，可能 Mapper 之间需要共享一些信息，如果信息量不大，可以将其从 HDFS 加载到内存中，这就是 Hadoop 的分布式缓存机制，分布式缓存的作用相当于 Hadoop 分布式系统的内存。例如要统计一篇文章中指定的几个单词的出现次数，则可以将存放指定单词的单词表先加载到分布式缓存中，在统计单词次数时，先查询该单词是否在指定的单词表中。

又比如，在协同过滤推荐算法程序中，经常要进行矩阵相乘的运算，例如相似度矩阵×评分矩阵=推荐列表矩阵。这时可以将一个被乘的矩阵放置在分布式缓存中，然后将另一个矩阵拆分成很多行，在 Map 任务中将每行分别去乘分布式缓存中的矩阵。

2．MapReduce 实现矩阵相乘

矩阵相乘的实例如下：

$$\begin{bmatrix} 2 & 3 & 1 \\ 1 & 3 & 2 \end{bmatrix}\begin{bmatrix} 1 & 4 \\ 2 & 3 \\ 0 & 7 \end{bmatrix} = \begin{bmatrix} 2\times1+3\times2+1\times0 & 2\times4+3\times3+1\times7 \\ 1\times1+3\times2+2\times0 & 1\times4+3\times3+2\times7 \end{bmatrix} = \begin{bmatrix} 8 & 24 \\ 7 & 25 \end{bmatrix}$$

两个矩阵能够相乘需要满足：左矩阵的列数=右矩阵的行数。

相乘得到的新矩阵：行数=左矩阵的行；列数=右矩阵的列。可见，矩阵相乘不满足交换率，交换左右两边的矩阵，其相乘结果也会不同。

矩阵相乘的 MapReduce 实现思路如下。

1）将整个右矩阵载入分布式缓存中。

2）将左矩阵的行作为 Map 输入。

3）在 Map 执行之前将缓存的右矩阵以行为单位放入 List。

4）在 Map 计算时从 List 中取出所有行分别与输入行相乘。

【例 3-7】 矩阵相乘的 Mapreduce 分布式计算实例

$$\text{计算}\begin{bmatrix} 1 & 2 & -2 & 0 \\ 3 & 3 & 4 & -3 \\ -2 & 0 & 2 & 3 \\ 5 & 3 & -1 & 2 \\ -4 & 2 & 0 & 2 \end{bmatrix} \times \begin{bmatrix} 0 & 3 & -1 & 2 & -3 \\ 1 & 3 & 5 & -2 & -1 \\ 0 & 1 & 4 & -1 & 2 \\ -2 & 2 & -1 & 1 & 2 \end{bmatrix}$$

解：1）由于在计算机中矩阵是使用数组按行存储的，要提取出矩阵中的一列有些不方便，故先把右侧矩阵转置，结果如下：

$$\begin{bmatrix} 1 & 2 & -2 & 0 \\ 3 & 3 & 4 & -3 \\ -2 & 0 & 2 & 3 \\ 5 & 3 & -1 & 2 \\ -4 & 2 & 0 & 2 \end{bmatrix} \times \begin{bmatrix} 0 & 1 & 0 & -2 \\ 3 & 3 & 1 & 2 \\ -1 & 5 & 4 & -1 \\ 2 & -2 & -1 & 1 \\ -3 & -1 & 2 & 2 \end{bmatrix}$$

这样矩阵相乘就由"左边行×右边列"，转变为"左边行×右边行"了。

2）将整个右侧矩阵存放到分布式缓存中。通常将矩阵存放在如下数据结构的文件中。

	行号	列_值	列_值	列_值	列_值
$\begin{bmatrix} 0 & 1 & 0 & -2 \\ 3 & 3 & 1 & 2 \\ -1 & 5 & 4 & -1 \\ 2 & -2 & -1 & 1 \\ -3 & -1 & 2 & 2 \end{bmatrix} \Rightarrow$	1	1_0	2_1	3_0	4_-2
	2	1_3	2_3	3_1	4_2
	3	1_-1	2_5	3_4	4_-1
	4	1_2	2_-2	3_-1	4_1
	5	1_-3	2_-1	3_2	4_2

3）执行 Map 任务，取出左边矩阵中的一行作为输入行，乘以右侧矩阵中所有的行（相同行号的行），所得结果放到一行中。以第 1 行为例，其运算结果如下：

$$[1\ 2\ -2\ 0] \times \begin{bmatrix} 0 & 1 & 0 & -2 \\ 3 & 3 & 1 & 2 \\ -1 & 5 & 4 & -1 \\ 2 & -2 & -1 & 1 \\ -3 & -1 & 2 & 2 \end{bmatrix} = [2\ 7\ 1\ 0\ -9]$$

然后以键值对的形式输出结果，例如第 1 行，输出结果为<1,{2, 7, 1, 0, -9}>。

4）执行 Reduce 任务，将所有 Map 任务的结果聚集在一起，得到矩阵相乘的最终运算结果。最终运算结果即为推荐列表矩阵。

行	列_值	列_值	列_值	列_值
1	1_2	2_7	3_1	4_0	5_-9
2	1_9	2_16	3_31	4_-7	5_-10
3	1_-6	2_2	3_7	4_-3	5_16
4	1_-1	2_27	3_4	4_7	5_-16
5	1_-2	2_-2	3_12	4_-10	5_14

3.2.4　协同过滤算法的 sklearn 实现

sklearn 并没有提供协同过滤推荐算法模块，但提供了计算余弦相似度、矩阵转置和算法评估等模块，直接调用这些模块能快速实现协同过滤推荐算法。

1. 计算相似度

在 sklearn 中提供了两个函数都可用来计算余弦相似度，分别是 pairwise_distances()函数和 cosine_similarity()函数。

1）使用 pairwise_distances()函数计算余弦相似度的代码如下。

```
# 引用 pairwise_distances 模块
from sklearn.metrics.pairwise import pairwise_distances
# 计算用户相似度
user_similarity = pairwise_distances(train_data_matrix, metric='cosine')
# 计算物品相似度
item_similarity = pairwise_distances(train_data_matrix.T, metric='cosine')
```

其中，train_data_matrix 矩阵中保存了物品、用户评分矩阵，而用户、物品评分矩阵就是它的转置矩阵。

2）使用 sklearn 的 cosine_similarity()函数计算余弦相似度代码如下。

```
# 引用 sklearn 的 cosine_similarity 模块
from sklearn.metrics.pairwise import cosine_similarity
# 计算用户相似度
user_similarity = cosine_similarity(train_data_matrix)
# 计算物品相似度
item_similarity = cosine_similarity(train_data_matrix.T)
```

2．产生推荐列表

假设要使用协同过滤推荐算法给用户推荐电影，则产生推荐列表步骤如下。

1）给定一个用户，返回与他最相似的 *n* 位用户，这实际上是根据用户相似度矩阵找出 Top *n* 用户的问题，或者给定一个物品，返回最相似的 *n* 个物品，这可根据物品相似度矩阵寻找 Top *n* 物品。

2）推荐用户没看过的电影，某一部未看过电影分数= *sum*（该部未看过的电影与每一部已看电影之间相似度×已看电影的评分）/*sum*(未看电影与每一部已看电影之间相似度)。产生推荐列表的关键代码如下。

```
def topmatches(data, givenperson, returnernum=5, simscore=sim_pearson):
    # 输入参数：对 person 进行默认推荐 num=5 个用户（基于用户过滤），或是返回 5 部电影物品（基于物品过滤）
    usersscores = [(simscore(data, givenperson, other), other) for other in data if other != givenperson]
    usersscores.sort(key=None, reverse=True)
    return usersscores[0:returnernum]
moviedata = transformdata(data)
print(topmatches(moviedata, 'Superman Returns'))#找出和超人归来最相似的 5 部电影
```

3．用协同过滤推荐算法推荐相似电影

MovieLens 数据集包含许多用户对很多部电影的评分数据，也包括电影元数据信息和用户属性信息。这个数据集经常用来做推荐系统、机器学习算法的测试数据集。根据这些电影评分数据，就可计算出电影的相似度或用户的相似度，然后根据相似度来推荐相似电影给用户。该数据集下载地址为：http://files.grouplens.org/datasets/movielens/，它有好几种版本，对应不同数据量，本例所用的数据为 1M 的数据集（u.data）。该数据集包含来自于 943 个用户以及 1682 部电影的总计 10 万条电影评分记录。

文件里面的内容包含了每一个用户对于每一部电影的评分，数据格式如下。

```
userId（用户 id），movieId（电影的 id），rating（用户评分，是 5 星制，按半颗星的规模递增），timestamp（时间戳）。例如：{196  242 3  881250949}就是一条评分记录。
```

【程序 3-2】 使用两种协同过滤算法向用户推荐相似电影（使用 MovieLens 数据集），并评估两种算法的推荐结果。

```
import numpy as np
import pandas as pd                    #读取 u.data 文件
#数据文件格式用户 id、商品 id、评分、时间戳
header = ['user_id', 'item_id', 'rating', 'timestamp']
df = pd.read_csv('u.data', sep='\t', names=header) #读取 u.data 文件
# 计算唯一用户和电影的数量
n_users = df.user_id.unique().shape[0]
n_items = df.item_id.unique().shape[0]
print('Number of users = ' + str(n_users) + ' | Number of movies = ' + str(n_items))
from sklearn.model_selection import train_test_split
train_data, test_data = train_test_split(df, test_size=0.2, random_
```

```
state=21)
    # 协同过滤算法
    # 第一步是创建 uesr-item 矩阵，这需创建训练和测试两个 uesr-item 矩阵
    train_data_matrix = np.zeros((n_users, n_items))
    for line in train_data.itertuples():
        train_data_matrix[line[1] - 1, line[2] - 1] = line[3]
    test_data_matrix = np.zeros((n_users, n_items))
    for line in test_data.itertuples():
        test_data_matrix[line[1] - 1, line[2] - 1] = line[3]
    print(train_data_matrix.shape)
    print(test_data_matrix.shape)
     #计算相似度
    # 本例使用 cosine_similarity 函数来计算余弦相似性
    from sklearn.metrics.pairwise import cosine_similarity
     # 计算用户相似度
    user_similarity = cosine_similarity(train_data_matrix)
    # 计算物品相似度
    item_similarity = cosine_similarity(train_data_matrix.T)
    print(u"用户相似度矩阵：", user_similarity.shape, u"  物品相似度矩阵：",
item_similarity.shape)
    print(u"用户相似度矩阵：", user_similarity)
    print(u"物品相似度矩阵：", item_similarity)
    # 预测
    def predict(ratings, similarity, type):
        # 基于用户相似度矩阵的
        if type == 'user':
            #mean 函数求取均值   axis=1 对各行求取均值，返回一个 m*1 的矩阵
            mean_user_rating = ratings.mean(axis=1)
    # np.newaxis 给矩阵增加一个列，一维矩阵变为多维矩阵 mean_user_rating(n*1)
            ratings_diff = ( ratings - mean_user_rating[:, np.newaxis] )
            pred = mean_user_rating[:, np.newaxis] + np.dot(similarity, ratings_diff)
/ np.array( [np.abs(similarity).sum(axis=1)]).T
                # 基于物品相似度矩阵的
        elif type == 'item':
            pred = ratings.dot(similarity) / np.array([np.abs(similarity).sum
(axis=1)])
        print(u"预测值：", pred.shape)
        return pred
    # 预测结果
    user_prediction = predict(train_data_matrix, user_similarity, type='user')
    item_prediction = predict(train_data_matrix, item_similarity, type='item')
    print(item_prediction)
    print(user_prediction)
     # 评估指标，均方根误差
     # 使用 sklearn 的 mean_square_error (MSE)函数，其中，RMSE 仅仅是 MSE 的平方根
     # 这里只是想要考虑测试数据集中的预测评分
     # 使用 prediction[ground_truth.nonzero()]筛选出预测矩阵中的所有其他元素
    from sklearn.metrics import mean_squared_error
    from math import sqrt
    def rmse(prediction, ground_truth):
```

```
        prediction = prediction[ground_truth.nonzero()].flatten()
        ground_truth = ground_truth[ground_truth.nonzero()].flatten()
        return sqrt(mean_squared_error(prediction, ground_truth))
    print('User-based CF RMSE: ' + str(rmse(user_prediction, test_data_
matrix)))
    item_prediction = np.nan_to_num(item_prediction)
    print('Item-based CF RMSE: ' + str(rmse(item_prediction, test_data_
matrix)))
```

该程序的输出结果如下：

```
User-based CF RMSE: 2.917747921747857
Item-based CF RMSE: 3.1355125494816893
```

可见，基于物品的协同过滤推荐效果好于基于用户的协同过滤推荐。该程序的缺点是没有解决冷启动问题，即当用户评价记录过少，以及新用户或新物品刚进入系统时，该程序都无法产生有效推荐结果。

习题与实验

1. 习题

1. 下列哪一项不是一个集合。（　　　）

    A．项   B．项集   C．事务   D．事务数据库

2. 对于同一个事务数据库中的两条关联规则：$A \Rightarrow C$ 和 $C \Rightarrow A$，可知（　　　）。

    A．它们的支持度一定相等   B．它们的置信度一定相等

    C．它们的支持度一定不相等   D．它们的置信度一定不相等

3. 设 $\{A,B,C\}$ 不是频繁项集，则可知（　　　）。

    A．$\{A,B\}$ 一定不是频繁项集   B．$\{A,B,C,D\}$ 一定不是频繁项集

    C．$\{A,B\}$ 一定是频繁项集   D．$\{A,B,C,D\}$ 一定是频繁项集

4. 若已知 $\{A,B,C\}$ 的支持度是 50%，C 的支持度是 75%，则可知（　　　）。

    A．$A,B \Rightarrow C$ 的置信度是 66.6%   B．$C \Rightarrow A,B$ 的置信度是 66.6%

    C．$A,B \Rightarrow C$ 的置信度是 150%   D．$C \Rightarrow A,B$ 的置信度是 150%

5. 设 $N(a)=\{A,B,E\}$ 表示对物品 a 感兴趣的用户有 A、B 和 E，$N(b)=\{A,C,D\}$ 表示对物品 b 感兴趣的用户有 A、C 和 D，各用户对各物品的感兴趣程度均为 1，则物品 a、b 之间的相似度为：（　　　）。

    A．1/3   B．1/9   C．1/2   D．1/6

6. 寻找关联规则可分为两步，第一步是找_____。

7. 协同过滤推荐算法是使用_____作为指标来评价项与项之间的相似度。

8. 经典的关联规则挖掘算法是_____，为提高关联规则的计算效率，改进的关联规则算法是_____。

9. 假设事务集只有 6 个项，对于如下频繁 3-项集的集合：{1,2,3}，{1,2,4}，{1,2,5}，{1,3,4}，{2,3,4}，{2,3,5}，{3,4,6}，①列出由 Aprior 算法得到的所有候选 4-项集；②列出剪枝后剩下的候选 4-项集。

10．解释如下关联规则表达式的含义。

major(x, "CS") ^ takes(x, "DB") → grade(x, "A") [1%, 75%]。

11．给定事务数据库如表 3-7 所示。假定数据包含频繁项集 L={A, B, D}。问可以由 L 产生哪些关联规则，并分别列出其置信度? 若最小置信度定义为 80%，则产生的关联规则中哪些是强关联规则。

表 3-7　事务数据库

ID	购 买 商 品
1	{B,A,D}
2	{D,A,C,E,B}
3	{C,A,B,E}
4	{K,A,D,B}

2．实验

1．编写 Python 程序，使用 Apriori 算法挖掘表 3-7 中事务数据库的频繁项集，并输出项集为 3 的关联规则（设最小支持度为 75%，最小置信度是 80%）。

第4章
聚类算法及其应用

自然界和人类社会中经常会出现物以类聚、人以群分的现象，人们在日常生活中也经常把性质较为相似的对象归为同一类。在机器学习中，聚类的任务就是根据样本之间的某种相似关系来实现对样本数据集的某种归类，使得同类型的样本之间具有较大的相似度，达到物以类聚的效果。本章首先介绍聚类中相似度的度量工具——距离，然后介绍聚类的基本步骤，最后介绍 4 种典型的聚类分析算法。

4.1 聚类的原理与实现

聚类的类别由不同样本之间的某种相似性确定，不需要事先对样本指定具体的类别信息，聚类类别所表达的含义通常是未知的、不确定的，故聚类是一种典型的无监督学习方法。

4.1.1 聚类的概念和类型

在聚类中，将数据对象的集合称为簇（Cluster），则聚类的任务就是将数据对象的集合分成由相似对象组成的若干个簇。评价聚类好坏的标准为：同一簇中的对象彼此相似，不同簇中的对象彼此相异。根据实现聚类所采用的方法，聚类算法大致可分为以下四种。

1）基于划分的聚类，如 K-means、K-medoids 聚类算法。

2）层次聚类法，包括分裂法和凝聚法。

3）密度聚类法，如 DBSCAN（Density-Based Spatial Clustering of Applications with Noise）聚类算法。

4）基于模型的聚类，如自组织神经网络聚类。

4.1.2 如何度量距离

在聚类中，使用距离（Distance）作为对象之间亲疏程度的衡量指标。具体做法是：首先把每个样本数据看成是 n 维空间中的点，在点和点之间定义某种距离。距离越近则越"亲密"，聚成一类；距离越远则越"疏远"，分别属于不同的类。

1. 数据的类型

在现实世界中，数据可分为两大类。

● 连续型数据：指任意两个数据点之间可以细分出无限多个数值，如人的体重。

● 离散型数据：指任何两个数据点之间的数值个数是有限的，如产品的等级。

数据又可分为 3 种类型，分别是定类数据、定序数据、定量数据。

1）定类数据（Nominal）：名义级数据，表示个体在属性上的特征或类别上的不同变量，仅仅是一种标志，没有次序关系。例如，"性别"，可将"男"编码为 1，"女"编码为 0，又如"婚否""民族"均是定类数据，因为它们的值没有次序。

2）定序数据（Ordinal）：表示个体在某个有序状态中所处的位置，不能直接做四则运算。例如，"受教育程度"是有顺序的，可定义为：初中=3，高中=4，大学=5，硕士=6，博士=7，又如"客户等级""职称"都是定序数据。

3）定距数据（Interval）：具有间距特征的变量，有单位，没有绝对零点，可以做加减运算，不能做乘除运算。例如，温度、身高、年收入都是定距数据。

在机器学习中，需要把所有数据都统一用数值来表示，其中定距数据本身就是数值，无须转换，对应连续型数据；而定类数据和定序数据可通过编码，转换成离散型数据。

连续型数据和离散型数据的距离计算方法是不同的。

2．连续型数据的距离度量方法

每一个样本数据都可以理解为多维空间中的一个点。例如，数据有两个特征属性，就可看成是 2 维平面坐标中的点，有 n 个特征属性，就可看成是 n 维空间中的一个点，因此样本之间的距离就转换成了 n 维空间中点与点之间的距离，而距离的度量有如下几种公式。

（1）欧式距离（Euclidean Distance）

欧式距离是直角坐标系中最常用的距离度量方法，源自欧氏空间中两点间的距离公式。即两点之间直线距离，其公式为：

$$d_{21} = \sqrt{(x_{21} - x_{11})^2 + (x_{22} - x_{12})^2} \quad （2\ 维平面的欧式距离）\quad (4\text{-}1)$$

$$d(o_i, o_j) = \sqrt{(x_{i1} - x_{j1})^2 + (x_{i2} - x_{j2})^2 + \ldots + (x_{in} - x_{jn})^2} \quad （n\ 维空间的欧式距离）\quad (4\text{-}2)$$

欧式距离适用于求解两点之间的直线距离，适用于各个向量标准统一的情况。

（2）曼哈顿距离（Manhattan Distance）

曼哈顿距离又称为城市街区距离（City Block Distance），因为城市街区两个地点之间一般不存在直线路线，需要拐弯才能到达，因此曼哈顿距离就是把两点之间每个维度的距离的绝对值相加，其公式为：

$$d(o_i, o_j) = |x_{i1} - x_{j1}| + |x_{i2} - x_{j2}| + \cdots + |x_{in} - x_{jn}| \quad (4\text{-}3)$$

曼哈顿距离适用于计算城市中两个地点之间的路程。

（3）切比雪夫距离（Chebyshev Distance）

切比雪夫距离又称为棋盘距离，即棋盘中的一个格子到周围 8 个格子都相等的距离。切比雪夫距离就是取两点之间每个维度的距离的最大值，其公式为：

$$d(o_i, o_j) = \max\left(|x_{i1} - x_{j1}|, |x_{i2} - x_{j2}|, \ldots, |x_{in} - x_{jn}|\right) \quad (4\text{-}4)$$

以上三种距离直观图示如图 4-1 所示。对于二维平面上的 A、B 两点，它们之间的欧氏距离是线段 AB，曼哈顿距离是线段 $AO+OB$，切比雪夫距离是线段 OB（设 $OB>AO$）。

（4）闵可夫斯基距离（Minkowski Distance）

闵可夫斯基距离是衡量数值点之间距离的一种通用方法，假设数值点 P 和 Q 的坐标为 $P=(x_1,x_2,\cdots,x_n)$ 和 $Q=(y_1,y_2,\cdots,y_n)$，则闵可夫斯基距离定义为：

$$d(o_i,o_j)=\left(\sum_{i=1}^{n}|x_i-y_i|^p\right)^{1/p} \qquad (4-5)$$

该距离常用的 p 值是 2 和 1，当 p 值为 2 时，就转换成欧氏距离，当 p 值为 1 时，就转换为曼哈顿距离。当 p 值趋近于无穷大时，则转换成切比雪夫距离。

（5）距离函数的准则

一般而言，定义一个距离函数 $d(x,y)$，需要满足以下几个准则。

1）$d(x,x)=0$。

2）$d(x,y)\geqslant 0$。

3）$d(x,y)=d(y,x)$。

4）$d(x,k)+d(k,y)\geqslant d(x,y)$。

（6）距离矩阵

在一个机器学习问题中，通常有很多个样本，这些样本可看成是 n 维空间中很多个点，如果要描述这些样本两两之间的距离，最好的办法就是绘制一个距离矩阵，将所有样本两两之间的距离保存在距离矩阵中，如图 4-2 所示。

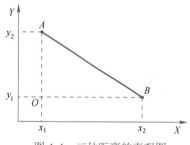

样本号	指标	
	X_1	X_2
1	5	7
2	7	1
3	3	2
4	6	5
5	6	6

$$D=\begin{pmatrix} d_{11} & d_{12} & \cdots & d_{1n} \\ d_{21} & d_{22} & \cdots & d_{2n} \\ \cdots & \cdots & \cdots & \cdots \\ d_{n1} & d_{n2} & \cdots & d_{nn} \end{pmatrix}$$

图 4-1　三种距离的直观图　　　　图 4-2　将样本两两之间的距离转化为距离矩阵

显然，在距离矩阵中，左上一右下对角线上的元素值全为 0，并且，距离矩阵是关于对角线对称的，因此，可写成下三角矩阵的形式。

2．离散型数据的距离度量方法

离散型数据的距离度量通常使用简单匹配系数，或杰卡德相似系数来度量。

（1）简单匹配（Simple Matching）系数

设 i 和 j 是两个样本，都由 n 个二元属性（取值只能是 0 或 1）组成。这两个样本（二元向量）进行比较，可以生成 4 个量：a 为样本 i 与样本 j 属性值同时取 1 的属性个数；b 为样本 i 取 1，而样本 j 取 0 的属性个数；c 为样本 i 取 0，而样本 j 取 1 的属性个数；d 为样本体 i 与样本 j 同时取 0 的属性个数。则简单匹配系数定义如下。

$$sim(i,j)=\frac{b+c}{a+b+c+d} \qquad (4-6)$$

显然，简单匹配系数的值越小，两个个体越相似。

（2）杰卡德相似系数（Jaccard Similarity Coefficient）

杰卡德相似系数用于比较有限样本集之间的相似性与差异性。杰卡德系数值越小，样本相似度越高。

在有些情况下，个体 i 与个体 j 同时取 0 并不能表明 i 和 j 相似，例如，甲乙两人都没有某种症状，并不能表明他们患的疾病具有相似性，只有甲乙两人都有某种症状（如发烧），才能表明他们患的疾病具有相似性。又比如，考虑到电影的数量庞大，用户看过的电影只占其中很小的一部分，如果甲乙两个用户都没看过某部电影，并不能说明甲乙两者相似。反而言之，如果两个用户都看过某部电影，则说明用户具有很大的相似度。基于这点，在相似性度量中，杰卡德相似系数只考虑个体间同为 1 的属性个数，而不考虑同为 0 的属性个数，其公式为：

$$J(i, j) = \frac{b+c}{a+b+c} \tag{4-7}$$

【例 4-1】 根据临床表现研究表 4-1 中的患者是否患有相同的疾病。

表 4-1 患者的症状列表

患者	性别	发烧	咳嗽	肺 CT	血常规	尿常规	乏力
张三	男	1	0	1	0	0	0
李四	女	1	0	1	0	1	0
王五	男	1	1	0	0	0	0

解：本例分别使用简单匹配系数和杰卡德相似系数来衡量患者之间的相似性，则：

（张三,李四）：$a=2$，$b=0$，$c=1$，$d=3$，（张三,王五）：$a=1$，$b=1$，$c=1$，$d=3$，
（李四,王五）：$a=1$，$b=2$，$c=1$，$d=2$

简单匹配系数计算如下：

sim(张三,李四)=(0+1)/(2+0+1+3)=0.167，sim(张三,王五)=(1+0)/(1+1+0+3)=0.2，
sim(李四,王五)= (2+1)/(1+2+1+2)=0.5

Jaccard 相似系数计算如下：

J(张三,李四)=(0+1)/(2+0+1)=0.33，J(张三,王五)=(1+1)/(1+1+1)=0.67，
J(李四,王五)= (2+1)/(1+2+1)=0.75

可见，张三和李四的症状最相似，最可能得了相同的疾病，而李四和王五最不可能。

4.1.3 聚类的基本步骤

对一个案例进行聚类分析的步骤大致如下：①定义问题；②选择有关变量作为特征变量；③对特征变量进行数据预处理；④选择聚类算法；⑤根据实际需要主观确定聚类的数目；⑥进行聚类并对聚类结果进行评估；⑦结果的描述和解释。

聚类算法不能解决的问题：①聚类算法不能自动发现应该聚成多少个类，聚类的数目只能人为主观确定；②不会自动给出一个最佳聚类结果。

下面举一个实例，某品牌汽车 4S 店收集了曾经购车的一些客户的信息，如表 4-2 所示，用于分析这些客户可归为哪几类。

表 4-2 客户信息数据表

编号	姓名	年龄/岁	年收入/万元	学历	消费额/万元	职业	居住地
1	张三	36	5.0	本科	4.1	律师	郊区
2	李四	42	4.5	本科	4.0	自由职业	郊区
3	王五	23	3.1	高中	3.5	农民	农村
4	陈鑫	61	7.0	本科	2.0	职员	新城区
5	赵磊	38	2.0	大专	1.0	自由职业	老城区

则聚类分析的过程如下。

（1）去除唯一属性

在该实例中，编号和姓名是唯一属性，应将它们先去掉。则剩下的属性为（年龄、年收入、学历、消费额、职业、居住地）。去除唯一属性之后的客户信息如表 4-3 所示。

表 4-3 去除唯一属性之后的客户信息

年龄/岁	年收入/万元	学历	消费额/万元	职业	居住地
36	5.0	本科	4.1	律师	郊区
42	4.5	本科	4.0	自由职业	郊区
23	3.1	高中	3.5	农民	农村
61	7.0	本科	2.0	职员	新城区
38	2.0	大专	1.0	自由职业	老城区

（2）属性编码

对属性集中的非数值属性进行编码，以转换成数值。例如学历，可以设（初中：1；高中：2；大专：3；本科：4；），对于职业和居住地，也可以按此编码。属性编码之后的客户信息如表 4-4 所示。

表 4-4 属性编码之后的客户信息

年龄/岁	年收入/元	学历	消费额/元	职业	居住地
36	50000	4	41000	1	1
42	45000	4	40000	2	1
23	31000	2	35000	3	2
61	70000	4	20000	4	3
38	20000	3	10000	2	4

（3）数据标准化

显然，表 4-4 中的数据存在数量级上的差异等问题，因此还不能直接计算个体之间的距离。应将数据先进行标准化处理。本例使用归一化对数据进行标准化处理。

【程序 4-1】 对客户信息数据进行归一化处理。

```
import numpy as np
np.set_printoptions(suppress=True)   #不使用科学计数法输出结果
from sklearn.preprocessing import MinMaxScaler
data = [[36,50000,4,41000,1,1],
        [42,45000,4,40000,2,1],
```

```
            [23,31000,2,35000,3,2],
            [61,70000,4,20000,4,3],
            [38,20000,3,10000,2,4]]
scaler = MinMaxScaler()
scaler.fit(data)                        #fit()函数在此处是求最大值和最小值
MinMaxScaler(copy=True, feature_range=(0, 1))
print(scaler.transform(data))  # transform()在此处是进行数据归一化操作
```

程序说明：transform()函数可进行标准化、降维、归一化等操作，具体作用取决于在哪个工具下使用，如 PCA、StandardScaler、MinMaxScaler 等。fit()函数在数据预处理中用于求训练集 X 的均值、方差、最大值、最小值等训练集 X 固有的属性。

归一化处理后的结果如表 4-5 所示。

表 4-5　数据归一化处理后的结果

年龄	年收入	学历	消费额	职业	居住地
0.34	0.6	1	1	0	0
0.5	0.5	1	0.97	0.33	0
0	0.22	0	0.81	0.67	0.33
1	1	1	0.32	1	0.67
0.39	0	0.5	0	0.33	1

提示：

本例不使用 z-score 标准化方法是因为样本数量比较少，数据不能满足符合正态分布的要求。在实际聚类分析中，一般应使用 z-score 标准化方法来进行标准化处理。

（4）特征选择

这一步是可选的。由于样本的特征太多会导致计算量太大，因此通常需要选择对聚类结果影响最大的特征。在一些比较简单的场合也可以使用观察法，本例即使用观察法，可发现职业和居住地是不重要的属性，故将其剔除，特征选择之后的结果如表 4-6 所示。

表 4-6　特征选择之后的结果

年　龄	年　收　入	学　历	消　费　额
0.34	0.6	1	1
0.5	0.5	1	0.97
0	0.22	0	0.81
1	1	1	0.32
0.39	0	0.5	0

提示：

降维与特征选择的区别：特征选择是从特征属性中选择几个最重要的特征，而把其他特征直接抛弃，选完之后的特征依然具有可解释性，仍然是原始特征。而降维是将已存在的特征进行压缩，降维完毕后的特征不再是原来特征属性中的任何一个特征，而是通过某些方式组合起来的新特征。

（5）聚类

将特征选择后的样本数据作为聚类模型的输入，选择一种聚类算法（可能还需预先指定类别数），就能自动将上述样本划分成若干簇。划分的原则是簇内的距离最小化，簇间的距离最大化。

聚类算法的实现需要用到 sklearn 估计器（Estimator）。sklearn 估计器有 fit()和 predict()两个方法，这两个方法的说明如表 4-7 所示。

表4-7　估计器两个方法的说明

方　　法	说　　明
fit()	主要用于训练算法。对于无监督学习，该方法的输入参数是特征属性集，对于有监督学习，该方法的输入参数包括训练集的特征属性集和标签两个参数
predict()	用于预测有监督学习的测试集标签，也可以用于划分传入数据的类别

可以认为，fit()方法的输入是**训练集**，它的返回值是一个模型，fit(x)传一个参数的是无监督学习的算法，比如聚类、特征提取、标准化等。fit(x,y)传两个参数的是有监督学习的算法，predict()方法的输入是**测试集**，它的返回值是测试集的标签（类别）。

（6）评估聚类结果

聚类评价的标准是簇内的对象之间是相似的，而不同簇中的对象是不相同的。即簇内对象的相似度越大，不同簇之间的对象差别越大，聚类效果就越好。

在 sklearn 中，提供了 metrics 模块用来评估分类或聚类的结果，其中，评价聚类结果的指标如表 4-8 所示。

表4-8　metrics 模块中聚类模型的评价指标

方　法　名	真　实　值	最　佳　值	sklearn 函数
ARI（兰德系数）评价法	需要	1.0	adjusted_rand_score
AMI（互信息）评价法	需要	1.0	adjusted_mutual_info_score
V-measure 评分	需要	1.0	completeness_score
FMI 评价法	需要	1.0	fowlkes_mallows_score
轮廓系数评价法	不需要	畸变程度最大	silhouette_score
Calinski-Harabasz 指数评价法	不需要	相较最大	calinski_harabaz_score

表 4-8 中总共列出了 6 种聚类模型的评价方法，其中，前 4 种方法需要真实值（已知类别标签）的配合才能够评价聚类算法的优劣，后两种方法则不需要真实值的配合。一般来说，前 4 种方法的评价效果更好，并且在实际运行过程中，在有真实值作为参考的情况下，聚类方法的评价可以等同于分类算法的评价。

表 4-8 中除轮廓系数评价法以外，其他 5 种方法都是分值越高，表示聚类效果越好，最高分值为 1，而轮廓系数评价法则需要判断不同类别数目情况下，轮廓系数的走势，才能寻找最优的聚类数目。

【程序 4-2】　使用 FMI 评价法来判定建立的 Kmeans 聚类模型对 iris 数据集的聚类效果。

```
from sklearn.datasets import load_iris
from sklearn.cluster import KMeans
from sklearn.metrics import fowlkes_mallows_score
iris=load_iris()
iris_data=iris['data']
iris_target=iris['target']
```

```
for i in range(2,7):
kmeans=KMeans(n_clusters=i,random_state=123).fit(iris_data)
#将聚类的结果与样本真实的类别标签进行比较
    score=fowlkes_mallows_score(iris_target,kmeans.labels_)
print('聚%d 类 FMI 评估分值为: %f' %(i,score))
```

该程序的运行结果如下：

聚 2 类的 FMI 评估分值为：0.750473
聚 3 类的 FMI 评估分值为：0.820808
聚 4 类的 FMI 评估分值为：0.753970
聚 5 类的 FMI 评估分值为：0.725483
聚 6 类的 FMI 评估分值为：0.614345

该评估结果表明，iris 数据集聚 3 类时的 FMI 评价法分值最高，说明 iris 数据集最适合聚成 3 类。

4.2 层次聚类算法

层次聚类法（Hierarchical Clustering）可分为"自底向上"的**凝聚法**和"自顶向下"的**分裂法**。凝聚法先将每个样本各自作为一个簇，然后计算所有样本两两之间的距离，将距离最近的样本合并成一个簇。接下来，重新计算簇与簇之间的距离，每次都将距离最近的簇合并，如此迭代，直到所有样本都聚集成一个簇或满足某个终止条件（如距离大于某个阈值）为止。

分裂法正好相反，首先将所有样本看成一个大类，然后将大类中最"疏远"的小类或个体分离出去，接下来，分别将小类中最"疏远"的小类或个体再分离出去。如此迭代，直到所有个体自成一类为止，随着聚类的进行，类内的亲密性在逐渐增强。

4.2.1 层次聚类法举例

目前，常用的层次聚类法是凝聚法。在凝聚法中，距离的度量一般采用最短距离法。所谓最短距离又称为单连接（Single Link）或最近邻连接

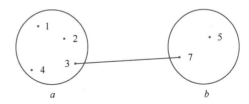

图 4-3 最短距离法中的簇间距

（Nearest Neighbor）。两个簇之间的距离定义为两簇中元素之间距离最小者，即 $D_s(a,b)=\min\{d_{ij}|g_i \in G_a, g_j \in G_b\}$，如图 4-3 所示，簇间距 $d_{ab}=d_{37}$。

【例 4-2】 假定 5 个对象间的距离如表 4-9 所示，试用最短距离法层次聚类并画出树形图。

表 4-9 5 个对象间的距离

对　象	1	2	3	4	5
1	0				
2	6	0			
3	2	4	0		
4	3	4	5	0	
5	7	1	5	5	0

解：先将 5 个对象都分别看成一个簇，由表 4-9 可见，最靠近的两个簇是 2 和 5。因为它们具有

最小的类间距离 d_{25}=1。因此将 2 和 5 合并成一个新簇{2,5}。再重新计算簇{2,5}和 1, 3, 4 这 4 个簇两两之间的距离，例如簇{2,5}和 3 之间的距离为 $d_{\{2,5\}3}$=min{d_{23},d_{53}}=min{4,5}=4，如表 4-10 所示。

表 4-10   4 个簇间的距离

簇	{2,5}	1	3	4
{2,5}	0			
1	6	0		
3	4	2	0	
4	4	3	5	0

在这 4 个簇中，距离最近的是 1 和 3，它们具有最小簇间距离 d_{13}=2，因此将 1 和 3 合并成一个新簇{1,3}。再重新计算簇{1,3}、{2,5}和 4 两两之间的距离，如表 4-11 所示。

表 4-11   3 个簇间的距离

簇	{2,5}	{1,3}	4
{2,5}	0		
{1,3}	4	0	
4	4	3	0

在这 3 个簇中，最靠近的簇是{1,3}和 4，它们具有最小簇间距 $d_{\{1,3\}4}$=3，因此可以将{1,3}和 4 再合并成一个新簇{1,3,4}，这时只有两个簇{1,3,4}和{2,5}。这两个簇之间的距离为 4。这时两簇之间的距离如表 4-12 所示。

表 4-12   两个簇间的距离

簇	{2,5}	{1,3,4}
{2,5}	0	
{1,3,4}	4	0

最后可将{1,3,4}和{2,5}也合并成一个簇，也可人为设置簇中对象之间的距离阈值小于 4，则此时{1,3,4}和{2,5}停止合并，最终得到两个簇。整个聚类过程的相应树形图如图 4-4 所示。

层次聚类法的优点是：1）距离和规则的相似度容易定义，限制少；2）不需要预先设定类的数目；3）可以发现类的层次关系；4）可以聚类成任何形状。

其缺点是：1）计算复杂度太高、聚类速度慢，且无法实现并行化程序；2）离群点对结果能产生很大影响；3）算法很可能聚类成链状。

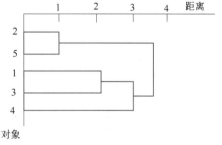

图 4-4   层次聚类的树形图

4.2.2   层次聚类法 sklearn 实现

在 sklearn 的聚类模块 sklearn.cluster 中，提供了 AgglomerativeClustering 类，用来实现层次聚类。AgglomerativeClustering 类的构造函数的参数如下。

1）簇的个数 n_clusters：需要用户事先指定，按照常理来说，凝聚法层次聚类是不需要预先指定簇的个数的，但是 sklearn 的这个类需要指定簇的个数。

2）连接方法 linkage：用来指定簇与簇之间距离的衡量方法，其取值包括最小距离法 Single-linkage、最大距离法 Complete-linkage 和平均距离法 Group average 三种。

3）连接度量选项 affinity：用来设置距离的计算方法，包括各种欧式距离计算方法以及非欧式距离计算方法。此外，该参数还可以设置为 'precomputed'，即用户输入计算好的距离矩阵。

距离矩阵的生成方法：假设用户有 n 个观测点，那么先依次构造这 n 个点两两间的距离列表，即长度为 $n \times (n-1)/2$ 的距离列表，然后通过 scipy.spatial.distance 的 dist 库的 squareform()函数就可以构造距离矩阵了。

1. 层次聚类法及可视化实例

【程序 4-3】　使用层次聚类法将样本数据聚成 3 类，其中样本数据保存在文件 km.txt 中，内容如图 4-5 所示。

```
import numpy as np
import matplotlib.pyplot as plt
from sklearn.cluster import AgglomerativeClustering   #导入层次聚类模块
X1,X2 = [],[]
fr = open('C:\\km.txt')                                #打开数据文件
for line in fr.readlines():
    lineArr = line.strip().split()
    X1.append([int(lineArr[0])])                       #第 1 列读取到 X1 中
    X2.append([int(lineArr[1])])
#把 X1 和 X2 合成一个有两列的数组 X 并调整维度，此处 X 的维度为[10,2]
X = np.array(list(zip(X1, X2))).reshape(len(X1), 2)
#print(X)        #X 的值为[[2 1] [1 2] [2 2] [3 2] [2 3] [3 3] [2 4] [3 5] [4 4]
[5 3]]
#model = AgglomerativeClustering(3).fit(X)
model=AgglomerativeClustering(n_clusters=3)        #设置聚类数目为 3
labels = model.fit_predict(X)
print(labels)
colors = ['b', 'g', 'r', 'c']
markers = ['o', 's', '<', 'v']
plt.axis([0,6,0,6])
for i, l in enumerate(model.labels_):
    plt.plot(X1[i], X2[i], color=colors[l],marker=markers[l],ls='None')
plt.show()
```

该程序的运行结果中的文本如下，图形如图 4-6 所示。

```
[2 2 2 1 1 1 1 0 0 0]
```

2. 绘制层次聚类的树形图

如果要绘制层次聚类的树形图，需要使用 pandas 库和 scipy.cluster.hierarchy 库中的 linkage 类和 dendrogram 类。其中 linkage 类用来进行凝聚法层次聚类，dendrogram 类是画图类，它的构造函数 dendrogram()需要传入的第一个参数是 linkage 矩阵，这个矩阵需要函数 linkage，linkage 函数用于计算两个聚类簇 s 和 t 之间的距离 $d(s,t)$，这个方法应在层次聚类之前使用。该函数的语法格式为：

```
scipy.cluster.hierarchy.linkage(y, method='single', metric='euclidean',
optimal_ordering=False)
```

图 4-5　数据文件 km.txt 文件的内容

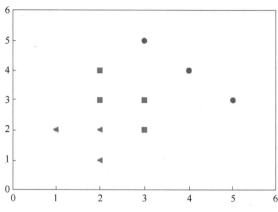

图 4-6　层次聚类的运行结果

可见，其第一个参数是需要进行聚类的数据，这里即可使用开始读取的数据变量 df，第二个参数代表层次聚类选用的方法，默认为最近邻方法。最后将 linkage 返回的结果 row_clusters 传入 dendrogram 函数，即可绘制出层次聚类树形图。

【程序 4-4】　绘制层次聚类的树形图。

```
import pandas as pd
import numpy as np
import matplotlib.pyplot as plt
from sklearn.cluster import AgglomerativeClustering
from scipy.cluster.hierarchy import linkage
from scipy.cluster.hierarchy import dendrogram
from scipy.spatial.distance import pdist          #引入 pdist 计算距离
X1,X2 = [],[]
fr = open('C:\\km.txt')
for line in fr.readlines():
    lineArr = line.strip().split()
    X1.append([int(lineArr[0])])
    X2.append([int(lineArr[1])])
X = np.array(list(zip(X1, X2))).reshape(len(X1), 2)
model=AgglomerativeClustering(n_clusters=3)
labels = model.fit_predict(X)
#print(labels)
#绘制层次聚类树
variables = ['X','Y']
df = pd.DataFrame(X,columns=variables,index=labels)
#print (df)          #df 保存了样本点的坐标值和类别值，可打印出来看看
row_clusters = linkage(pdist(df,metric='euclidean'),method='complete')
                #使用完全距离矩阵
print (pd.DataFrame(row_clusters,columns=['row label1','row label2',
'distance','no. of items in clust.'],index=['cluster %d'%(i+1) for i in range(row_clusters.
shape[0])]))
```

```
row_dendr = dendrogram(row_clusters,labels=labels)    #绘制层次聚类树
plt.tight_layout()
plt.ylabel('Euclidean distance')
plt.show()
```

该程序运行输出的文字结果如下，输出的图形如图 4-7 所示。

	row label1	row label2	distance	no. of items in clust.
cluster 1	0.0	2.0	1.000000	2.0
cluster 2	3.0	5.0	1.000000	2.0
cluster 3	4.0	6.0	1.000000	2.0
cluster 4	1.0	10.0	1.414214	3.0
cluster 5	7.0	8.0	1.414214	2.0
cluster 6	11.0	13.0	2.236068	5.0
cluster 7	12.0	14.0	2.236068	4.0
cluster 8	9.0	16.0	3.162278	5.0
cluster 9	15.0	17.0	4.123106	10.0

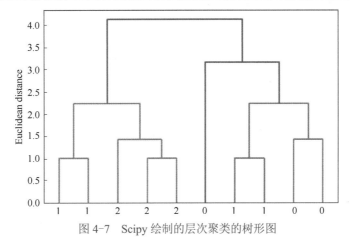

图 4-7　Scipy 绘制的层次聚类的树形图

其中，row label1 表示该样本原来的序号（0～9），因此 row label2 中的 10 表示第一次聚类生成的新簇。distance 表示簇与簇之间的距离，no. of items in clust.表示该簇当前包含的样本个数。可见程序每次都是选择将距离最近的两个簇聚成一个新簇。

程序说明：pdist()函数用来计算矩阵中元素两两之间的距离，常用来计算得到对象间的距离矩阵，在聚类分析中非常有用。下面介绍[程序 4-4]中使用的 DataFrame 数据结构。

3. DataFrame 数据结构

DataFrame 是 pandas 库中的一种数据结构，它类似于 excel 的表格，是一种二维表。可以直接通过 pandas 的 DataFrame()函数进行创建 DataFrame。例如：

```
import pandas as pd
df4 = pd.DataFrame([[1, 2, 3], [2, 3, 4], [3, 4, 5]],index=list(' ①②③ '),
columns=list('ABC'))
print(df4)
print(df4.index) #用来测试 DataFrame 的属性，可将 index 换成表 4 中其他属性
```

该程序的运行结果如下：

```
    A B C
①  1 2 3
②  2 3 4
③  3 4 5
Index(['①', '②', '③'], dtype='object')
```

说明：DataFrame()函数有 3 个参数，其中第一个参数是存放在 DataFrame 里的数据（通常是矩阵），第二个参数 index 是行名，第三个参数 columns 是列名。后两个参数可以使用 list 输入，但是要注意，这个 list 的长度要和 DataFrame 的大小匹配，不然会报错。

DataFrame 数据结构对象有很多属性和方法，如 df4.index 中的 index 就是它的一个属性。这些属性和方法如表 4-13 所示。

表 4-13　DataFrame 数据结构对象的属性和方法

属　　性	功　　能
df.values	返回 Dataframe 中存储的数据，是一个 ndarray 类型的对象
df.index	获取行索引值
df.columns	获取列索引值
df.axes	获取行和列的索引值
df.T	将行与列对调，即实现矩阵转置
df.info()	返回 DataFrame 对象的信息
df.head(i)	返回前 i 行数据
df.tail(i)	返回后 i 行数据
df['①':'②']	返回第①行到第②行数据
df.loc[:,'A':'B']	返回第 A 列到第 B 列数据，逗号前还可设置行的范围
df.describe()	返回数据按列的统计信息
df.sum()	使用 sum()默认对每列求和，而 sum(1)将对每行求和
df.apply()	进行数乘以矩阵运算，如 df.apply(lambda x: x * 2)表示将元素乘以 2
df.join(df2)	合并 df 和 df2 两个 DataFrame 对象
df.drop_duplicates()	去除 df 中重复的行或列，参数有 subset、keep、inplace

4.3　K-means 聚类算法

1967 年，J. B. MacQueen 首次提出了 K-means（K-均值）聚类算法，是最为经典也是使用最广泛的一种基于划分的聚类算法，也被称为快速聚类法，它属于基于距离的聚类算法。其提出的目的是为了克服层次聚类法在大样本时计算量太大的问题，提高聚类效率。

4.3.1　K-means 聚类算法原理和实例

1．K-means 聚类算法原理

K-means 聚类算法的最终目标是根据输入参数 k（k 是聚类的数目），把样本集分成 k 个簇。该算法的基本思想是：首先指定需要划分的簇的个数 k 值；然后随机选择 k 个初始数据对象点作为初始的聚类中心；接下来，计算其余的各个数据对象分别到这 k 个初始聚类中心的距离，把这些数据对象划归到距离它最近的那个中心所处在的簇类中；然后再，计算每个簇类的平均值点，方法是对簇类中所有点的坐标求平均值，将求出的均值点作为新的聚类中心；最后，重复第三步和第四步，直到重新计算出来的聚类中心点不再发生任何改变。其聚类流程如图 4-8 所示。

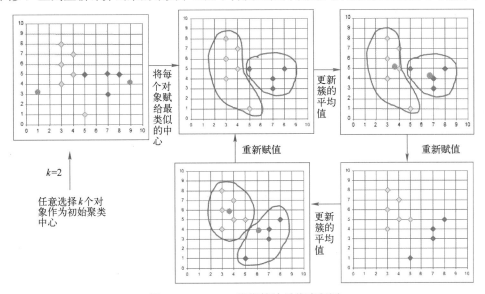

图 4-8　K-means 聚类算法最终流程图

可见，K-means 聚类算法需要用户事先指定聚类数目，因此只能产生单一的聚类解，而层次聚类法可以根据不同的聚类数目产生一系列的聚类解。

K-means 聚类算法属于动态聚类算法，也称为逐步聚类法，该类算法的一个显著特征就是有迭代过程，每次都要考察对每个样本数据的分类正确与否，如果不正确，就要进行调整。当调整完全部的数据对象之后，再来修改中心，最后进入下一次迭代的过程。若在一次迭代中，所有的数据对象都已经被正确分类，那么就不会有调整，聚类中心也不会改变，聚类准则函数也表明已经收敛，该算法就成功结束。

传统 K-means 算法的基本工作过程是：首先随机选择 k 个样本点作为初始中心，计算各个样本点到所选出来的各个中心的距离，将样本对象指派到最近的簇中。然后计算每个簇的均值，循环往复执行，直到满足聚类准则函数收敛为止。传统 K-means 算法的工作流程如图 4-9 所示，其具体的工作步骤如下。

输入：初始数据集 DATA 和簇的数目 k。

输出：k 个簇，满足平方误差准则函数收敛。

1）任意选择 k 个数据对象作为初始聚类中心。

2）计算各个对象到所选出来的各个中心的距离，将数据对象指派到最近的簇中。然后计算每个簇的均值。

3）根据每个簇的均值，将每个对象重新赋给距离最近的簇。

4）更新簇的平均值，即计算每个对象簇中对象的平均值。

5）计算聚类准则函数 E。

6）直到准则函数 E 值不再进行变化。

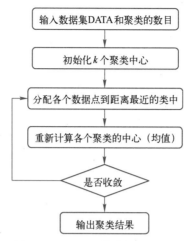

09 K-means
聚类算法

图 4-9　K-Means 算法的工作流程

从该算法的框架能够得出：K-means 算法的特点就是调整一次数据样本后就修改一次聚类中心以及聚类准则函数的值，当 n 个数据样本完全被调整完后表示一次迭代完成，这样就会得到新的簇和聚类中心的值。若在一次迭代完成之后，聚类准则函数的值没有发生变化，那么表明该算法已经收敛，在迭代过程中值逐渐缩小，直到达到最小值为止。该算法的本质是把每一个样本点划分到离它最近的聚类中心所在的类。

K-means 聚类算法本质是一个最优化求解的问题，目标函数虽然有很多局部最小值点，但是只有一个全局最小值点。之所以只有一个全局最小值点是由于目标函数总是按照误差平方准则函数变小的轨迹来进行查找的。

K-means 算法对聚类中心采取的是迭代更新的方法，根据 k 个聚类中心，将周围的点划分成 k 个簇。在每一次的迭代中将重新计算每个簇的质心，即簇中所有点的均值，作为下一次迭代的参照点。也就是说，每一次迭代都会使选取的参照点越来越接近簇的几何中心，也就是簇心，所以目标函数如果越来越小，那么聚类的效果也会越来越好。

2．K-means 聚类算法举例

【例 4-3】　使用 K-means 聚类算法，把表 4-14 所示的 10 个样本数据点分成两类。

表 4-14　10 个样本数据点

点	$X1$	$X2$
A	1	4
B	2	4
C	1	5
D	2	5
E	2	6
F	4	2
G	5	2
H	6	2
I	4	1
J	5	1

在聚类之前,可以先绘制数据点的散点图,虽然这一步不是必需的,但是可以直观地展示这些散点应如何聚类。用程序 4-5 绘制的散点图如图 4-10 所示,可以看出,A、B、C、D、E 应该聚成一类,F、G、H、I、J 聚成另一类。

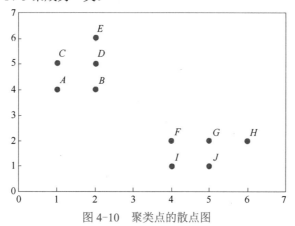

图 4-10 聚类点的散点图

【程序 4-5】 绘制聚类样本散点图的程序。

```python
import numpy as np
import matplotlib.pyplot as plt
X1,X2 = [],[]
fr = open('C:\\ex.txt')
for line in fr.readlines():
    lineArr = line.strip().split()
    X1.append(float(lineArr[0]))
    X2.append(float(lineArr[1]))
txt = 'ABCDEFGHIJ'
plt.axis([0,7,0,7])
plt.scatter(X1, X2)
for i in range(len(txt)):
    #xy 为被注释的点,xytext 为注释文字的坐标位置
    plt.annotate(txt[i], xy = (X1[i], X2[i]), xytext = (X1[i]+0.1, X2[i]+0.2))
plt.show()
```

K-means 聚类的步骤如下。

1)选择初始聚类中心,这一步,随机选择 A、B 两个点作为初始聚类中心。需要说明的是,在实际应用中,初始聚类中心应尽可能选择距离间隔最大的点。例如,选择横向距离最大的 C、H 两点,或纵向距离最大的 E、J 两点。另外,也可以选择样本集中不存在的点(如(1,6)和(6,1))作为初始聚类中心。

2)计算数据集中所有点到两个初始聚类中心的距离,并比较这两个距离的大小,结果如表 4-15 所示。本例中距离计算采用欧氏距离公式。

表 4-15 数据点到初始聚类中心的距离

点	到 A 的距离	比较	到 B 的距离
A	0	<	1
B	1	>	0

（续）

点	到 A 的距离	比较	到 B 的距离
C	1	<	1.41
D	1.41	>	1
E	2.24	>	2
F	3.61	>	2.83
G	4.47	>	3.61
H	5.39	>	4.47
I	4.24	>	3.61
J	5	>	4.24

根据表中距离的远近，将 $\{A, C\}$ 划分为第 1 类，$\{B, D, E, F, G, H, I, J\}$ 划为第 2 类。

3）分别求两个类的均值点。

第 1 类只有 A、C 两个点，对这两个点的横坐标和纵坐标分别求均值，即得到均值点。

$$\alpha_{A,C} = \left(\frac{\sum x_i}{i}, \frac{\sum y_i}{i} \right) = \left(\frac{1+1}{2}, \frac{4+5}{2} \right) = (1, 4.5)$$

按照同样的方法，求得第 2 个类的均值点如下。

$$\beta_{B,D,E,F,G,H,I,J} = (3.75, 2.875)$$

4）将求出的均值点作为新的聚类中心，计算数据集中所有点到新聚类中心的距离，并比较这两个距离的大小，结果如表 4-16 所示。

表 4-16　数据点到新聚类中心（第一次迭代）的距离

点	到 α 的距离	比较	到 β 的距离
A	0.5	<	2.97
B	1.12	<	2.08
C	0.5	<	3.48
D	1.12	<	2.75
E	1.8	<	3.58
F	3.91	>	0.91
G	4.72	>	1.53
H	5.59	>	2.41
I	4.61	>	1.89
J	5.32	>	2.25

根据表中距离的远近，将 $\{A, B, C, D, E\}$ 划分为第 1 类，$\{F, G, H, I, J\}$ 划为第 2 类。

5）重新求两个类的均值点。

对第 1 类 $\{A, B, C, D, E\}$ 重新求均值点，结果如下：

$$P_{A,B,C,D,E} = (1.6, 4.8)$$

对第 2 类{F, G, H, I, J}重新求均值点，结果如下：

$$Q_{F,G,H,I,J}=(4.8,1.6)$$

6）将求出的均值点作为新的聚类中心，计算数据集中所有点到新聚类中心的距离，并比较这两个距离的大小，结果如表 4-17 所示。

表 4-17　数据点到新聚类中心（第二次迭代）的距离

点	到 P 的距离	比较	到 Q 的距离
A	1	<	4.49
B	0.89	<	3.69
C	0.63	<	5.10
D	0.45	<	4.4
E	1.26	<	5.22
F	3.69	>	0.89
G	4.40	>	0.45
H	5.22	>	1.26
I	4.49	>	1
J	5.10	>	0.63

根据表中的距离，将{A, B, C, D, E}划分为第 1 类，{F, G, H, I, J}划为第 2 类。可见，每个类中的数据点已经没有发生变化。接下来，再重新求这两个类的均值点，由于类中的数据点没有变化，因此求出的均值点与上一次的均值点完全相同。

由于均值点不再发生变化，故算法终止，聚类完成，最终聚类结果为：

cluster1：{A, B, C, D, E}，cluster2：{F, G, H, I, J}。

该实例的聚类结果如图 4-11 所示。

3. K-means 聚类算法的优缺点

（1）K-means 聚类算法的优点

1）算法简单、快速。

2）能处理大数据集，该算法是相对可伸缩的和高效率的，因为它的复杂度大约是 $O(nkt)$，通常 $k<<n$。这个算法经常以局部最优结束。

3）算法尝试找出使平方误差函数值最小的 k 个划分。当簇是密集的、球状或团状的，而簇与簇之间区别明显时，它的聚类效果较好。

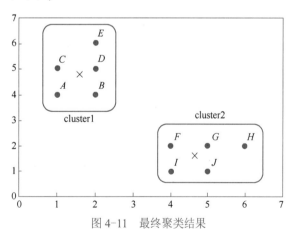

图 4-11　最终聚类结果

（2）K-means 聚类算法的缺点

1）K-means 聚类算法只有在簇的平均值被定义的情况下才能使用，不适用于某些应用，如涉及分类属性的数据不适用。

2）要求用户必须事先给出要生成的簇的数目 k。

3）对初值敏感，对于不同的初始值，可能会导致不同的聚类结果。

4）不适合于发现非凸面形状的簇，或者大小差别很大的簇。

5）对于"噪声"和孤立点数据敏感，少量的该类数据能够对平均值产生极大影响。

4. K-means 算法的 MapReduce 并行化

在 K-means 算法中，如果数据点很多，类别数 k 值也很大时，分别计算每个数据点到聚类中心的距离是比较耗时的，因此可将计算每个数据点到聚类中心的距离分配给许多计算单元来实现并行化计算。比如要计算 100 个数据点到 2 个聚类中心的距离，则可将该计算任务分配给 10 个计算单元，每个计算单元计算 20 个距离即可。具体编程方法如下。

1）Map()函数计算所有数据点到每个聚类中心的距离，并比较该数据点距离哪个聚类中心最近，选择最近的聚类中心作为该数据点的类别，输出为：<数据点，聚类中心>键值对。

2）Shuffle 阶段按"聚类中心"的值进行排序。

3）Reduce()函数将所有<数据点, 聚类中心>的键值对进行汇总，得到每个类的数据点集合，并计算每个类数据点集合的坐标均值，将坐标均值点作为下一轮的聚类中心，输出为：<簇号、均值点>键值对。

4.3.2　K-means 聚类算法的 sklearn 实现

在 sklearn 的聚类模块 sklearn.cluster 中，提供了两个 K-means 的算法，一个是传统的 K-means 算法，对应的是 K-means 类；另一个是基于采样的 Mini Batch K-means 算法，对应的类是 MiniBatchKMeans。一般来说，使用传统 K-means 的算法调参比较简单。

K-means 类的构造函数的参数有：

1）n_clusters：簇的个数。

2）init：初始簇中心的获取方法，可以是：完全随机选择'random'，优化过的'k-means++'或者自己指定初始化的 k 个质心。一般建议使用默认的'k-means++'。

3）n_init：用不同的初始化质心运行算法的次数。由于 K-means 是结果受初始值影响的局部最优的迭代算法，因此需要程序多运行几次以选择一个较好的聚类效果，默认是 10 次，一般不需要改。如果 k 值较大，则可以适当增大这个值。

4）max_iter：最大的迭代次数，一般如果是凸数据集可以不管这个值，如果数据集不是凸的，可能很难收敛，此时可以指定最大的迭代次数让算法可以及时退出循环。

5）algorithm：取值有 auto、full 或 elkan。full 就是传统的 K-means 算法，elkan 是 elkan K-means 算法。默认的 auto 则会根据数据值是否是稀疏的，来决定如何选择 full 和 elkan。一般情况下，如果数据是稠密的，就选择 elkan，否则选择 full。一般来说建议用默认值 auto。

【程序 4-6】　用 K-means 聚类算法将数据聚成三类，其中数据文件 km.txt 的内容如图 4-5 所示。

```
import numpy as np
import matplotlib.pyplot as plt
from sklearn.cluster import KMeans
X1,X2= [],[]
fr = open('C:\\km.txt')
for line in fr.readlines():
```

```
    lineArr = line.strip().split()
    X1.append([int(lineArr[0])])
    X2.append([int(lineArr[1])])
X = np.array(list(zip(X1, X2))).reshape(len(X1), 2)
model = KMeans(3).fit(X) #调用估计器 fit 方法进行聚类，聚类数为 3
colors = ['b', 'g', 'r', 'c']
markers = ['o', 's', 'x', 'v']
plt.axis([0,6,0,6])
for i, l in enumerate(model.labels_):
    plt.plot(X1[i], X2[i], color=colors[l],marker=markers[l],ls='None')
# 下面用倒三角形绘制均值点
centroids = model.cluster_centers_          #centroids 保存了所有均值点
for i in range(3):                          #其中 3 表示聚类的类别数
    plt.plot(centroids[i][0], centroids[i][1], markers[3])
plt.show()
```

该程序的运行结果如图 4-12 所示。

提示：

从 K-means 聚类的预测结果可以看出，它的预测准确性不如层次聚类算法，这是因为 K-means 聚类算法只能找到局部最优解，无法找到全局最优解。

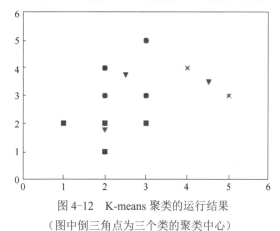

图 4-12　K-means 聚类的运行结果
（图中倒三角点为三个类的聚类中心）

4.4　K-medoids 聚类算法

1987 年，Kaufman 和 Rousseeuw 提出的 PAM（Partitioning Around Medoids）算法是最早的 K-medoids（k-中心点）聚类算法，这也是一种基于划分的聚类算法，其提出的目的是为了克服 K-means 聚类算法对离群点敏感的问题。因为在 K-means 聚类中，一个离群点（极端值）将会使该点所在类的均值点发生显著的改变，从而扭曲数据的实际分布，平方误差函数的使用更是严重恶化了这一影响。

4.4.1　K-medoids 聚类算法原理和实例

为了降低对离群点的敏感性，可以不采用簇中对象的均值作为参照点，而是在簇中选取一个实际的对象来代表该簇，其余的每个对象划分到与其距离最近的代表对象所在的簇中。这样，划分方法仍然基于最小化所有对象与其对应的参照点之间的相异度之和的原则来执行。通常，该算法重复迭代，直到每个代表对象都成为其簇的实际中心点，或是最靠近中心点的对象。这种算法称为 K-medoids 聚类算法，也即 K 中心点聚类算法。

对于 K-medoids 聚类算法，首先随意选择初始代表对象（或种子）。只要能够提高聚类质量，迭代过程就反复使用非代表对象替换代表对象。聚类结果的质量用代价函数来评估，该函数用来度量一个对象与其簇的代表对象之间的平均相异度。一般情况下，该函数选用曼哈顿距离，公式如下：

$$d(i, j) = \left| x_{i1} - x_{j1} \right| + \left| x_{i2} - x_{j2} \right| + \cdots\cdots + \left| x_{in} - x_{jn} \right| \tag{4-8}$$

其中，i 和 j 是两个 n 维的数据对象。可见，$d(i,j)$ 值越大，对象 i 和 j 之间的差异度就越大。

K-medoids 聚类算法的基本思想为：选用簇中位置最中心的对象，试图对 n 个对象给出 k 个划分，代表对象也被称为是**中心点**，其他对象则被称为**非代表对象**。

最初随机选择 k 个对象作为中心点，然后反复地用非代表对象来代替代表对象，试图找出更好的中心点，以改进聚类的质量；在每次迭代中，所有可能的对象对都被分析，每个对中的一个对象是中心点，而另一个是非代表对象。

每当重新分配发生时，平方误差所产生的差别对代价函数有影响。因此，如果一个当前的中心点对象被非中心点对象所代替，代价函数将计算平方误差值所产生的差别。替换的总代价是所有非代表对象所产生的代价之和。如果总代价是负的（替换后的代价变小），那么实际的平方误差将会减小，表明代表对象可以被非代表对象替代。如果总代价是正的（替换后代价变大），则当前的中心点被认为是可接受的，在本次迭代中没有变化。

1. K-medoids 聚类中替代的四种情况

为了判定一个非代表对象 O_{rand} 是否是当前一个代表对象 O_j 的更好的替代，对于每一个非代表对象 p，有以下四种情况需要考虑，如图 4-13 所示。

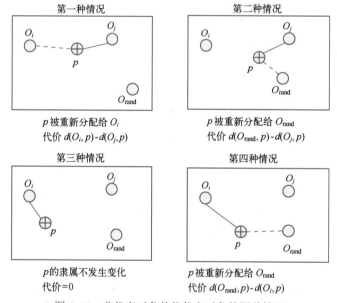

图 4-13　非代表对象替代代表对象的四种情况

第一种情况：p 当前隶属于代表对象 O_j，如果 O_j 被 O_{rand} 所代替，此时两个暂时中心点是 O_i 和 O_{rand}，且 p 离 O_i 的距离比离 O_{rand} 的距离近，$i \neq j$，那么 p 被重新分配给 O_i（离原来的另一个中心点近）。

第二种情况：p 当前隶属于代表对象 O_j，如果 O_j 被 O_{rand} 所代替，且 p 离 O_{rand} 最近，那么 p 被重新分配给 O_{rand}（离新的中心点近）。

第三种情况：p 当前隶属于 O_i，$i \neq j$。如果 O_j 被 O_{rand} 所代替，而 p 仍然离 O_i 最近，那么对象的隶属不发生变化（离原来的中心点近）。

第四种情况：p 当前隶属于 O_i，$i\neq j$。如果 O_j 被 O_{rand} 所代替，且 p 离 O_{rand} 最近，那么 p 被重新分配给 O_{rand}（离新的中心点近）。

2．K-medoids 聚类算法描述

K-medoids 聚类算法可描述如下。

输入：簇的数目 k 和包含 n 个对象的数据库。

输出：k 个簇，使得所有对象与其最近中心点的相异度总和最小。

```
任意选择 k 个对象作为初始的簇中心点
Do{
        指派每个剩余对象给离它最近的中心点所表示的簇
        Do{
                选择一个未被选择的中心点 Oi
                Do{
                        选择一个未被选择过的非中心点对象 Orand
                        计算用 Orand 代替 Oi 的总代价并记录在 S 中 }
                Until 所有非中心点都被选择过 }
        Until 所有的中心点都被选择过
        If S 中的所有非中心点代替所有中心点后存在总代价小于 0 的情况，then 找出 S 中用非中心点
替代中心点后代价最小的一个，并用该非中心点替代对应的中心点，形成一个新的 k 个中心点的集合；}
Until 没有再发生簇的重新分配，即所有的 S 都大于 0
```

3．K-medoids 聚类算法实例

【例 4-4】　假设空间中有 10 个数据点（$A, B, \cdots, J$），各点的坐标值如表 4-18 所示，其散点图如图 4-14 所示。试用 K-中心点算法对其进行聚类划分（设 $k=2$）。

表 4-18　数据点的坐标

点	X1	X2
A	2	6
B	3	4
C	3	8
D	4	7
E	6	2
F	6	4
G	7	3
H	7	4
I	8	5
J	7	6

K-medoids 聚类算法的步骤如下。

1）选择初始聚类中心，这一步，随机选择 $B(3,4)$ 和 $H(7,4)$ 两个点作为初始中心点（代表对象）。

2）计算数据集中所有点到两个初始中心点的距离，并比较这两个距离的大小，结果如表 4-19 所示。本例中距离计算采用曼哈顿距离公式。

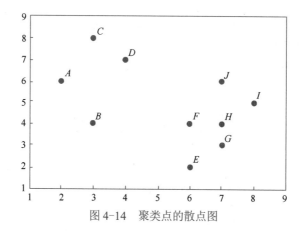

图4-14　聚类点的散点图

表 4-19　数据点到初始聚类中心的距离

点	到 B 的距离	比　较	到 H 的距离
A	**3**	<	7
B	**0**	<	4
C	**4**	<	8
D	**4**	<	6
E	5	>	**3**
F	3	>	**1**
G	5	>	**1**
H	4	>	**0**
I	6	>	**2**
J	6	>	**2**

根据表中距离的远近，得到 Cluster1 = {A,B,C,D}，Cluster2 = {E,F,G,H,I,J}，代价值等于所有对象到其中心点的距离之和，即 cost=3+0+4+4+3+1+1+0+2+2=20。

3）替代阶段，用所有的非代表对象（8 个点）分别尝试替换两个中心点（B、H），则总共要尝试 16 种替代方案，分别是用 BA、BC、BD、BE、BF、BG、BI、BJ、AH、CH、DH、EH、FH、GH、IH、JH 作为暂时的中心点，再计算替代后的总代价。下面以 BG 作为暂时中心点（即用 G 替代 H）来计算替代后的总代价。首先计算所有点分别到 BG 的距离，如表 4-20 所示。

表 4-20　数据点到暂时中心点 BG 的距离

点	到 B 的距离	比　较	到 G 的距离
A	**3**	<	8
B	**0**	<	5
C	**4**	<	9

（续）

点	到 B 的距离	比　较	到 G 的距离
D	**4**	<	7
E	5	>	**2**
F	3	>	**2**
G	5	>	**0**
H	4	>	**1**
I	6	>	**3**
J	6	>	**3**

计算替代后的代价 cost=22，因为替代后的代价比原来的代价大，所以拒绝此次替代。

接下来尝试用 A 替代 B，以 AH 作为暂时中心点，则所有点分别到 AH 的距离如表 4-21 所示。

表 4-21　数据点到暂时中心点 AH 的距离

点	到 A 的距离	比　较	到 H 的距离
A	**0**	<	7
B	**3**	<	4
C	**3**	<	8
D	**3**	<	6
E	8	>	**3**
F	6	>	**1**
G	8	>	**1**
H	7	>	**0**
I	7	>	**2**
J	5	>	**2**

计算替代后的代价 cost=18，因为替代后的代价比原来的代价小，所以接受此次替代。

进行了所有替代后，发现 AH 作为中心点的代价最小，因此最终的中心点为 A(2,6) 和 H(7,4)，由于隶属关系没有发生变化（都是属于离新的中心点近或离原来的中心点近），所以最终聚类的结果仍为：Cluster1={A,B,C,D}，Cluster2 = {E,F,G,H,I,J}。

4. K-medoids 聚类算法的优点与缺点

K-medoids 聚类算法的优点为：对噪声点/孤立点不敏感，具有较强的数据鲁棒性；聚类结果与数据对象点输入顺序无关；聚类结果具有数据对象平移和正交变换的不变性等。

该算法的缺点在于反复用非代表对象替代代表对象过程的高耗时性。对于大数据集，K-medoids 聚类算法过程相对很缓慢，因为该算法通过迭代来寻找最佳的聚类中心点集时，需要反复地在非中心点对象与中心点对象之间进行最近邻搜索，从而产生大量非必需的重复计算，其每次迭代的时间复杂度为 $O[k(n-k)^2]$，其中 n 是数据对象的数目，k 是聚类数。

为了解决 K-medoids 聚类算法计算复杂度高，耗时长，不能用于大数据集的问题，Kaufmann 和 Rousseeuw 在 1990 年又提出了基于抽样的 K-medoids 聚类算法：CLARA（Clustering Large Applications），这种算法不考虑整个数据集，而是选择数据集的一小部分作为样本，具体来说，它从数据集中抽取多个样本集，对每个样本集使用 PAM，并以最好的聚类作为输出。因为只需对样本集中的数据对象进行聚类，使得要聚类的数据对象显著减少了。

CLARA 算法虽然解决了 K-medoids 算法应用于大数据集的问题，但它的有效性依赖于样本集的大小，基于样本的好的聚类并不一定是整个数据集的好的聚类，样本可能发生倾斜。例如，O_i 是最佳的 k 个中心点之一，但它不包含在样本中，CLARA 将找不到最优聚类解。

4.4.2　K-medoids 聚类算法的 sklearn 实现

目前，sklearn 的正式发行版 0.22 并没有提供 K-medoids 聚类模块，但在 GitHub 网站中，可下载 K-medoids 聚类模块的测试版，网址为：https://github.com/terkkila/scikit-learn/tree/kmedoids/sklearn/cluster，在该页面中，需要下载__init__.py 和 k_medoids_.py 两个文件，将其复制到 X:\Anaconda3\lib\site-packages\sklearn\cluster 目录下（会替换掉原来的__init__.py 文件），即可使用 k_medoids 聚类模块。

k-medoids 聚类模块实际上是一个 k_medoids 类，k_medoids 类的使用方法和 K-means 类很相似，它的构造函数的参数有：①簇的个数 n_clusters；②初始簇中心的获取方法 init；③获取初始簇中心的更迭次数 n_init。

【程序 4-7】　用 k_medoids 聚类算法将数据聚成两类（数据文件 km.txt 的内容如图 4-5 所示）。

```
import numpy as np
import matplotlib.pyplot as plt
from sklearn.cluster import KMedoids
X1,X2= [],[]
fr = open('C:\\ex.txt')
for line in fr.readlines():
    lineArr = line.strip().split()
    X1.append([int(lineArr[0])])
    X2.append([int(lineArr[1])])
X = np.array(list(zip(X1, X2))).reshape(len(X1), 2)
model = KMedoids(2).fit(X)        #调用估计器 fit 方法进行聚类, 聚类数为 2
colors = ['b', 'g', 'r', 'c']
markers = ['o', 's', 'x', 'o']
for i, l in enumerate(model.labels_):
    plt.plot(X1[i], X2[i], color=colors[l],marker=markers[l],ls='None')
# 下面用 X 形绘制中心点
centroids = model.cluster_centers_           #centroids 保存了所有中心点
for i in range(2):
    plt.plot(centroids[i][0], centroids[i][1], markers[2])
plt.show()
```

该程序的运行结果如图 4-15 所示。

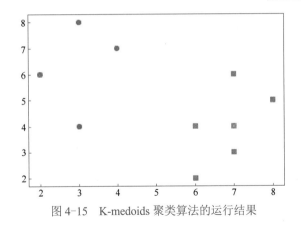

图 4-15　K-medoids 聚类算法的运行结果

4.5　DBSCAN 聚类算法

　　基于划分的聚类算法不能用来发现非凸形状的簇，为此，人们提出了基于密度的聚类算法。DBSCAN（Density-Based Spatial Clustering of Applications with Noise）是一个比较有代表性的基于密度的聚类算法。与基于划分或层次聚类方法不同，它将簇定义为密度相连的点的最大集合，能够把具有足够高密度的区域划分为簇，并可在有噪声的多维数据集中发现任意形状的聚类。

　　在计算机图像识别领域，经常要进行图像的分割，而图像中的像素点往往聚积成非凸形状（比如环形或月牙形）的图像，这时候，使用基于密度的聚类算法往往比其他聚类算法能得到更加准确的聚类结果。

4.5.1　DBSCAN 聚类算法原理和实例

1. DBSCAN 聚类算法的概念

　　DBSCAN 作为一种基于密度的聚类算法，首先就要给出密度的定义和度量方法。该算法认为，数据集中特定点的密度是以该点为中心的指定半径的区域内点的计数，即如果该点邻近区域内点的个数超过了指定的阈值，就认为该点所在区域是稠密区域。显然，邻近区域中点的个数与扫描区域的半径有关。

　　基于上述原理，DBScan 度量密度需要两个参数，即邻域半径（Eps）和最小包含点数（MinPts），该算法一般任选一个未被访问（Unvisited）的点开始，找出与其距离在 Eps 半径之内（包括 Eps）的所有近邻点，如果近邻点的数目大于最小包含点数，则将该点标记为核心点（Core Point），如果近邻点数目小于最小包含点数，则又分为两种情况，如果该点位于某个核心点的领域半径范围内，就标记该点为边界点（Border Point），否则，标记该点为噪声点（Noise Point）。这 3 种点如图 4-16 所示。

2. DBSCAN 聚类算法中的几个定义

　　1）ε-邻域：对于给定的对象 p，以 p 为中心，ε 为半径的区域称为对象 p 的 ε-邻域，Eps 表示 ε-邻域的半径。

　　2）核心对象：如果给定对象 ε-邻域内的样本点数大于等于 MinPts，则称该对象为核心对象。

　　3）直接密度可达：对于样本集合 D，如果样本点 q 在 p 的 ε-邻域内，并且 p 为核心对象，

则称对象 q 从对象 p 出发是直接密度可达的。

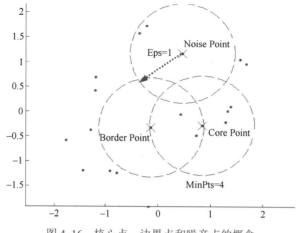

图 4-16   核心点、边界点和噪音点的概念

4）密度可达：对于样本集合 D，如果存在一个对象序列 $p_1,p_2,\cdots,p_n$，$p=p_1,q=p_n$，其中任意对象 p_i 都是从 p_{i-1} 直接密度可达的，则称对象 q 从对象 p 出发是密度可达的。即多个方向相同的直接密度可达连接在一起称为密度可达。

5）密度相连：假设样本集合 D 中存在一个对象 o，如果对象 o 到对象 p 和到对象 q 都是密度可达的，那么称 p 和 q 密度相联。

需要指出，直接密度可达是具有方向性的，因此密度可达作为直接密度可达的传递闭包是非对称的，而密度相连不具有方向性，是对称关系。DBSCAN 算法的目标是找到密度相连对象的最大集合。并将密度相连的最大对象集合作为簇，不包含在任何簇中的对象被称为"噪声点"，图 4-17 展示了 DBScan 的上述概念。

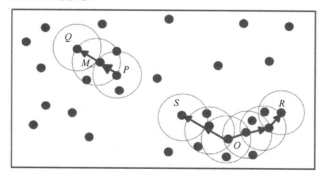

图 4-17   直接密度可达、密度可达、密度相连示意图

在图 4-16 中，Eps 用一个相应圆的半径表示，设 MinPts=3，下面来分析图 4-17 中 Q、M、P、S、O、R 这 6 个样本点之间的关系。

由于 M、P、O 这 3 个对象的 Eps 近邻内均包含 3 个以上的点，因此它们都是核心对象；M 是从 P "直接密度可达"的；而 Q 则是从 M "直接密度可达"；基于上述结果，Q 是从 P "密度可达"的；但是 P 从 Q 无法"密度可达"（非对称性）。类似地，S 和 R 是从 O "密度可达"的；因此，O、R 和 S 均是"密度相连"的。

这样，DBScan 算法就从样本集中找到两个簇，Q、M、P 是一个簇，S、O、R 是另一个簇。

3. DBSCAN 聚类算法步骤

DBSCAN 聚类算法的步骤分为两步。

（1）寻找核心点形成临时聚类簇

扫描全部样本点，如果某个样本点 ε-邻域内点的数目≥MinPoints，则将其纳入核心点列表，并将其密度可达的点形成对应的临时聚类簇。

（2）合并临时聚类簇得到聚类簇

对于每一个临时聚类簇，检查其中的点是否为核心点，如果是，将该点对应的临时聚类簇和当前临时聚类簇合并，得到新的临时聚类簇。

重复此操作，直到当前临时聚类簇中的每一个点要么不在核心点列表，要么其密度直达的点都已经在该临时聚类簇，该临时聚类簇升级成为聚类簇。

继续对剩余的临时聚类簇进行相同的合并操作，直到全部临时聚类簇被处理。

1）检测样本集中尚未检查过的对象 p，如果 p 未被处理（未归入某个簇或者标记为噪声点），则检查其邻域，若包含的对象数不小于 MinPts，建立新簇 C，将其领域中的所有点加入候选集 N。

2）对候选集 N 中所有尚未被处理的对象 q，检查其邻域，若至少包含 minPts 个对象，则将这些对象加入 N；如果 q 未归入任何一个簇，则将 q 加入 C。

3）重复步骤2），继续检查 N 中未处理的对象，直到当前候选集 N 为空。

4）重复步骤1）～3），直到所有对象都归入了某个簇或标记为噪声。

DBSCAN 算法伪代码如下。

输入：包含 n 个对象的数据集 $D=\{d_1,d_2,\cdots,d_n\}$；正整数 MinPts；领域半径 ε。

输出：簇集合 $C=\{C_1,C_2,\cdots,C_n\}$。

过程：

```
首先将数据集 D 中的所有对象标记为未处理状态，k=0;      //开始没有簇
for 数据集 D 中每个对象 p do
    if  p 已经归入某个簇或标记为噪声 then
        continue;
    else
        检查对象 p 的 Eps 邻域 N_eps(p);
        if N_Eps(p)包含的对象数小于 MinPts then
            标记对象 p 为边界点或噪声点;
        else
            标记对象 p 为核心点，建立新簇 C_i，并将 p 领域内所有点加入 C_i
            for    N_Eps(p)中所有尚未被处理的对象 q  do
                检查其 Eps 领域 N_Eps(p)，若 N_Eps(p)包含至少 MinPts 个对象，则将 N_Eps(p)
中未归入任何一个簇的对象加入 C;
            end for
        end if
    end if
end for
```

4. DBSCAN 聚类算法举例

【例 4-5】 已知表 4-22 所示的某数据集 D，该数据集 D 的散点图如图 4-18 所示。试用

DBSCAN 算法对其进行密度聚类分析，取 $\varepsilon=1$、*MinPts*=4、*n*=12。

表 4-22   例 4-5 的数据集

点	A	B	C	D	E	F	G	H	I	J	K	L
X1	2	5	1	2	3	4	5	6	1	2	5	2
X2	1	1	2	2	2	2	2	2	3	3	3	4

第一步：在数据集 D 中任意选择一个样本点。本例随机选择样本点 A，由于以样本点 A 为圆心且半径为 1 的领域内只包含两个样本点（A 和 D），小于 4 个，故样本点 A 不是核心点。同理可得样本点 B、C 均不是核心点。

第二步：易知样本点 D 是一个核心点。从样本点 D 出发寻找所有与其具有可达关系的其余样本点，可以找到 4 个直接密度可达样本点（A、C、E、J），由于样本点 J 也是核心点，因此又可找到两个间接可达样本点（I、L），将 D 和这 6 个样本点组成一个样本子集合 C_1={A,C,D,E,I,J,L}，则 C_1 就是一个所求的聚簇。

第三步：继续检测样本点 E，因为样本点 E 已在簇 C_1 内，故跳过，选择下个样本点 F，易知样本点 F 不是核心点，故将其标记为边界点或噪声点。

第四步：选择样本点 G，易知样本点 G 是核心点。与第二步同理获得一个新的聚簇 C_2={B,F,G,H,K}。

第五步：在数据集 D 选择样本点 H，此样本点已经在簇 C_2 中了，故跳过。选择下一个样本点，同理发现样本点 I、J 和 L 已在聚簇 C_1 内，样本点 K 已在聚簇 C_2 内。此时已完成对数据集 D 中所有样本点的聚类分析，结束聚类过程并输出聚簇 C_1 和 C_2，最终聚类结果如图 4-19 所示。

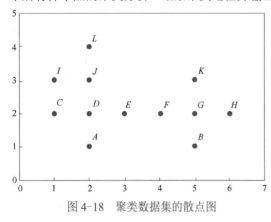

图 4-18   聚类数据集的散点图

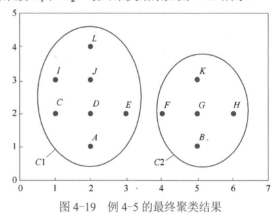

图 4-19   例 4-5 的最终聚类结果

5. DBSCAN 算法的优点和缺点

DBScan 算法的目的在于过滤低密度区域，发现稠密样本区域。与传统的基于层次或划分的聚类只能发现凸形簇不同，DBScan 算法可以发现任意形状的聚类簇，它具有如下优点。

1）与 K-means 等算法相比，DBScan 不需要预先指定簇的数目。

2）聚类簇的形状没有偏倚。

3）对噪音点不敏感，并可以在需要时输入过滤噪音的参数。

但由于 DBScan 算法直接对整个数据集进行操作，且使用了一个全局性的表征密度的参数，因此它具有两个较明显的弱点。

1）当数据量增大时，要求较大的内存支持，I/O 消耗也很大，DBSCAN 的基本时间复杂度是 $O(N*$找出 Eps 领域中的点所需要的时间)，N 是样本点的个数，因此最坏情况下的时间复杂度是 $O(N^2)$。

2）当遇到密度变化的数据集（即密度分布不均匀）时，聚类间距相差很大时，聚类质量较差。

3）DBScan 不能很好反映高维数据。

6. DBSCAN 和各种聚类算法的比较

表 4-23 从性能、聚类形状等各方面对各种聚类算法进行了比较。

表 4-23　各种聚类算法的比较

	K-means	K-中心点	DBScan	层次聚类法
性能	快 ← 慢			
时间复杂度	低 → 高			
抗离群点干扰性	低	较高	较高	较低
聚类形状	球形	球形	任意形状	任意形状
高维性	较高	较低	较低	较低

4.5.2　DBSCAN 聚类算法的 sklearn 实现

在 sklearn 的聚类模块 sklearn.cluster 中，提供了 DBSCAN 类，用来实现 DBSCAN 聚类算法。DBSCAN 类的构造函数的参数如下。

1）eps：即邻域半径。默认值是 0.5，一般需要通过在多组值里面选择一个合适的阈值。eps 值过大，则更多的点会落在核心对象的 ϵ-邻域，从而使类别数减少。反之则会使类别数增加，本来是一类的样本却被划分开。

2）min_samples：即最小包含点数，默认值是 5。在 eps 一定的情况下，min_samples 过大，则核心对象会过少，此时簇内部分本来是一类的样本可能会被标为噪音点，类别数也会变多。反之 min_samples 过小的话，则会产生大量的核心对象，从而导致类别数过少。

3）metric：距离度量方法，默认使用欧式距离。

4）algorithm：最近邻搜索算法参数，算法一共有三种，第一种是蛮力（brute）实现，第二种是 KD 树实现，第三种是球树实现。无论选择哪种算法，最后 scikit-learn 都会去用蛮力实现。一般情况使用默认的 'auto'。如果数据量很大或者特征也很多时，用"auto"建树时间可能会很长，效率不高，建议选择 KD 树实现 'kd_tree'，此时如果发现 'kd_tree' 速度比较慢或者已经知道样本分布不是很均匀时，可以尝试用 'ball_tree'。

【程序 4-8】用 DBSCAN 聚类算法将含有环形分布的数据聚成 3 类，其中样本数据采用 make_circles()等函数生成。

```
import numpy as np
import matplotlib.pyplot as plt
```

```
from sklearn import datasets
from sklearn.cluster import DBSCAN
from sklearn.cluster import KMeans
X1, y1=datasets.make_circles(n_samples=1000, factor=.6, noise=.05)
X2, y2 = datasets.make_blobs(n_samples=100, n_features=2, centers=
[[1.2,1.2]], cluster_std=[[.1]], random_state=9)
X = np.concatenate((X1, X2))          #将 X1，X2 两个数据集合并
y_pred = DBSCAN(eps = 0.11, min_samples = 10).fit_predict(X)
                                      #y_pred 保存了类别值
#y_pred = KMeans(n_clusters=3, random_state=9).fit_predict(X)
                                      #用来和 K-means 聚类对比
plt.scatter(X[:, 0], X[:, 1], c=y_pred)    #c=y_pred 用来将不同聚类值用
                                      不同颜色表示
plt.show()
```

该程序的运行结果如图 4-20 所示，为了对比，使用 K-means 聚类对该数据集的预测结果如图 4-21 所示。

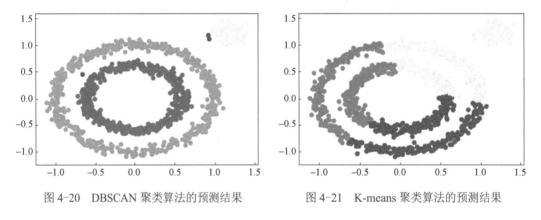

图 4-20 DBSCAN 聚类算法的预测结果   图 4-21 K-means 聚类算法的预测结果

程序说明：

1）datasets 类中的 make_circles()函数用来生成环形数据集，make_blobs()函数用来生成团状数据集，这两种方法生成的数据集都会带有标签数据，其返回值 $y1$、$y2$ 保存了标签数据，但聚类属于无监督学习，在训练过程中不需要标签数据，因此未使用 $y1$、$y2$ 这两个变量。

2）要使 DBScan 算法有好的聚类结果，其参数设置非常重要，本例经过反复调参，最终确定 eps = 0.11，min_samples = 10 时的聚类效果最好，可见使用 DBSCAN 聚类算法时，一般不能使用默认参数值。

习题与实验

1. 习题

1. 在统计学中，数据的类型有 3 种，不包括下面哪种？（   ）

A. 定类数据   B. 定性数据

C. 定距数据　　　　　　　　　D. 定序数据

2. 下列哪项不属于聚类算法?（　　　）

　　A. K-中心点　　　　　　　　B. K 近邻

　　C. K-means　　　　　　　　D. DBSCAN

3. 下列哪种距离是两点之间的直线距离?（　　　）

　　A. 欧氏距离　　　　　　　　B. 曼哈顿距离

　　C. 切比雪夫距离　　　　　　D. 闵可夫斯基距离

4. 从性能上看,下列哪种聚类算法的速度是最快的?（　　　）

　　A. K-中心点　　　　　　　　B. 层次聚类法

　　C. K-means　　　　　　　　D. DBSCAN

5. 在 DBSCAN 中,一个簇是一个_____的区域。

　　A. 密度可达　　　　　　　　B. 直接密度可达

　　C. 密度相连　　　　　　　　D. 直接密度相连

6. 聚类算法可分为_____、_____、基于密度的方法和基于模型的方法等。

7. 在聚类中,是通过_____度量相似度的。

8. 在 sklearn 提供的聚类模块中,参数 n_clusters 用于设置_____。

9. DBSCAN 算法中定义的三类点分别是核心点、_____和_____。

10. 解释下面这条语句的含义:X = np.array(list(zip(X1, X2))).reshape(len(X1), 2)。

2. 实验

1. 分别使用 K-means、K-中心点和 DBSCAN 算法对 sklearn 中的鸢尾花数据集进行聚类（聚类数目设置为 3）,并评估这三种聚类算法的准确率。

第5章
分类算法及其应用

对于分类问题，其实谁都不会陌生，日常生活中我们每天都进行着分类过程。例如，当你看到一个人，你的大脑下意识会判断他是学生还是职场人其实这就是一种分类操作。

分类方法是一种对离散型随机变量建模或预测的有监督学习方法。其中分类学习的目的是从给定的人工标注的分类训练样本数据集中学习出一个分类函数或者分类模型，常称为分类器（Classifier）。当新的未知类别数据到来时，可以根据这个分类模型进行预测，将新数据项映射到给定类别中的某一个类中。比如一个手写数字集保存了很多人手写的数字，通过该手写数字集训练一个分类模型，当输入一个新的未知的手写数字时，分类模型就能识别出该手写数字是几。

5.1 分类的基本原理

对于分类，输入的训练数据包含两部分的信息：即特征属性集（Features）和类别属性（class），也称为标签（label），具体可表示为（F_1, F_2, $\cdots$, F_n; label）。其中特征属性集是指机器学习模型处理的对象或事件中收集到的已经量化的特征的集合，通常将它表示成一个向量 $X \in \mathbf{R}_n$，其中向量的每一个元素 X_i 是一个特征。

而所谓的学习，其本质就是找到特征与标签之间的映射（Mapping）关系。所以说分类预测模型是求取一个从输入向量（特征）X 到离散的输出变量（标签）y 之间的映射函数 $f(x)$。当有特征而无标签的未知数据输入时，可以通过映射函数预测未知数据的标签。

简单地说，分类预测的过程就是按照某种标准给对象贴标签，再根据标签来区分类别。类别是事先定义好的。例如，在 CTR（点击率预测）中，对于一个特定商品，某位用户可以根据其过往的点击商品等信息被归为"会点击"和"不会点击"两类；类似地，房屋贷款人可以根据其以往还款经历等信息被归为"会拖欠贷款"和"不会拖欠贷款"两类；一个文本邮件可以被归为"垃圾邮件"和"非垃圾邮件"两类。

5.1.1 分类与聚类的区别

分类与聚类是两个容易混淆的概念，实际上，分类与聚类完全不同。只要从它们的训练集上就可以发现分类与聚类的明显区别。图 5-1 是分类训练集和聚类训练集的对比，该数据集表示豌豆种子在不同环境下能否发芽的情况。

从图 5-1 中可见，分类的训练集包含特征属性和类别属性，其中，特征属性是一个向量 X，而类别属性是一个离散值变量 y（该变量可取值个数为 2，则表示 2 分类问题，可取值个数大于 2，则表示多分类问题），因此分类的训练集可表示为 (X, y)，而聚类的训练集只有特征属性，聚类的训练集可表示为 (X)。

分类的训练集

形状	颜色	大小	土壤	是否发芽
圆形	灰色	饱满	酸性	否
圆形	白色	皱缩	碱性	是
皱形	白色	饱满	碱性	否
圆形	青色	饱满	酸性	是
圆形	白色	皱缩	酸性	是
皱形	灰色	皱缩	酸性	否
圆形	白色	饱满	碱性	否

特征属性　　类别属性

聚类的训练集

形状	颜色	大小	土壤
圆形	灰色	饱满	酸性
圆形	白色	皱缩	碱性
皱形	白色	饱满	碱性
圆形	青色	饱满	酸性
圆形	白色	皱缩	酸性
皱形	灰色	皱缩	酸性
圆形	白色	饱满	碱性

特征属性

图 5-1　分类训练集和聚类训练集的对比

实际上，分类对应机器学习中的有监督学习（Supervised Learning），而聚类是一种无监督学习（Unsupervised Learning）。

提示：

根据训练时的样本是否带有标签（类别属性）。机器学习可分为四类：样本带有标签的称为有监督学习；样本无标签的称为无监督学习；少部分样本带有标签，大部分样本无标签的称为半监督学习（Semi-supervised Learning）；预先不需要样本的称为强化学习（Reinforcement Learning）。

另外，有监督学习又可分为产生式模型（Generative Model）和判别式模型（Discriminative model）。机器学习的任务是从特征属性 X 预测标签 y，即求条件概率 $P(y|X)$。对于判别式模型来说：对未知类别的样本 X，根据 $P(y|X)$ 可以直接求得标签 y，即可以直接判别出来。线性回归模型和支持向量机都属于判别式模型。而产生式模型需要求 $P(y,X)$，对于未知类别的样本 X，需要求出 X 与不同类别之间的联合概率分布，然后比较大小。朴素贝叶斯模型、隐马尔可夫模型（Hidden Markov Model，HMM）等都属于产生式模型。这两种模型暂时不需要读者理解，当把本书的内容学完之后再仔细体会两种模型的区别。

5.1.2　分类的步骤

分类的目的是构造一个分类函数或分类模型（分类器），该模型能把一些新的未知类别的数据映射到某一个给定类别。对一个样本集进行分类大致分为 4 个步骤。

步骤一：将样本转化为等维的数据特征（特征提取）。这一步要求所有样本必须具有相同数量的特征，并兼顾特征的全面性和独立性。

比如，要根据动物的一些特征预测某种动物属于鸟类还是哺乳动物。首先就收集一些已知类别的动物样本，将样本转化为等维的数据特征，如表 5-1 所示。

表 5-1 样本转化为等维的数据特征

动物种类	体型	翅膀数量	脚的只数	是否产蛋	是否有毛	类别
狗	中	0	4	否	是	哺乳动物
猪	大	0	4	否	是	哺乳动物
牛	大	0	4	否	是	哺乳动物
麻雀	小	2	2	是	是	鸟类
天鹅	中	2	2	是	是	鸟类
大雁	中	2	2	是	是	鸟类

步骤二：选择与类别相关的特征（特征选择），在表 5-2 中，粗体字的特征表示与类别非常相关，其他的特征表示与类别完全无关。可以只保留粗体字的特征，而将其他特征（是否有毛）删除。

表 5-2 选择与类别相关的特征

动物种类	**体型**	**翅膀数量**	**脚的只数**	**是否产蛋**	是否有毛	类别
狗	中	**0**	**4**	否	是	哺乳动物
猪	大	**0**	**4**	否	是	哺乳动物
牛	大	**0**	**4**	否	是	哺乳动物
麻雀	小	**2**	**2**	是	是	鸟类
天鹅	中	**2**	**2**	是	是	鸟类
大雁	中	**2**	**2**	是	是	鸟类

步骤三：建立分类模型或分类器（分类）。

分类器通常可以看作一个函数，它把特征向量（Feature Vector）映射到类的空间上，该函数可表示如下。

$$f(x_{i_1}, x_{i_2}, x_{i_3}, \cdots, x_{i_n}) \rightarrow y_i$$

在本例中，特征向量 X 是（体型，翅膀数量，脚的只数，是否产蛋），类别属性 y 是{哺乳动物,鸟类}。

步骤四：用建立的分类模型预测未知类别样本的所属类别。

比如，要对表 5-3 中的新发现物种：动物 A（大、0、2、是）和动物 B（中、2、2、否）进行分类，则只要将特征向量作为分类函数的输入，即可得到类别值。

表 5-3 预测未知类别样本的所属类别

动物种类	体型	翅膀数量	脚的只数	是否产蛋	类别
动物 A	大	0	2	是	?
动物 B	中	2	2	否	?

步骤五：分类模型预测结果的评估。

对于分类模型来说，必须评估模型的泛化能力（Generalization Ability），所谓泛化能力，是指机器学习模型对新样本的适应能力。也就是说，分类模型对新样本的预测结果越准确，则该分类模型的泛化能力越好。分类模型评估的具体方法和指标见 5.1.3 节。

总结，分类过程包括两个阶段。

1）模型训练阶段：这一阶段是使用训练集构建一个分类模型（或规则），如图 5-2 所示。

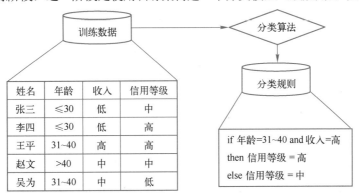

图 5-2　分类的模型训练阶段

2）分类模型的使用阶段：使用模型对测试数据或类别未知的新数据进行分类，如图 5-3 所示。对测试数据进行分类是为了评估分类模型的准确率，对新数据进行分类是为了预测新数据的类别。

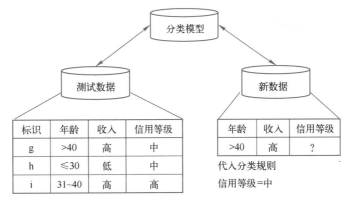

图 5-3　分类模型的使用阶段

5.1.3　分类模型预测结果的评估

在用分类模型预测测试集样本的所属类别之后，需要对分类模型的准确率进行评估，以判断该分类模型的准确率是否能够满足应用的需要。假设在表 5-3 中，动物 A、动物 B 的预测类别是{鸟类、哺乳动物}，而通过分类模型预测的结果是{鸟类、鸟类}，则称该模型的预测准确率（Accuracy）为 50%。预测准确率高，也称为模型的泛化能力好。

但分类模型的预测结果不能单纯用准确率进行评估，为了有效判断一个预测模型的性能表现，需要通过比较预测值和真实值来计算出精确率、召回率、F_1 值和 Cohen's Kappa 系数等指标来衡量。常规分类模型的评估方法如表 5-4 所示。

表 5-4　分类模型的评估方法

方法名称	最优值	sklearn 函数
Precision（精确率）	1.0	metrics.precision_score
Recall（召回率）	1.0	metrics.recall_score
F_1 值	1.0	metrics.f1_score
Cohen's Kappa 系数	1.0	metrics.cohen_kappa_score
ROC 曲线	最靠近 y 轴	metrics.roc_score

下面对分类模型的评估方法的含义进行介绍。以一个二分类问题为例，样本有正负两个类别。那么模型的预测结果和真实标签的组合就有 4 种：*TP*、*FP*、*FN*、*TN*，如表 5-5 所示。

表 5-5　预测结果和真实标签的组合

预测值　　　真实值	Positive	Negative
Positive	True Positive(*TP*)	False Negative(*FN*)
Negative	False Positive(*FP*)	True Negative(*TN*)

其中，*TP* 表示实际为正样本，预测值也是正样本（真阳性）；*FN* 表示实际为正样本，预测值为负样本（假阴性）；*FP* 表示实际为负样本，预测值为正样本（假阳性）；*TN* 表示实际为负样本，预测值为负样本（真阴性）。

可见，*TP* 和 *TN* 都是预测正确的情况，因此，预测的准确率就可定义为：

$$Accuracy = (TP+TN)/(TP+TN+FP+FN)$$

而预测的精确率表示预测为正的样本中有多少是真正的正样本，精确率可定义为：

$$Precision=TP/(TP+FP)$$

召回率表示样本中的正例有多少被预测正确了，召回率定义为：

$$Recall=TP/(TP+FN)$$

对于机器学习模型来说，当然希望 *Precision* 和 *Recall* 这两者都保持较高的水准，但事实上这两者在很多时候是不可兼得的。为此，提出了 F_1 分数（F_1 Score）的概念，它同时兼顾了分类模型的精确率和召回率。F_1 分数可以看作是模型精确率和召回率的一种加权平均，它的最大值是 1，最小值是 0，定义如下。

$$F_1 = 2 \cdot \frac{precision \cdot recall}{precision + recall}$$

5.1.4　sklearn 库的常用分类算法

在数据分析领域，分类算法很多，其原理千差万别。有基于样本距离的 K-近邻算法，有基于贝叶斯定理的朴素贝叶斯算法，有基于信息熵的决策树算法，有基于 bagging 的随机森林算法等。

sklearn 提供了几乎所有目前常用的分类算法，并且分别存在于不同的模块中，如表 5-6 所示。这与聚类算法不同，sklearn 中所有的聚类算法都位于 cluster 模块中。

表 5-6　sklearn 库中常用的分类算法

类名	所在模块	算法名称
neighbors	KNeighborsClassifier	K-近邻分类
GaussianNB	naive_bayes	高斯朴素贝叶斯
DecisionTreeClassifier	tree	决策树分类
RandomForestClassifier	ensemble	随机森林分类
LogisticRegression	linear_model	逻辑斯谛回归
SVC	svm	支持向量机

5.2　K-近邻分类算法

　　K-近邻分类（KNN，K-Nearest Neighbor）算法就是一种以聚类的思想做分类的分类算法。也是最简单的机器学习算法之一。该算法最初由 Cover 和 Hart 于 1968 年提出，它根据距离函数计算待分类样本 X 和每个训练样本的距离（作为相似度），选择与待分类样本距离最小的 k 个样本作为 X 的 k 个最近邻，最后以 X 的 k 个最近邻中的大多数样本所属的类别作为 X 的类别。

5.2.1　K-近邻分类算法原理和实例

　　所谓 K-近邻分类算法，即给定一个训练数据集，对新的输入实例，在训练数据集中找到与该实例最邻近的 k 个实例（也就是所谓的 k 个邻居），这 k 个实例的多数属于某个类，就把该输入实例分类到这个类中。

　　如图 5-4 所示，有两类不同的样本数据（$L1$ 和 $L2$），$L1$ 用小正方形表示，$L2$ 用小三角形表示，而图中间的那个圆表示的是未知类别的待分类的数据 X。现在，要对 X 进行分类，判断它属于 $L1$ 还是 $L2$。

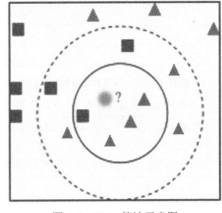

图 5-4　KNN 算法示意图

　　K-近邻分类的过程是，先主观设置变量 k 的值，设 $k=4$，则寻找与 X 距离最近的 4 个点，从图 5-4 中可发现 X 的 4 个近邻点有中 3 个属于 $L2$ 类，有 1 个属于 $L1$ 类，可见 4 个最近邻点大多数属于 $L2$ 类，从而可判断 X 的类别是 $L2$。

1．K-近邻分类算法的步骤及举例

K-近邻分类算法的实现，大致包括以下三个步骤。

1）算距离：给定测试对象，计算该对象与训练集中每个对象的距离。

2）找邻居：圈定距离最近的 k 个训练对象，作为测试对象的近邻。

3）做分类：根据这 k 个近邻对象大多数归属的类别，来作为测试对象的类别。

K-近邻分类算法的编程步骤如下。

step1：初始化距离为最大值。

step2：计算未知样本和每个训练样本的距离 dist。

step3：得到目前 k 个最临近样本中的最大距离 maxdist。

step4：如果 dist 小于 maxdist，则将该训练样本作为 k-最近邻样本。

step5：重复步骤 2、3、4，直到未知样本和所有训练样本的距离都算完。

step6：统计 k 个最近邻样本中每个类别出现的次数。

step7：选择出现频率最高的类别作为未知样本的类别。

【例 5-1】 表 5-7 是一个二手房分类的训练集，对于二手房的新样本 $T=\{18,8\}$，试用 K-近邻分类算法预测其所属类型。

表 5-7 二手房分类训练集

序号	房龄	与市中心距离	类型
A	2	4	$L1$
B	4	3	$L2$
C	10	6	$L3$
D	12	9	$L2$
E	3	11	$L3$
F	20	7	$L2$
G	22	5	$L2$
H	21	10	$L1$
I	11	2	$L3$
J	24	1	$L1$

解：本例采用欧氏距离作为距离度量方法，且设 $k=4$。

首先计算新样本 T 与训练集中所有样本的距离。例如 T 与 A 的距离为：$d(T,A)=\sqrt{(18-2)^2+(8-4)^2}\approx16.5$，$T$ 与所有样本的距离如表 5-8 所示。

表 5-8 新样本 T 与训练集中所有样本的距离

序号	A	B	C	D	E	F	G	H	I	J
与样本 T 的距离	16.5	14.9	8.3	**6.1**	15.3	**2.2**	5	**3.6**	9.2	9.2

然后，找距离最近的 k 个邻居，分别是 $\{F, H, G, D\}$，这 4 个邻居对应的类别分别是 $\{L2, L1, L2, L2\}$，所以新样本 T 所属的类别是 $L2$。

下面绘制出图 5-5 所示的散点图直观上看 T 所属类别是否正确。从图中可见，新样本 T 确实与 F、H、G、D 这 4 个点的距离最近。

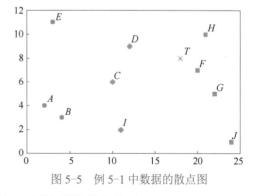

图 5-5 例 5-1 中数据的散点图

2. K-近邻分类算法的优缺点

K-近邻分类算法的优点如下。

1）算法思路简单，易于实现，对异常值不敏感、无数据输入假定。

2）当有新样本要加入训练集中时，无须重新训练（即重新训练的代价低）。

3）计算时间和空间线性于训练集的规模，对某些问题而言这是可行的。

其缺点及适用数据范围如下。

1）分类速度慢，该算法的时间复杂度为 $O(m \cdot n)$。

2）各属性的权重值相同时，可能影响准确率。

3）样本库容量依赖性较强，当样本容量太小时会影响预测准确率。

4）k 值不好确定。

3. K-近邻分类算法常见问题及解决办法

（1）样本不平衡时对算法的影响

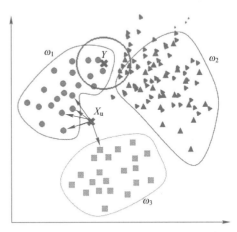

如图 5-6 所示，K-近邻分类算法在分类时有
个重要的不足，当样本不平衡时，即一个类的
样本容量很大，而其他类样本容量很小时，很有
可能导致当输入一个未知样本时，该样本的 k 个
邻居中大数量类的样本占多数。例如，从图中看 Y
应属于 ω_1 类，但应用 K-近邻分类算法会将其错误
划分到 ω_2 类中。

为此，可以采用对近邻点赋权值的方法来改
进。和该样本距离小的邻居权值大，和该样本距
离大的邻居权值则相对较小。由此，将距离远近
的因素也考虑在内，避免因某个类别样本的容量
过大而导致误判的情况。

图 5-6　样本不平衡时 K-近邻分类算法预测效果

（2）k 值取值对算法的影响

在 K-近邻分类算法中，k 值是主观设定的。如图 5-7 所示，当增大 k 值时，一般分类错误率会先
降低，因为有周围更多的样本可以借鉴了。但是当 k 值更大的时候，错误率会更高。这也很好理解，比
如说样本集中一共就 35 个样本，当把 k 值增大到 35 时，K-近邻分类算法基本上就没意义了。

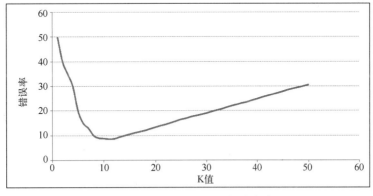

图 5-7　k 值与分类错误率的关系

要选出最优的 k 值，思路是分别尝试不同 k 值下分类模型的准确率，这可以使用 sklearn 中
的交叉验证方法。

（3）如何快速找到待测点的 k 个最近邻

最基本的 K-近邻分类算法需要计算待测点与训练集中所有数据点之间的距离，如果训练集
中的点（样本）很多，则这个操作会很耗时，然后还需要对所有这些距离进行排序，才能找到距

离最小的 k 个数据点,这个排序操作也比较耗时。

为了解决上述问题,人们提出了 Kd 树(K-dimensional Tree)算法,Kd 树算法可以快速地找到与待测点最邻近的 k 个训练点。而不需要再计算待测点与训练集中的每一个数据点的距离。

Kd 树算法类似于"二分查找"。Kd 树是二叉树的一种,是对 k 维空间的一种分割,如图 5-8 所示。构造 Kd 树相当于不断地用垂直于坐标轴的超平面将 k 维空间切分,构成一系列的 k 维超矩形区域。Kd 树的每个节点对应于一个 k 维超矩形区域。利用 Kd 树可以省去对大部分数据点的搜索,从而减少搜索的计算量。Kd 树算法的具体原理可扫描二维码观看。

10 kd 树算法

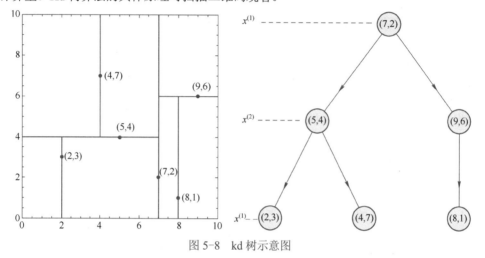

图 5-8 kd 树示意图

5.2.2 sklearn 中分类模型的编程步骤

在 sklearn 中,使用分类模型的编程步骤大致如下。

1)导入相应的机器学习及数据可视化模块,代码如下。

```
import matplotlib as mpl
import matplotlib.pyplot as plt
from sklearn.neighbors import KNeighborsClassifier     #导入 KNN
```

2)读取数据到 numpy 数组中,并将数据集划分为特征属性集 X 和标签集 y,代码如下。

```
X1,y1=[],[]
fr = open('D:\\knn.txt')
for line in fr.readlines():
    lineArr = line.strip().split()
    X1.append([int(lineArr[0]),int(lineArr[1])])
    y1.append(int(lineArr[2]))
X=np.array(X1)   #转换成 numpy 数组,X 为特征属性集
y=np.array(y1)              #y 为标签集
```

3)将数据集划分为训练集和测试集。

在机器学习中,通常需要将原始数据集按比例分割为"训练集"和"测试集",这需要使用

model_selection 模块中的 train_test_split()函数，该函数的语法如下。

```
X_train,X_test, y_train, y_test = train_test_split(train_data,train_target,
test_ size=0.1, random_state=0, stratify=y_train)
```

其中，train_data 表示训练样本的特征属性集，train_target 表示标签集。

test_size 用来设置测试集占数据集的比例，例如数据集有 100 个样本，test_size－0.1 表示随机选取其中 10 个样本作为测试集，这 10 个样本是随机选取的。

random_state = 0 表示每次测试集的选取都是随机的，因此每次运行时测试集中的样本会发生变化，如果 random_state = 1 则每次运行时测试集中的样本不会发生变化。

stratify = y_train 是为了保证测试集中各样本所属的类别比例与原始数据集中类别比例一致。比如有 100 个样本，80 个属于 A 类，20 个属于 B 类。test_size = 0.25，则在测试集的 25 个样本中，会有 20 个属于 A 类，5 个属于 B 类。如果 stratify = None，则划分出的测试集中，样本的类别比例将是随机的，不能保证与原始数据集中类别比例一致。下面是示例代码。

```
from sklearn.model_selection import  train_test_split      #数据分割模块
X_train,X_test,Y_train,Y_test=train_test_split(X,y,test_size=0.16)
```

4）调用相应的机器学习模型，并用 fit()方法拟合模型，在分类中，fit()方法的参数是训练集的特征属性 X 和类别属性 y。

```
knn=KNeighborsClassifier(3)
knn.fit(X,y) #训练模型
```

5）对测试数据集进行预测。predict()方法的参数是测试集的特征属性。

```
y_pred=knn.predict(X_test)
```

6）对预测的准确度进行评估。

sklearn 提供了验证模块 metrics，可对分类结果的准确率进行评估，该模块中常用的 3 个函数分别如下。

1）accuracy_score()：用于输出整体预测结果的准确率（除了使用该函数外，也可直接利用机器学习算法中的.score(X，y)函数输出算法的准确度）。

2）confusion_matrix()：输出混淆矩阵。

3）classification_report()：输出分类报告，可显示主要的分类指标。

下面是输出评估结果的示例代码。

```
from sklearn import metrics              #引入机器学习的验证模块
print(knn.score(X_test,Y_test))
print(metrics.accuracy_score(y_true=Y_test,y_pred=y_pred)) #输出整体预测结果的准确
率,其中可添加第三个参数 normalize=False，表示输出结果预测正确的个数
print(metrics.confusion_matrix(y_true=Y_test,y_pred=y_pred)) #输出混淆矩阵
from sklearn.metrics import classification_report
target_names = ['labels_1','labels_2','labels_3']
print(classification_report(Y_test,y_pred))
```

其中，混淆矩阵就是分别统计分类模型中归对类和归错类的观测值个数，然后把结果放在一个表里展示出来，这个表就是混淆矩阵，混淆矩阵如果为对角阵，则表示预测结果是正确的，准确度大。对于二分类问题，混淆矩阵是 2 行 2 列的矩阵，左上角和右下角的元素分别表示 *TP* 和 *TN*

值，右上角和左下角的元素分别表示 *FP* 和 *FN* 值，显然，*FP* 和 *FN* 值越小越好。混淆矩阵是 ROC 曲线绘制的基础，同时它也是衡量分类型模型准确度中最基本、最直观、计算最简单的方法。

在小样本训练集上务必使用 cv 方法进行验证，否则会导致过拟合。

7）对未知类别的新样本进行预测

如果分类模型的准确率经过评估，能达到应用的需要。接下来就可使用分类模型来预测新数据了。把新数据的特征作为 predict() 函数的输入，即可返回该样本的类别值。例如：

```
label=knn.predict([[7,27]])        #预测新样本[7,27]的类别值
print(label)                       #打印类别值
```

5.2.3 K-近邻分类算法的 sklearn 实现

在 sklearn 的 neighbors 模块中，提供了 KneighborsClassifier 类，用来实现 K-近邻算法，该类的构造函数语法格式如下。

```
def KNeighborsClassifier(n_neighbors = 5, weights='uniform', algorithm = '', leaf_size
= '30', p = 2, metric = 'minkowski', metric_params = None, n_jobs = None )
```

各个参数的含义如下。

1）n_neighbors：K-近邻分类算法中的 *k* 值，该参数必须指定。

2）weights：权重值。取值'uniform'表示不管近邻点远近权重值都一样，这就是最普通的 K-近邻分类算法；取值'distance'表示权重和距离成反比，距离预测目标越近具有越高的权重；自定义一个函数是指根据输入的坐标值返回对应的权重，达到自定义权重的目的。

3）algorithm：构建 K-近邻分类模型使用的算法。取值 brute 表示蛮力实现，就是直接计算所有距离再排序；'kd_tree'：Kd 树实现 K-近邻分类算法；'ball_tree'：球树实现 K-近邻分类算法；'auto'：默认参数，自动选择合适的方法构建模型。

【程序 5-1】 使用【例 5-1】中的二手房数据集训练 K-近邻分类模型，并对新的二手房样本[7,27]和[2,4]的所属类别进行预测。其中数据文件 knn.txt 的内容见表 5-7。

```
import numpy as np
import matplotlib.pyplot as plt
from sklearn.neighbors import KNeighborsClassifier        #引入 KNN 模块
from sklearn.model_selection import train_test_split        #引入数据集分割模块
from sklearn import metrics            #引入机器学习的准确率评估模块
#读取文本文件的数据，并分割成特征属性集 X 和类别集 y
X1,y1=[],[]
fr = open('D:\\knn.txt')
for line in fr.readlines():
    lineArr = line.strip().split()
    X1.append([int(lineArr[0]),int(lineArr[1])])
    y1.append(int(lineArr[2]))
X=np.array(X1)    #转换成 numpy 数组,X 是特征属性集
y=np.array(y1)    #y 是类别标签集
#分割成训练集和测试集
X_train,X_test,Y_train,Y_test=train_test_split(X,y,test_size=0.16)
knn=KNeighborsClassifier(3)            #使用模型并训练
knn.fit(X,y)
```

```
#分别绘制每个类中样本的散点
plt.scatter(X_train[Y_train==1,0],X_train[Y_train==1,1],color='red', marker='o')
plt.scatter(X_train[Y_train==2,0],X_train[Y_train==2,1],color='green', marker='x')
plt.scatter(X_train[Y_train==3,0],X_train[Y_train==3,1],color='blue', marker='d')
#使用测试集对分类模型进行测试，测试集中有两个样本
y_pred=knn.predict(X_test)
#输出测试结果
print(knn.score(X_test,Y_test))   #输出整体预测结果的准确率，方法 1
print(metrics.accuracy_score(y_true=Y_test,y_pred=y_pred))   #输出准确率的方法 2
#输出混淆矩阵，如果为对角阵，则表示预测结果是正确的，准确度越大
print(metrics.confusion_matrix(y_true=Y_test,y_pred=y_pred))
#输出更详细的分类测试报告
from sklearn.metrics import classification_report
target_names = ['labels_1','labels_2','labels_3']
print(classification_report(Y_test,y_pred))
#预测新样本的类别
label=knn.predict([[7,27],[2,4]])
print(label)               #输出[2 1],表示新样本分别属于 2 和 1 类
```

该程序的运行结果包括文本和坐标图，输出文本如下，坐标图如图 5-9 所示。

```
1.0                        #方法 1 输出的准确率
1.0                        #方法 2 输出的准确率
[[1 0]                     #输出的混淆矩阵
 [0 1]]
          precision  recall  f1-score  support  #输出分类报告
      2     1.00     1.00     1.00        1       #将 1 个样本划分为第 2 类
      3     1.00     1.00     1.00        1
accuracy                    1.00         2
macro avg     1.00    1.00    1.00        2
weighted avg  1.00    1.00    1.00        2
```

　　程序说明：测试集中只有两个样本，都是随机选取的，样本类别分别号是 2 和 3，由于这两个样本都被正确预测出了类别，因此准确率、召回率、$F1$ 分数都是 1（即 100%）。混淆矩阵中 TP 和 TN 都是 1（因为两个样本的类别不一样，被分别当成了正例和反例）。

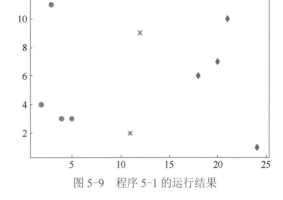

图 5-9　程序 5-1 的运行结果

5.2.4　绘制分类边界图

　　【程序 5-1】只绘制出了每个类中样本的散点图，但对于分类程序来说，最好能绘制出类与类之间的分类边界，这样能直观地观察到每个类的范围。

　　绘制分类程序的边界图可分为 3 步。

　　第 1 步：使用 np.meshgrid()函数生成网格点，所谓网格点就是平均分布在二维平面上间隔相同的很多点，用它们代表任意的待分类点。

第 2 步：用 knn.predict()函数预测所有网格点的类别标签。

第 3 步：使用 plt.pcolormesh()函数绘制每个网格点类别对应的颜色块，这样，只要网格点足够多足够密，就会产生很多小颜色块，不同类别网格点的颜色块是不同的，聚集在一起就形成了分类界面图像。

【程序 5-2】 绘制分类程序的界面图（需要将以下代码添加到【程序 5-1】的末尾）。

```
import matplotlib as mpl
N, M = 90, 90  # 网格采样点的个数，采样点越多，分类界面图越精细
t1 = np.linspace(0, 25, N)              #生成采样点的横坐标值
t2 = np.linspace(0,12, M)               #生成采样点的纵坐标值
x1, x2 = np.meshgrid(t1, t2)            #生成网格采样点
x_show = np.stack((x1.flat, x2.flat), axis=1)      #将采样点作为测试点
#print(X.shape)
y_show_hat = knn.predict(x_show)        #预测采样点的值
y_show_hat = y_show_hat.reshape(x1.shape)  #使之与输入的形状相同
cm_light = mpl.colors.ListedColormap(['#A0FFA0', '#FFA0A0', '#A0A0FF'])
plt.pcolormesh(x1, x2, y_show_hat,  cmap=cm_light,alpha=0.3)  #预测值的显示
```

该程序的运行结果如图 5-10 所示。

程序说明：

1）np.stack()函数用来将两个一维数组合成一个二维数组，axis=1 表示按列合并，就是将两个一维数组看成是 2 列，再进行合并。axis=0 表示按行合并。

2）knn.predict()函数的返回值是一维数组，保存了所有采样点的类别值，而 pcolormesh()要求类别值必须是二维数组，因此必须用 reshape()函数将 y_show_hat 转换成二维数组。

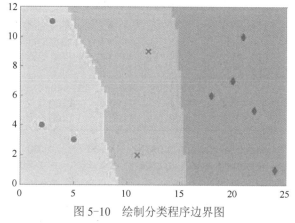

图 5-10 绘制分类程序边界图

其中，pcolormesh()函数一般有 4 个参数，参数 x1 和 x2 表示所有采样点横坐标和纵坐标的集合，y_show_hat 表示所有采样点的类别，必须是一个二维数组，cmap 表示该类别对应的颜色。

pcolormesh()函数的功能就是在 x1、x2 对应的坐标点位置，用类别对应的颜色画一个矩形。只要矩形足够小足够多，pcolormesh()就能绘制出位图一样的图像。下面给出一个简单的 pcolormesh()函数示例程序。

【程序 5-3】 使用 pcolormesh()函数绘制网格点和色块。

```
import matplotlib as mpl
import numpy as np
import matplotlib.pyplot as plt
plt.rcParams['axes.unicode_minus']=False   #正常显示-号
n = 3
x = np.linspace(-10,10,5)                   #做点
y = np.linspace(-10,10,n)
#构造网格点
```

```
X,Y = np.meshgrid(x,y)
plt.scatter(X,Y,s=60,c='r',marker='x')          #用散点图绘制网格点
plt.show()                                       #输出图 5-11 所示的图
Z = np.array([[1,2,3,4],[2,1,4,3]])             #设置类别号
#print(Z.shape)
#作色块图
cm_light = mpl.colors.ListedColormap(['y', 'r', 'g', 'b'])
# pcolormesh()中，X, Y 是坐标值，Z 是类别值，cmap 是颜色值
plt.pcolormesh(X,Y, Z, cmap=cm_light, alpha=0.5)
plt.show()                     #输出图 5-12 所示的图
```

该程序运行后，将输出图 5-11 所示的网格点图和图 5-12 所示的色块图。

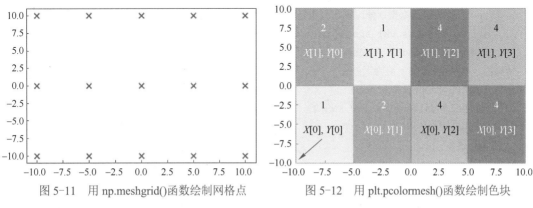

图 5-11　用 np.meshgrid()函数绘制网格点　　　　图 5-12　用 plt.pcolormesh()函数绘制色块

程序说明：

1）pcolormesh()函数中的 X、Y 是左下角点的坐标，它是以左下角坐标点为起点绘制一个矩形色块的。例如，第一个色块为（X[0],Y[0]=[-10,-10]），类别号为 1，类别对应的颜色为 y（黄色），所以就会以[-10,-10]为左下角点绘制一个黄色的色块。

2）本例中网格点数有 15 个，而色块数目只有 8 个，可知网格点数必定多于色块数目。网格点 X，Y 的维数为[5,3]，类别 Z 的维数为[4,2]，实际上，类别 Z 的维数也可和网格点的维数相同，用分类模型预测每个网格点的类别产生的 Z 的维数就与网格点维数相同，只是 Z 的每一维的最后一个元素不会被绘制成色块。

5.2.5　确定最优的 k 值

在使用 K-近邻分类算法之前，最好要先确定最优的 k 值（近邻点的数目）是多少，虽然对于简单的数据集可以使用画散点图的方法人工观察出最优的 k 值，但更严谨的做法是用程序计算出最优的 k 值，这需要分别测试不同 k 值下 K-近邻分类算法的准确率，再使用 sklearn 中的交叉验证方法验证。

【程序 5-4】　获取 K-近邻分类算法对鸢尾花数据集做分类时最优的 k 值。

```
import matplotlib.pyplot as plt
from sklearn.neighbors import KNeighborsClassifier        #KNN
from sklearn.model_selection import  train_test_split    #数据分割模块
from sklearn.model_selection import cross_val_score      #交叉验证模块
```

```
from sklearn.datasets import load_iris
iris=load_iris()
X=iris['data']
y=iris['target']
#切分训练集和测试集
X_train,X_test,Y_train,Y_test=train_test_split(X,y,test_size=0.16)
k_range = range(1, 15)
k_error = []          #保存预测错误率
for k in k_range:              #循环，取K=1到14，查看KNN分类的预测准确率
    knn = KNeighborsClassifier(n_neighbors=k)
    #cv参数决定数据集划分比例，这里是按照5:1划分训练集和测试集
    scores = cross_val_score(knn, X, y, cv=5, scoring='accuracy')
    k_error.append(1 - scores.mean())          #把每次的错误率添加到数组
#画图，x轴为k值，y值为误差值
plt.plot(k_range, k_error)
plt.xlabel('Value of K for KNN')
plt.ylabel('Error')
plt.show()
```

该程序的运行结果如图 5-13 所示，可见，k 值取 6、7、10、11、12 时最为合适。

5.3　朴素贝叶斯分类算法

朴素贝叶斯算法（Naive Bayesian Algorithm）是一种以贝叶斯方法为基础的机器学习分类算法。贝叶斯方法最初是一种研究不确定性的推理方法，不确定性常用贝叶斯概率表示。贝叶斯概率是一种主观概率，对它的估计取决于先验知识的正确性和后验知识的丰富性和准确性，因此贝叶斯概率常常可随个人掌握信息的不同而发生变化。

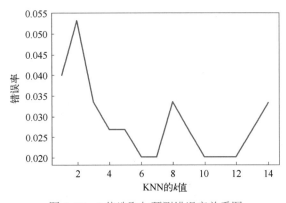

图 5-13　k 值选取与预测错误率关系图

举例来说，对即将进行的一场韩国队和印度队的足球比赛，不同人对胜负的主观预测都不同，但大都会基于两队以前的比赛战绩来预测，那么两队以前的比赛战绩就是一种先验知识。如果两队以前比赛的胜负次数比是 9:1，那么贝叶斯概率就认为韩国队获胜的概率是 0.9。如果又获取到另一个先验知识，韩国队有 4 名主力因伤不能上场，则贝叶斯概率可能认为韩国队获胜的概率降为 0.8。可见，虽然是一种主观概率，但贝叶斯概率按照个人依据相关先验信息对事件进行推断是一种合理的方法。

而经典概率方法则强调客观存在，它认为不确定性是客观存在的，对于未发生的比赛它总认为胜负的比例是 1:1 的。

5.3.1　朴素贝叶斯原理与实例

1. 先验概率和后验概率

已知事件 A 发生的条件下，事件 B 发生的概率，称为事件 B 在事件 A 发生下的条件概率，记为 $P(B|A)$，那么称 $P(A)$ 为先验概率（Prior Probability），先验概率可以从已知类别的训练集中获得，而条件概率 $P(B|A)$ 称为事件 B 的后验概率（Posterior Probability）。计算后验概率的公式如下。

$$P(B \mid A) = \frac{P(A \cap B)}{P(A)} \tag{5-1}$$

由于 $P(A \cap B) = P(B \cap A)$，所以有 $P(B|A)P(A) = P(A|B)P(B)$。可推导得：

$$P(B \mid A) = \frac{P(A \mid B)P(B)}{P(A)} \tag{5-2}$$

把 B 看成类别属性值 C_i，把 A 看成特征属性集 X，则 $P(C_i)$ 就成为样本属于类别 C_i 的先验概率，$P(C_i|X)$ 就表示已知特征属性值情况下样本属于类别 C_i 的后验概率。后验概率 $P(C_i|X)$ 的计算公式为：

$$P(C_i \mid X) = \frac{P(X \mid C_i)}{P(X)} P(C_i) \tag{5-3}$$

其中 $P(X) = \sum_{j=1}^{m} P(X \mid C_j)P(C_j)$。

式（5-3）通俗的含义如下。

$$p(类别 \mid 特征) = \frac{p(特征 \mid 类别)p(类别)}{p(特征)} \tag{5-4}$$

该式给出了已知特征属性值的情况下，求样本所属类别的方法。

一般分类模型的思想是把分类器看作一个函数，分类是把特征向量映射到类的空间上，该函数可表示如下。

$$f(x_{i_1}, x_{i_2}, x_{i_3}, \cdots, x_{i_n}) \to C_i \tag{5-5}$$

而贝叶斯分类的思想是：把分类看成是样本的类别后验概率最大的问题。即当样本已经出现特征向量 $x_{i_1}, x_{i_2}, x_{i_3}, \cdots, x_{i_n}$ 的情况下，样本属于某个类别 C_i 的后验概率最大，就将该样本划分到类别 C_i。即

$$C_i = \mathrm{argmax}\ p(C_i \mid x_{i_1}, x_{i_2}, x_{i_3}, \cdots, x_{i_n}) \tag{5-6}$$

举例来说，要判断一个西瓜是好瓜还是坏瓜，当一个样本西瓜具有特征属性（颜色：青绿；敲声：浊响；根蒂：蜷缩；纹路：清晰），类别属性（好瓜；坏瓜），则贝叶斯分类就是比较以下两个后验概率的大小。

$$比较 \begin{cases} p(好瓜|青绿, 浊响, 蜷缩, 清晰) \\ p(坏瓜|青绿, 浊响, 蜷缩, 清晰) \end{cases}$$

如果好瓜的后验概率大于坏瓜的，则把该样本分类到好瓜类别。但是，对于新样本来说，它们的类别属性值是未知的，因此无法直接求 $p(C_i \mid x_1, x_2, x_3, \cdots, x_n)$。为此，需要式（5-3）做如下转换。

$$p(C_i \mid x_1, x_2, x_3, \cdots, x_n) = \frac{p(x_1, x_2, x_3, \cdots, x_n \mid C_i)p(C_i)}{p(x_1, x_2, x_3, \cdots, x_n)} \tag{5-7}$$

分母 $p(x_1, x_2, x_3, \cdots, x_n)$ 相对于类别变量 C_i 来说是一个常数项，因此，比较不同类别后验概率的大小只要比较分子 $p(x_1, x_2, x_3, \cdots, x_n \mid C_i)p(C_i)$ 的大小即可。

又由于朴素贝叶斯分类做了一个假设，即在给定样本类别值的条件下，假定所有的特征属性值是条件独立的，属性之间不存在依赖关系，因此下面的等式成立。

$$p(x_1,x_2,x_3,\cdots,x_n \mid C_i) = p(x_1 \mid C_i)p(x_2 \mid C_i)p(x_3 \mid C_i)\cdots p(x_n \mid C_i) \qquad (5-8)$$

可见，"朴素"的含义就是假设所有特征属性值之间是相互条件独立的。其中，概率 $p(x_1 \mid C_i)p(x_2 \mid C_i)p(x_3 \mid C_i)\cdots p(x_n \mid C_i)$ 的计算可由样本空间中的训练样本进行估计。

2．朴素贝叶斯分类举例

【例 5-2】 商家要根据客户的一些特征预测客户是否会购买计算机，商家将过去收集的一些客户信息作为训练数据集，如表 5-9 所示。现在要预测一个新客户（年龄<30, 收入中等，是学生，信用一般）是否会购买计算机。

表 5-9　作为训练数据集的客户信息表

年龄	收入	学生	信用	买了计算机
<30	高	否	一般	否
<30	高	否	好	否
30~40	高	否	一般	是
>40	中	否	一般	是
>40	低	是	一般	是
>40	低	否	好	否
30~40	低	是	好	是
<30	中	否	一般	否
<30	低	是	一般	是
>40	中	是	一般	是
<30	中	是	好	是
30~40	中	否	好	是
30~40	高	是	一般	是
>40	中	否	好	否

分析，数据集中每个样本有 4 个特征属性（年龄、收入、学生、信用），类别属性有两个值，分别是 C_1 "会买计算机"和 C_2 "不买计算机"，是二分类问题。

1）首先计算类别属性值的先验概率，在朴素贝叶斯分类中，先验概率依据如下公式计算。

$$p(C_j) = \frac{|C_j|}{|D|} \qquad (5-9)$$

即具有某个类别值的样本数除以数据集中的总样本数。因此有：会买计算机的先验概率 $P(C_1)$=9/14，不买计算机的先验概率为 $P(C_2)$=5/14。

2）计算类别属性在单个特征属性条件下的后验概率。例如，$P(C_1|$收入中等$)$表示一个收入中等的人会买计算机的可能性，显然，该概率等于所有收入中等的样本中买了计算机的人的比例，查表 5-9 可知：$P(C_1|$收入中等$)$=4/6=0.67。同样，$P(C_1|$学生$)$表示学生会买计算机的可能性，该概率等于：$P(C_1|$学生$)$=6/6=1。

11 朴素贝叶斯分类算法实例

3）用贝叶斯方法对问题进行建模。要预测一个新客户（年龄<30，收入中等，是学生，信用一般）是否会购买计算机，这个问题等价于求后验概率：$P(C_1|$年轻,中等,学生,一般)。而求该后验概率等价于：$P($年轻,中等,学生,一般$|C_1)P(C_1)$。又因为朴素贝叶斯假设特征属性是条件独立的，所以上式等于：$P($年轻,中等,学生,一般$|C_1)P(C_1)=P($年轻$|C_1)\times P($中等$|C_1)\times P($学生$|C_1)\times P($一般$|C_1)\times P(C_1)=2/9\times 4/9\times 6/9\times 6/9\times 9/14=0.044\times 9/14=0.028$。

接下来计算该新客户不买计算机的条件概率：$P(C_0|$年轻,中等,学生,一般$)\rightarrow P($年轻,中等,学生,一般$|C_0)P(C_0)=P($年轻$|C_0)\times P($中等$|C_0)\times P($学生$|C_0)\times P($一般$|C_0)\times P(C_0)=0.019\times 0.357=0.007$。

4）比较 $P(C_1|$年轻,中等,学生,一般$)$ 和 $P(C_0|$年轻,中等,学生,一般$)$的大小，由于前者结果较大（0.028>0.007），所以可判断该新客户应划入会买计算机的类别。

3. 朴素贝叶斯分类算法的流程

朴素贝叶斯分类算法的工作过程可分为以下 3 个阶段。

（1）准备阶段

在这个阶段需要确定特征属性，比如表 5-9 案例中的"年龄""身高""学生"等都是根据对类别的影响程度选取的，然后人工获取一些样本数据，形成训练样本。这一阶段是整个朴素贝叶斯分类中唯一需要人工完成的阶段，其质量对整个过程将有重要影响，分类器的质量很大程度上由特征属性、特征属性划分及训练样本质量决定。

（2）训练阶段

这个阶段就是生成分类器，主要工作是计算每个类别在训练样本中的出现频率（先验概率）及每个特征属性划分对每个类别的条件概率（后验概率）。该阶段的输入是特征属性和类别属性，输出是分类器。

（3）应用阶段

这个阶段是使用分类器对新数据进行分类。输入是分类器和新数据，输出是新数据的分类结果。

图 5-14 对朴素贝叶斯分类算法的流程进行了总结。

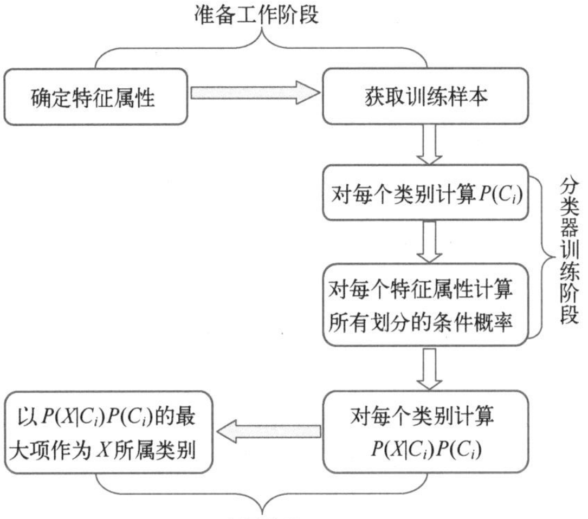

图 5-14 朴素贝叶斯分类算法的流程图

4. 朴素贝叶斯分类算法的特点

朴素贝叶斯分类算法有诸多优点：逻辑简单、易于实现、分类过程中算法的时间空间复杂度较小；算法比较稳定、具有较好的顽健性等优点。

朴素贝叶斯分类算法的分类预测效果在大多数情况下仍比较精确。原因有如下几个：要估计的参数比较少，从而加强了估计的稳定性；虽然概率估计是有偏的，但人们大多关心的不是它的绝对值，而是它的排列次序，因此有偏的概率估计在某些情况下可能并不重要；现实中很多时候已经对数据进行了预处理，比如对变量进行了筛选，可能已经去掉了高度相关的量等。除了分类性能很好外，朴素贝叶斯分类算法还具有形式简单、可扩展性强和可理解性好等优点。

朴素贝叶斯分类算法的缺点是属性间类条件独立的这个假定，而很多实际问题中这个独立性假设并不成立，如果在特征属性之间存在相关性，会导致分类效果下降。

朴素贝叶斯分类算法虽然在某些不满足独立性假设的情况下分类效果也比较好，但是大量研究表明可以通过各种改进方法来提高朴素贝叶斯分类算法的性能。朴素贝叶斯分类算法的改进方法主要有两类：一类是弱化属性的类条件独立性假设，在朴素贝叶斯分类算法的基础上构建属性间的相关性，如构建相关性度量公式，增加属性间可能存在的依赖关系；另一类是构建新的样本属性集，期望在新的属性集中，属性间存在较好的类条件独立关系。

5.3.2 朴素贝叶斯分类的常见问题

1. 零概率问题

仍然以【例 5-2】为例，现在要预测一个新客户（年龄<30, 收入中等，是学生，信用一般）是否会购买计算机。下面计算该新客户不会购买计算机的概率。

$P(C_0|$年轻,中等,学生,一般$) \rightarrow P($年轻,中等,学生,一般$|C_0)P(C_0)=P($年轻$|C_0)\times P($中等$|C_0)\times P($是学生$|C_0)\times P($一般$|C_0)\times P(C_0)$，其中，$P($是学生$|C_0)=0/5=0$。

因为其中一项为 0，所以 $P(C_0|$年轻,中等,学生,一般$)$ 的概率必然为 0。显然后验概率为 0 的类别肯定是所有类别中概率最小的类别，但零概率问题其实是因为观察样本库（训练集）中某个特征属性值的样本没有出现过造成的，因此绝对不能因为概率是 0 就把这个类别排除。这是不合理的，不能因为一个事件没有观察到就武断地认为该事件的概率是 0。

为了解决零概率的问题，法国数学家拉普拉斯最早提出用加 1 的方法来估计没有出现过的现象的概率，所以将这种方法称为拉普拉斯平滑（Laplace Smoothing）。该方法可描述如下。

$$P(X_i|c_i)=\frac{count(X_i|c_i)}{count(c_i)} \implies P(X_i|c_i)=\frac{count(X_i|c_i)+\lambda}{count(c_i)+N\lambda}$$

式中，N 为特征属性的个数；λ 的值通常取 1。

需要对所有的条件概率进行拉普拉斯平滑，包括所有类别的。拉普拉斯平滑的过程如下。

$P($年龄<30|未买计算机$)=3/5=0.600$　　$P($年龄<30|未买计算机$)=(3+1)/(5+4)=0.444$

$P($收入中等|未买计算机$)=2/5=0.400$　　$P($收入中等|未买计算机$)=(2+1)/(5+4)=0.333$

$P($是学生|未买计算机$)=0/5=0 \implies P($是学生|未买计算机$)=(0+1)/(5+4)=0.222$

$P($信用一般|未买计算机$)=2/5=0.400$　　$P($信用一般|未买计算机$)=(2+1)/(5+4)=0.333$

假定训练样本很大时，每个分量 X_i 的计数加 1 造成的估计概率变化可以忽略不计，但可以有效地避免零概率问题。并且拉普拉斯平滑同时对所有类的后验概率进行，因此也不会造成偏向某个类的现象。

2. 溢出问题

在【例 5-2】中，特征属性只有 4 个，而在实际分类问题中，分类数据集的特征属性往往有几十个甚至上百个，而每个特征属性的条件概率都是小于 1 的，这么多条件概率相乘的结果将产生一个非常小的小数，而这个很小的小数可能会导致超出计算机浮点数的表示范围，出现浮点数溢出的计算错误。

为了解决这个问题，对于以下条件概率的计算：

$$P(w|C_i)=P(w_0|C_i)P(w_1|C_i)P(w_2|C_i)P(w_3|C_i)$$

可以对等式右边的项求对数，从而实现将概率相乘转换为相加，具体方法如下。

$$P(C_i \mid w) = \frac{\log_2 (P(w \mid C_i)P(C_i))}{P(w)} = \frac{\log_2 P(w \mid C_i) + \log_2 P(C_i)}{P(w)} \qquad (5\text{-}10)$$

$$\log_2 P(w \mid C_i) = \log_2 P(w_0 \mid C_i) + \log_2 P(w_1 \mid C_i) + \cdots + \log_2 P(w_n \mid C_i) \qquad (5\text{-}11)$$

虽然这样修改贝叶斯公式，肯定会改变计算出的概率值大小，但是，朴素贝叶斯分类算法是通过比较待分类实例属于各个类别的概率大小来实现分类的，只要能比较概率的大小关系即可，无须计算出准确的条件概率。

这种对计算结果求对数的方法在很多机器学习算法中都有应用，是一种常用的技巧。

3．条件假设独立性无法满足的问题

朴素贝叶斯分类算法的一个基本假设是样本的特征属性之间是条件独立的，从而方便计算 $P(C_i|X)$，但对于很多实际问题，样本的多个属性之间往往存在或多或少的联系，强制假设它们相对独立在一定程度上会影响模型预测的准确性。为此在朴素贝叶斯分类算法的基础上提出了一种半朴素贝叶斯分类的分类模型，该模型允许样本的部分属性之间存在依赖关系，使得分类模型不至于忽略比较强的属性依赖关系。通常采用一种名为独依赖估计（One-Dependent Estimator, ODE）的策略来表达样本属性之间的依赖关系。

ODE 策略的基本思想是假设样本的每个属性都可单独依赖且仅依赖另外一个属性，或者说样本的每个属性都可关联且仅关联一个对其产生一定影响的另一属性。

5.3.3　朴素贝叶斯分类算法的 sklearn 实现

sklearn 的 naive_bayes 模块中提供了 3 种朴素贝叶斯分类算法，分别是高斯朴素贝叶斯（GaussianNB）、多项式朴素贝叶斯（MultinomialNB）和伯努利朴素贝叶斯（BernoulliNB）。

这三种算法适合应用在不同的场景下，应该根据特征变量的不同选择不同的算法。

1）高斯朴素贝叶斯：特征变量是连续变量，符合高斯分布，例如人的身高、物体的长度。

2）多项式朴素贝叶斯：特征变量是离散变量，符合多项式分布。例如在文档分类中特征变量体现在一个单词出现的次数，或者是单词的 TF-IDF 值等。

3）伯努利朴素贝叶斯：特征变量是布尔变量，符合 0/1 分布，例如在文档分类中特征是单词是否出现。

伯努利朴素贝叶斯是以文件为粒度，如果该单词在某文件中出现了即为 1，否则为 0。多项式朴素贝叶斯是以单词为粒度，会计算在某个文件中的具体出现次数。高斯朴素贝叶斯适合处理特征变量是连续变量，且符合正态分布（高斯分布）的情况。而文本分类适合使用多项式朴素贝叶斯或者伯努利朴素贝叶斯。

【**程序 5-5**】　使用朴素贝叶斯分类算法对【例 5-1】中的二手房数据集进行分类。

```
import numpy as np
from sklearn import metrics
from sklearn.naive_bayes import GaussianNB#导入高斯朴素贝叶斯
from sklearn.model_selection import train_test_split
from sklearn.preprocessing import MinMaxScaler
import matplotlib.pyplot as plt
X ,Y= [],[]     #读取数据
fr = open("D:\\knn.txt")
for line in fr.readlines():
```

```
        line = line.strip().split()
        X.append([int(line[0]),int(line[1])])
        Y.append(int(line[-1]))
X=np.array(X)    #转换成 numpy 数组,X 是特征属性集
Y=np.array(Y)    #y 是类别标签集
#归一化
#scaler = MinMaxScaler()
#X = scaler.fit_transform(X)
# 划分训练集和测试集, 测试集比例 16%
train_X,test_X,train_y,test_y=train_test_split(X,Y,test_size=0.16)
# 训练贝叶斯分类模型
model = GaussianNB()
model.fit(train_X, train_y)
print(model)                              #输出模型的参数
expected = test_y                         #实际类别值
predicted = model.predict(test_X)         #预测的类别值
print(metrics.classification_report(expected, predicted))  # 输出分类信息
label = list(set(Y))                      #去重复, 得到标签类别
print(metrics.confusion_matrix(expected, predicted, labels=label))  # 输出混淆矩阵
```

该程序的输出结果如下。

```
GaussianNB(priors=None, var_smoothing=1e-09)
              precision    recall   f1-score    support
        1        1.00       1.00      1.00         1
        2        1.00       1.00      1.00         1
accuracy                             1.00         2
macro avg        1.00       1.00      1.00         2
weighted avg     1.00       1.00      1.00         2
[[1 0 0]                    #混淆矩阵
 [0 1 0]
 [0 0 0]]
```

说明：本例数据集中的特征属性为连续变量，因此采用高斯朴素贝叶斯来建模。

【程序 5-6】 对【例 5-2】的分类结果进行可视化（以下代码需添加到【程序 5-5】的末尾）。

```
import matplotlib as mpl
N, M = 90, 90 # 网格采样点的个数
t1 = np.linspace(0, 25, N)      #生成采样点的横坐标值
t2 = np.linspace(0,12, M)       #生成采样点的纵坐标值
x1, x2 = np.meshgrid(t1, t2)    # 生成网格采样点
x_show = np.stack((x1.flat, x2.flat), axis=1)  # 将采样点作为测试点
#print(X.shape)
y_show_hat = model.predict(x_show)   # 预测值
y_show_hat = y_show_hat.reshape(x1.shape) # 使之与输入的形状相同
cm_light = mpl.colors.ListedColormap(['#A0FFA0','#FFA0A0', '#A0A0FF'])
plt.pcolormesh(x1, x2, y_show_hat,  cmap=cm_light,alpha=0.8)  # 预测值的显示
#分别绘制每个类中样本的散点
plt.scatter(train_X[train_y==1,0],train_X[train_y==1,1],color='red', marker='o')
plt.scatter(train_X[train_y==2,0],train_X[train_y==2,1],color='green', marker='x')
plt.scatter(train_X[train_y==3,0],train_X[train_y==3,1],color='blue', marker='d')
```

该程序的运行结果如图 5-15 所示。

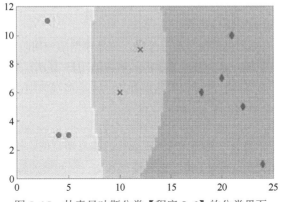

图 5-15　朴素贝叶斯分类【程序 5-6】的分类界面

5.4　决策树分类算法

决策树（Decision Tree）是一种基于树结构的机器学习模型，常用于分类或回归等预测任务。

决策树是用样本的属性作为节点，用属性的取值作为分支的树结构。树的每个分支代表一个测试输出，而每个叶子节点代表一个类别，图 5-16 是一颗典型的决策树。

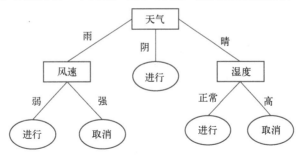

图 5-16　一棵典型的决策树

决策树分类采用自顶向下的递归方式，在决策树的内部节点进行属性值的比较，根据不同的属性值判断从该节点向下的分支，在决策树的叶节点上得到结论。所以，从决策树的根到叶节点的一条路径就对应着一条合取规则，整棵决策树就对应着一组析取表达式规则。例如，图 5-16 的决策树对应如下这组决策规则。

IF 天气=阴　THEN　进行

IF 天气=晴　∧　湿度=正常 THEN 进行

IF 天气=晴　∧　湿度=高 THEN 取消

IF 天气=雨　∧　风速=强 THEN 取消

IF 天气=雨　∧　风速=弱 THEN 进行

决策树的根节点是所有样本中信息增益最大的属性。树的中间节点是该节点为根的子树所包含的样本子集中信息增益最大的属性。决策树的叶节点是样本的类别值。

决策树分类的过程可分为三个阶段。

1）根据训练集生成决策树，这是模型的训练阶段，要使用决策树算法从输入的训练集生成决策树。

2）根据决策树写出对应的决策规则。

3）使用决策规则对"待分类实例"进行分类，这是模型的使用阶段。

决策树分类算法有很多种，主要有：基于信息增益的 ID3 算法；基于信息增益率的 C4.5 算法；基于基尼指数的 CART 算法。其中，前两种都是以信息论为基础。

5.4.1　信息论基础

基于信息论的决策树分类算法需要比较特征属性的信息增益值，然后每次都选择信息增益最大的节点作为决策树（或子树）的根节点。信息增益表示：得知特征属性 X 的信息而使得类 Y 的取值不确定性减少的程度。

信息增益依赖于特征属性，不同的特征往往具有不同的信息增益，信息增益大的特征属性具有更强的分类能力。特征属性 A 对训练数据集 D 的类别 Y 的信息增益可表示如下。

$$gain(Y, A)=H(Y)-H(Y|A) \tag{5-12}$$

其中，$H(Y)$ 表示类别属性的熵（无条件熵），$H(Y|A)$ 表示已知特征属性 A 的值后类别属性的条件熵。$gain(Y,A)$ 就表示因为知道属性 A 的值后导致类别属性熵的减小值，$gain(Y,A)$ 被称为信息增益。$gain(Y,A)$ 越大，说明该特征属性 A 对分类提供的信息越多。

为了掌握熵的概念，需要从自信息量说起。

1．自信息量

1948 年，美国数学家香农（C. E. Shannon）发表了题为《通信的数学理论》的长篇论文，创立了信息论。香农认为，信息是一种用来消除通信对方知识上的"不确定性"的东西。接收者收到某一消息后所获得的信息，可以用接收者在通信前后"不确定性"的消除量来度量。

简而言之，接收者得到的信息量，在数量上等于通信前后"不确定性"的减少量。

直观经验告诉我们，消息出现的可能性越小，则此消息携带的信息量就越多。例如，湖南的秋天常常是秋高气爽，因此在这季节里如果天气预报说："明天天气晴"，人们习以为常，因而得到的信息量很小。但若天气预报说："明天天气下雪"，人们将感到十分意外，这一异常的天气预报给人们极大的信息量，其原因在于秋天出现下雪现象的概率极小。从这个例子可看出，信息量的大小与消息出现的概率成反比。

直观经验还告诉我们，当消息的内容增加时，其信息量也随之增加。一般来说，一份 100 字的报文所包含的信息量大体是另一份 50 字报文的两倍。下列推论是合乎逻辑的：若干独立消息之和的信息量应该是每个消息所含信息量的线性叠加，即信息量具有相加性。

基于上述两点，可将信息量这两个特性写成如下公理。

（1）如果 $p(x_1) < p(x_2)$，则 $I(x_1) > I(x_2)$，$I(x_i)$ 是 $p(x_i)$ 的单调递减函数。极端情况下，如果 $p(x_i)=0$，则 $I(x_i) \to \infty$；如果 $p(x_i)=1$，则 $I(x_i)=0$。

（2）由两个相对独立的事件所提供的信息量，应等于它们分别提供的信息量之和，即

$$I(x_i\ y_j)=I(x_i)+I(y_j) \tag{5-13}$$

要满足上述两条公理，信息量的大小只能是消息出现概率的倒数的对数，定义如下。

$$I(x_i) = \log_2 \frac{1}{p(x_i)} = -\log_2 p(x_i) \tag{5-14}$$

$I(x_i)$即为该消息的信息量（一般称为**自信息量**），$p(x_i)$为该消息发生的概率。当对数以 2 为底时，信息量单位称为比特（bit）；对数以 e 为底时，信息量单位为奈特（nit）。目前应用最广泛的单位是比特，本书都以比特为单位。

【例 5-3】　设某地天气预报有两种消息：晴天和雨天，出现的概率分别为 1/4 和 3/4，分别用 a_1 来表示晴天，以 a_2 来表示雨天，则信源模型如下，求 a_1 和 a_2 的自信息量。

$$\begin{bmatrix} X \\ p(x) \end{bmatrix} = \begin{bmatrix} a_1, & a_2 \\ 1/4, & 3/4 \end{bmatrix}$$

解：a_1 和 a_2 的自信息量分别是：$I(a_1) = \log_2 4 = 2$ 、$I(a_2) = \log_2(4/3) = 0.415$

可见概率越小的消息自信息量越大。

2．熵（平均信息量）

通常信源能发生若干种消息，比如【例 5-3】中天气预报信源能发出晴天和雨天两种消息，很多时候人们并不关心每个消息携带的信息量，而更关心的是信源发出的所有消息的平均信息量。所谓平均信息量是每个消息所含信息量的统计平均值。因此有 N 个消息的离散信源的平均信息量为：

$$H(X) = \sum_i p(x_i) I(x_i) = -\sum_i p(x_i) \log_2 p(x_i) \tag{5-15}$$

上述平均信息量的计算公式和统计物理学中熵（Entropy）的计算公式完全一样，因此，也把信源输出消息的平均信息量称为信源的熵。

【例 5-4】　甲乙两地关于未来某天的天气预报如下，试求甲乙两地天气预报的熵。

甲地：$\begin{bmatrix} X \\ p(x) \end{bmatrix} = \begin{bmatrix} 晴 & 阴 & 雨 & 雪 \\ 1/2, & 1/4, & 1/8, & 1/8 \end{bmatrix}$　　乙地：$\begin{bmatrix} Y \\ p(y) \end{bmatrix} = \begin{bmatrix} 晴 & 阴 & 雨 & 雪 \\ 1/4, & 1/4, & 1/4, & 1/4 \end{bmatrix}$

解：$H(X) = -1/2 \log_2 1/2 - 1/4 \log_2 1/4 - 1/8 \log_2 1/8 - 1/8 \log_2 1/8 = 1.75$

$H(Y) = -1/4 \log_2 1/4 - 1/4 \log_2 1/4 - 1/4 \log_2 1/4 - 1/4 \log_2 1/4 = 2$

乙地熵比甲地熵大，其原因是乙地天气的不确定性比甲地大。

可见信源熵可用来衡量信源的不确定性，信源发出消息的不确定性越大，熵值越大。当信源发出每个消息的概率相等时，熵达到最大值，这称为最大熵定理。图 5-17 是含两个消息的信源的熵函数随概率 p 从 0～1 变化的曲线。含多个消息信源的熵的值介于 0～$\log_2 n$ 之间。

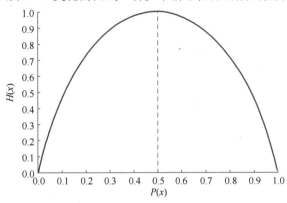

图 5-17　含两个消息的信源的熵函数

在机器学习分类中，熵用来度量数据集中待测样本属于某个类别的不确定性。例如，当训练集中有 1/3 的样本属于类别 C1，有 2/3 的样本属于类别 C2，就可以认为新样本类别的不确定性是该数据集关于两个类别的熵。经计算，新样本类别的熵为 0.92。这个熵称为先验熵。

3. 条件熵

条件熵是指在获得信源 X 发出的消息后，信宿 Y 仍然存在的不确定性。在给定 X（即各个 x_j）条件下，Y 集合的条件熵为 H(Y|X)，条件熵 H(Y|X) 表示已知条件 X 后，Y 仍然存在的不确定度。其公式如下

$$H(Y|X)=\sum_j p(x_j)H(Y|X=x_j) \tag{5-16}$$

【例 5-5】 某人 K 预先知道他的三位领导 A，B，C 必定有且仅有一人明天会来他工地指导工作，并且这三人来的可能性相同。但这天下午，K 听同事说 B 领导生病了，并且根据以往经验，B 领导带病来指导工作的可能性是 10%，不来指导工作的可能性是 90%。若把 B 领导生病当成信源 X，哪个领导会来当成信源 Y，求条件熵 H(Y|X)。

解：在未得知 B 领导生病时，每个领导来的可能性都是 1/3，因此 Y 的先验熵为：

$$H(Y)=3\times 1/3\log_2 3=1.58$$

信源 X 有两个消息，设 x_1=B 来，x_2=B 不来。则 $p(x_1)$=0.1，$p(x_2)$=0.9。

若 B 不来，则 A、C 来的可能性各为 50%，若 B 来，则 A、C 来的可能性均为 0。因此有以下局部条件熵为：

$H(Y|X=x_2)$=1/2$\log_2$2+1/2$\log_2$2=1（B 不来的条件熵），$H(Y|X=x_1)$=0（B 来的条件熵）

则 Y 的总条件熵为：

$$H(Y|X)=p(x_1)\cdot H(Y|X=x_1)+p(x_2)\cdot H(Y|X=x_2)=0.1\times 0+0.9\times 1=0.9$$

提示：

1）条件熵的计算就是每个消息的概率乘以该消息的局部熵，再把所有这些项求和。

2）条件熵必然小于等于无条件熵，即 H(Y|X)≤H(Y)。这很好理解，因为当收到一些额外信息之后，不确定性一般会减小，此时条件熵就会小于无条件熵；极端情况下，收到的额外信息完全没有用，这时条件熵才等于无条件熵。

4. 信息增益

把无条件熵与条件熵相减即得到信息增益，其公式如下所示。

$$Gain(Y, X)=H(Y)-H(Y|X) \tag{5-17}$$

信息增益的含义为：当收到某个额外信息后，信源不确定性的减少量。信息增益越大，就说明收到的信息越有用。在机器学习中，将 Y 看成类别属性，X 看成某个特征属性，则信息增益表示某个特征属性 X 对减小类别不确定性的有用程度，即信息增益越大，该特征属性越有利于确定类别值。

5. 互信息量

在一般情况下通信，收信者所获取的信息量，在数量上等于通信前后不确定性的消除（减少）量。用 $I(x_i; y_j)$ 表示收到 y_j 后，从 y_j 中获取关于 x_i 的信息量，将 $I(x_i; y_j)$ 称为互信息量，其公式

如下。

$$I(x_i; y_j) = I(x_i) - I(x_i \mid y_j) = -\log_2 p(x_i) - (-\log_2 p(x_i \mid y_j))$$

$$= \log_2 \frac{p(x_i \mid y_j)}{p(x_i)} \tag{5-18}$$

可见，互信息量又等于后验概率与先验概率之比的对数。这是因为：在通信系统中，发送端信源发出的消息和接收端所收到的消息可以分别看成离散消息集合 X 和 Y。X 为发送的消息集合，通常它的概率场是已知的，$P(x_i)$ 为先验概率，接收端每收到信源 Y 发出的一个消息 y_j 后，接收端要重新估计发送端各符号 x_i 的出现概率分布，条件概率 $p(x_i|y_j)$ 又称为后验概率。因此，互信息量又反映了两个随机事件 x_i 和 y_j 之间的关联程度。

由公式 5-18 可知，当 x_i 和 y_j 统计独立时，互信息量为 0，当后验概率 $p(x_i|y_j)$ 为 1 时，互信息量等于信源 X 的信息量。

互信息量具有对称性，$I(x_i; y_j) = I(y_j; x_i)$，且互信息量可以为负值。

【例 5-6】 某人 K 预先知道他的三位领导 A，B，C 必定有且仅有一人明天会来他的工地指导工作，并且这三人来的可能性相同。但这天下午，K 听同事说 B 领导生病了，并且根据以往经验，B 领导带病来指导工作的可能性是 10%，不来指导工作的可能性是 90%。若把 B 带病来指导工作称为事件 E，B 不来指导工作称为事件 F，求互信息量 $I(A; E)$、$I(B; E)$、$I(C; E)$、$I(A; F)$、$I(B; F)$、$I(C; F)$。

解：先验概率：$P(A)=P(B)=P(C)=1/3$

后验概率：$P(A|E)=P(C|E)=0, P(B|E)=1$

因此，互信息量为：$I(A; E)=I(C; E)=\infty$，$I(B; E)=\log_2 1/(1/3)=1.58$

后验概率：$P(A|F)=P(C|F)=1/2, P(B|F)=0$

互信息量为：$I(A; F)=I(C; F)=\log_2 3/2=0.58$，$I(B; F)=\infty$

6．平均互信息量

互信息量 $I(x_i; y_j)$ 在联合概率空间 $P(XY)$ 中的统计平均值称为平均互信息量。公式如下，平均互信息 $I(X; Y)$ 克服了互信息量 $I(x_i; y_j)$ 的随机性，成为一个确定的量。

$$I(X; Y) = \sum_{i=1}^{n} \sum_{j=1}^{m} p(x_i y_j) I(x_i; y_j) = \sum_{i=1}^{n} \sum_{j=1}^{m} p(x_i y_j) \log_2 \frac{p(x_i|y_j)}{p(x_i)} \tag{5-19}$$

实际上，平均互信息量的值等于式（5-17）中信息增益的值（推导过程略），但显然平均互信息量难于计算，因此一般情况下都是计算信息增益。

5.4.2 ID3 算法

1975 年，悉尼大学的 J Ross Quinlan 提出了 ID3 算法，ID3 的含义是迭代二叉树 3 代（Iterative Dichotomiser 3）。ID3 算法的基本思想是以信息增益最大的特征属性作为分类属性，基于贪心策略自顶向下地搜索遍历决策树空间，通过递归方式构建决策树。

1．ID3 算法实例

【例 5-7】 假设要根据天气情况用决策树算法自动评估是否适合打垒球，表 5-10 是收集到的训练数据。其中，天气、温度、湿度、风速是特征属性，活动是类别属性。

表 5-10　是否适合打垒球的训练数据集

天气	温度	湿度	风速	活动
晴	炎热	高	弱	取消
晴	炎热	高	强	取消
阴	炎热	高	弱	进行
雨	适中	高	弱	进行
雨	寒冷	正常	弱	进行
雨	寒冷	正常	强	取消
阴	寒冷	正常	强	进行
晴	适中	高	弱	取消
晴	寒冷	正常	弱	进行
雨	适中	正常	弱	进行
晴	适中	正常	强	进行
阴	适中	高	强	进行
阴	炎热	正常	弱	进行
雨	适中	高	强	取消

ID3 算法生成决策树的步骤如下。

1）计算类别“活动”的不确定性是多少。观察“活动”这一列，它有两个类别值，其中“进行”出现 9 次，“取消”出现了 5 次。可知进行活动的概率是 9/14，取消活动的概率是 5/14，则无条件熵 H(活动) 的值为：

$$H(\text{活动}) = -(9/14)\times\log_2(9/14) - (5/14)\times\log_2(5/14) = 0.94$$

2）计算已知天气情况下类别“活动”的条件熵。观察“天气”这一列，晴、阴、雨出现的概率，再分别观察晴、阴、雨三种条件下活动“进行”和“取消”的概率，如图 5-18 所示。

则天气晴、阴、雨的条件下，活动进行或取消的不确定性（局部熵）为：

$$H(\text{活动}\,|\,\text{天气}=\text{晴}) = -2/5\log_2 2/5 - 3/5\log_2 3/5 = 0.971$$

$$H(\text{活动}\,|\,\text{天气}=\text{阴}) = -1\log_2 1 - 0\log_2 0 = 0$$

$$H(\text{活动}\,|\,\text{天气}=\text{雨}) = -3/5\log_2 3/5 - 2/5\log_2 2/5 = 0.971$$

因此，已知天气情况下，活动进行或取消的条件熵为：

$$H(\text{活动}|\text{天气}) = 5/14\times H(\text{活动}\,|\,\text{天气}=\text{晴}) + 4/14\times H(\text{活动}\,|\,\text{天气}=\text{阴}) + 5/14\times H(\text{活动}\,|\,\text{天气}=\text{雨})$$
$$= (5/14)\times 0.971 + (4/14)\times 0 + (5/14)\times 0.971 = 0.693$$

3）计算已知温度情况下类别“活动”的条件熵。观察“温度”这一列，炎热、适中、寒冷出现的概率，再分别观察炎热、适中、寒冷三种条件下活动“进行”和“取消”的概率，如图 5-19 所示。条件熵 H(活动 | 温度) 为：

$$\begin{matrix}\text{晴} & \text{阴} & \text{雨}\end{matrix} \qquad\qquad \text{活动}$$
$$\begin{bmatrix}5/14 & 4/14 & 5/14\end{bmatrix} \qquad \text{天气}\begin{matrix}\text{晴}\\\text{阴}\\\text{雨}\end{matrix}\overset{\begin{matrix}\text{进行} & \text{取消}\end{matrix}}{\begin{bmatrix}2/5 & 3/5\\1 & 0\\3/5 & 2/5\end{bmatrix}}$$

图 5-18　晴、阴、雨及活动进行取消的概率

$$\begin{matrix}\text{炎热} & \text{适中} & \text{寒冷}\end{matrix} \qquad\qquad \text{活动}$$
$$\begin{bmatrix}4/14 & 6/14 & 4/14\end{bmatrix} \qquad \text{温度}\begin{matrix}\text{炎热}\\\text{适中}\\\text{寒冷}\end{matrix}\overset{\begin{matrix}\text{进行} & \text{取消}\end{matrix}}{\begin{bmatrix}2/4 & 2/4\\4/6 & 2/6\\3/4 & 1/4\end{bmatrix}}$$

图 5-19　炎热、适中、寒冷及活动进行、取消的概率

H(活动|**温度**)=4/14×H(活动|**温度**=热)+6/14×H(活动|**温度**=中) +4/14×H(活动|**温度**=冷)=
(4/14)×1 + (6/14)×0.918 +(4/14)×0.811= 0.911

4）用同样的方法计算 H(活动|**湿度**)和 H(活动|**风速**)，结果如下。

H (活动|湿度) =7/14×H(活动|湿度=高)+7/14×H(活动|湿度=正常)

= (7/14)×0.985 + (7/14)×0.592= 0.789

H (活动|风速) =6/14×H(活动|风速=强)+8/14×H(活动|风速=弱)

= (6/14)×1 + (8/14)×0.811= 0.892

5）计算各个特征属性对类别属性的信息增益。

$Gain$(活动,天气)=H(活动) H(活动|天气)=0.94 0.693=0.247

$Gain$ (活动,温度) = H(活动) － H(活动|温度) = 0.94- 0.911 = 0.029

$Gain$ (活动,湿度) = H(活动) － H(活动|湿度) = 0.94- 0.789 = 0.151

$Gain$ (活动,风速) = H(活动) － H(活动|风速) = 0.94- 0.892 = 0.048

可见，天气的信息增益最大，因此选择天气作为决
策树根节点，如图 5-20 所示。

6）接下来，确定"天气=雨"和"天气=晴"下面
的根节点（"天气=阴"下所有样本的类别均为进行，故
无节点）。首先，找出"天气=雨"条件下的所有样本，
如表 5-11 所示。

图 5-20 选择天气作为决策树根节点

表 5-11 "天气=雨"条件下的样本

温度	湿度	风速	活动
适中	高	弱	进行
寒冷	正常	弱	进行
适中	正常	弱	进行
寒冷	正常	强	取消
适中	高	强	取消

在"天气=雨"的条件下，首先计算类别的无条件熵，H (活动)=0.971，然后分别计算条件熵
H (活动|温度)、H (活动|湿度)、H (活动|风速)，显然根据风速可完全确定活动是否进行，因此
H (活动|风速)=0，风速的信息增益最大，故选择风速作为"天气=雨"分支下的根节点。

然后，找出"天气=晴"条件下的所有样本，如表 5-12 所示。

表 5-12 "天气=晴"条件下的样本

温度	湿度	风速	活动
寒冷	正常	弱	进行
适中	正常	强	进行
炎热	高	弱	取消
炎热	高	强	取消
适中	高	弱	取消

在"天气=晴"条件下，首先计算类别的无条件熵，H(活动)=0.971，然后分别计算条件熵 H(活动|温度)、H(活动|湿度)、H(活动|风速)，显然 H(活动|湿度)=0，因此湿度的信息增益最大，故选择湿度作为"天气=晴"分支下的根节点，如图 5-21 所示。

此时，每个叶节点中所有的样本都属于同一个类别，因此 ID3 算法结束，分类完成。

决策树可使用一种树结构来保存，Python 常用字典实现树结构，图 5-21 对应的决策树可用下面的字典来存储。

```
dic={'天气':{0:{'风速':{0:'取消',1:'进行'}}},1:'进行',{2:{'湿度':{1:'进行',0:'取消'}}}}
```

7）根据决策树写出分类规则，从决策树的根到每个叶子节点的一条路径就对应着一条合取规则。

8）使用分类规则对未知类别的新样本进行预测，例如，对于新样本（阴，寒冷，高，弱），根据分类规则，可判断它应该分到"进行"这一类。

从图 5-21 可见，决策树中的节点数可能会比特征属性数少，本例中，特征属性有 4 个，而决策树中的节点只有 3 个；但在实际应用中，如果问题比较复杂，决策树中的节点数往往比特征属性的个数更多。例如，有研究者曾用 4761 个关于苯的质谱例子做试验。其中正例 2361 个，反例 2400 个，每个例子由 500 个特征描述，每个特征取值数目为 6，得到一棵 1514 个节点的决策树（1514>500）。对正、反例各 100 个测试例做测试，正例判对 82 个，反例判对 80 个，总预测正确率 81%，效果是满意的。

图 5-21 最终的决策树

2．ID3 算法的实现

基本决策树构造算法是一个贪心算法，它采用自顶向下递归的方法构造决策树，经典的决策树算法 ID3 算法的基本策略如下。

1）树以代表训练样本的单个节点开始。

2）如果样本都在同一个类中，则这个节点成为叶节点并标记为该类别。

3）否则算法使用信息熵（称为信息增益）作为启发知识来帮助选择合适的将样本分类的属性，以便将样本集划分为若干子集，该属性就是相应节点的"测试"或"判定"属性，同时所有属性应当是离散值。

4）对测试属性的每个已知的离散值创建一个分支，并据此划分样本。

5）算法使用类似的方法，递归地形成每个划分上的样本决策树，一个属性一旦出现在某个节点上，那么它就不能再出现在该节点之后所产生的子树节点中。

6）整个递归过程在下列条件之一成立时停止。

● 给定节点的所有样本属于同一类。

● 没有剩余属性可以用来进一步划分样本，这时候该节点作为树叶，并用剩余样本中所出现最多的类型作为叶子节点的类型。

● 某一分枝没有样本，在这种情况下以训练样本集中占多数的类创建一个叶节点。

根据上述策略，可得出 ID3 算法的伪代码如下。

```
输入：A:特征属性集合，d:类别属性，U:训练集
输出：一棵决策树，可以用 Python 字典存储树结构
DecisionTree ID3(A:特征属性集合，d:类别属性，U:训练集)    //返回一棵决策树
{
if U 为空，返回一个值为 Failure 的单节点；//一般不会出现，为了程序的健壮性
if U 是由其值均为相同决策属性值的记录组成，返回一个带有该值的单节点；
//此分支至此结束
if A 为空，则返回一个单节点，其值为在 U 的记录中找出的频率最高的决策属性值；
//这时对记录将出现误分类
将 A 中属性之间具有最大 I(d;a) 的属性赋给 a；
将属性 a 的值赋给{a_j|j=1,2,…,m}；
将分别由对应于 a 的值的 a_j 的记录组成的 U 的子集赋值给{u_j|j=1,2,…,m}；
返回一棵树，其根标记为 a，树枝标记为 a_1, a_2,…, a_m；
再分别构造以下树：ID3(A-{a},d,u_1), ID3(A-{a},d,u_2), …, ID3(A-{a},d,u_m)；//递归算法
}
```

3．ID3 算法的优点和缺点

ID3 算法的优点是算法理论清晰、方法简单，学习能力较强。缺点如下：

1）信息增益的计算偏向于特征取值较多的属性，而特征取值最多的属性并不一定是最有判别力的属性。

2）该算法的时间复杂度 $O(n)$ 是例子个数、特征个数、节点个数之积的线性函数。该算法需要多次遍历数据库，效率不高，不如朴素贝叶斯分类。

3）ID3 算法容易产生过拟合。

4）ID3 算法只能用于离散值的属性，不能直接用于连续值属性。

5）ID3 算法是单变量决策树（在分枝节点上只考虑单个属性），许多复杂概念的表达困难，属性相互关系强调不够，容易导致决策树中子树的重复或有些属性在决策树的某一路径上被检验多次。

6）抗噪性差，训练例子中正例和反例的比例较难控制。

5.4.3　C4.5 算法

ID3 算法存在的一个问题是，信息增益偏向于拥有属性值较多的特征属性，因为根据熵的公式可知，特征取值越多、熵越大。例如，表 5-13 所示的训练集中，显然信用级别和工资级别对判断是否逾期都没有任何用处。

表 5-13　训练集

信用级别	工资级别	是否逾期
1	1	是
2	1	否
3	2	是
4	2	否

下面来计算信用级别和工资级别这两个特征的信息增益值。

H(逾期)=-2/4log₂2/4-2/4log₂2/4=1

H(逾期|信用级别)=-1/4log₂1/1-1/4log₂1/1-1/4log₂1/1-1/4log₂1/1=0

H(逾期|工资级别)=-2/4(1/2log₂1/2+ 1/2log₂1/2)-2/4(1/2log₂1/2+1/2log₂1/2)=1

Gain(逾期, 信用级别)=1-0=1

Gain(逾期, 工资级别)=1-1=0

从该例可见，信用级别的信息增益大于工资级别的信息增益，这验证了信息增益偏向于拥有属性值较多的特征属性。而实际上，这两个特征的信息增益都应该为 0 才合理，因为它们对判断类别（是否逾期）都没有任何帮助。

为此，J Ross Quinlan 于 1993 年又提出了 C4.5 算法，C4.5 算法最重要的改进是用信息增益率（Gain ratio）取代信息增益（Gain）作为衡量特征属性判别力的指标。

1．信息增益率

信息增益率使用"分裂信息"值将信息增益规范化。分裂信息用 *split_info(S,A)* 表示，其中，*S* 代表训练样本集，*A* 代表特征属性，S_i 表示含有第 *i* 个属性值的样本集，定义如下。

$$Split\_info(S, A) = -\sum_{i=1}^{m} \frac{|S_i|}{|S|} \log_2 \frac{|S_i|}{|S|} \tag{5-20}$$

实际上，分裂信息就是某个特征属性的熵。例如，在【例 5-7】中，特征"天气"中晴、阴、雨的出现概率分别为 5/14、4/14、5/14，则天气的分裂信息计算如下。

$$Split\_info(天气) = -5/14\log_2 5/14 - 4/14\log_2 4/14 - 5/14\log_2 5/14 = 1.58$$

接下来，将信息增益除以分裂信息就得到信息增益率，信息增益率定义如下。

$$gain\_ratio(S, A) = \frac{gain(S, A)}{split\_info(S, A)} \tag{5-21}$$

例如，在【例 5-7】中，"天气"的信息增益是 0.247，因此，天气的信息增益率计算如下。

$$gain\_ratio(S, A) = \frac{gain(S, A)}{split\_info(S, A)} = \frac{0.247}{1.58} = 0.156$$

一个特征属性分割样本的属性值越多，均匀性越强，该属性的分裂信息 *split_info* 就越大，信息增益率就越小。因此，*split_info* 降低了选择那些值较多且均匀分布的属性的可能性。

例如，含 *n* 个样本的集合按属性 *A* 划分为 *n* 组（每组一个样本），*A* 的分裂信息为 $\log_2 n$。属性 *B* 将 *n* 个样本平分为两组，则 *B* 的分裂信息为 1。若 *A*、*B* 有同样的信息增益，显然，按信息增益率度量应选择 *B* 属性。可见，采用信息增益率作为选择特征属性的标准，克服了信息增益度量的缺点，但是算法偏向于选择取值较集中的属性（即熵值最小的属性），而它并不一定是对分类最重要的属性。

2．C4.5 算法的伪代码描述

假设用 *S* 代表当前样本集，当前候选属性集用 *A* 表示，则 C4.5 算法 C4.5formtree(*S, A*) 的伪代码如下。

```
算法: Generate_decision_tree 由给定的训练数据产生一棵决策树
输入: 训练样本 samples; 候选属性的集合 attributelist
输出: 一棵决策树
DecisionTree C4.5formtree(S, S.attributelist){
```

（1）创建根节点 N；

（2）IF S 都属于同一类 C，则返回 N 为叶节点，标记为类 C；

（3）IF attributelist 为空 OR S 中所剩的样本数少于某给定值

则返回 N 为叶节点，标记 N 为 S 中出现最多的类；

（4）FOR each attributelist 中的属性

计算信息增益率 information gain ratio；

（5）N 的测试属性 test.attribute = attributelist 具有最高信息增益率的属性；

（6）IF 测试属性为连续型

则找到该属性的分割阈值；

（7）For each 由节点 N 一个新的叶子节点{

　　If 该叶子节点对应的样本子集 S' 为空

　　　　则分裂此叶子节点生成新叶节点，将其标记为 S 中出现最多的类

　　Else

　　　　　　在该叶子节点上执行 C4.5formtree(S', S'.attributelist)，继续对它分裂；

　　}

（8）计算每个节点的分类错误，进行剪枝。}

3．C4.5 算法举例

【例 5-8】 使用 C4.5 算法重新对【例 5-7】的实例进行决策树分类。

1）计算各个特征属性对类别的信息增益，信息增益的计算方法与 ID3 算法完全相同。

$Gain$(活动,天气)=H(活动)-H(活动|天气)=0.94-0.693=0.247

$Gain$ (活动;温度) = H(活动) - H(活动|温度) = 0.94 - 0.911 = 0.029

$Gain$ (活动;湿度) = H(活动) - H(活动|湿度) = 0.94 - 0.789 = 0.151

$Gain$ (活动;风速) = H(活动) - H(活动|风速) = 0.94 - 0.892 = 0.048

2）计算各个特征属性的分裂信息。

$Split\_\inf o$(天气) $= -5/14\log_2 5/14 - 4/14\log_2 4/14 - 5/14\log_2 5/14 = 1.58$

$Split\_\inf o$(温度) $= -4/14\log_2 4/14 - 6/14\log_2 6/14 - 4/14\log_2 4/14 = 1.56$

$Split\_\inf o$(湿度) $= -7/14\log_2 7/14 - 7/14\log_2 7/14 = 1$

$Split\_\inf o$(风速) $= -6/14\log_2 6/14 - 8/14\log_2 8/14 = 0.985$

3）计算各个特征的信息增益率。

$Gain\_ratio$(活动;天气)=0.247/1.58=0.156

$Gain\_ratio$ (活动;温度) = 0.029/1.56= 0.0186

$Gain\_ratio$ (活动;湿度) = 0.151/1 = 0.151

$Gain\_ratio$ (活动;风速) = 0.048/0.985= 0.049

可见，天气的信息增益率最大，因此选择天气作为决策树根节点。

4）"天气=阴"下所有样本的类别均已确定。接下来，分别对"天气=晴"和"天气=雨"的样本子集再利用 C4.5 算法，求各个特征的信息增益率。

- "天气=晴"子集中，计算出"温度"属性的信息增益率为 0.375，"湿度"属性信息增益率为 1，"风速"属性信息增益率为 0.021，所以选择"湿度"为该分枝的根节点，再向下分枝。"湿度"取"高"的例子全为取消类，"湿度"取"正常"例子全为进行类。
- "天气=雨"子集中，计算出"温度"属性的信息增益率为 0.021，"湿度"属性的信息增益率为 0.021，"风速"属性的信息增益率为 1，所以选择"风速"为该分枝的根节点，再

向下分枝。"风速"取"强"的例子全为取消类，"风速"取"弱"例子全为进行类。

因为所有训练样本都已确定类别，所以 C4.5 算法停止，最终输出的决策树如图 5-21 所示。

4. C4.5 算法的优点和缺点

C4.5 算法对 ID3 算法的另一个改进是能够处理连续型数值数据，C4.5 算法处理连续型属性的过程如下。

1）按照属性值对训练数据进行排序。

2）用不同的阈值对训练数据进行动态划分。

3）当输入改变时确定一个阈值。

4）取当前样本的属性值和前一个样本的属性值的中点作为新的阈值。

5）生成两个划分，所有的样本分布到这两个划分中。

6）得到所有可能的阈值、增益和增益比例。

每一个数值属性划分为两个区间，即大于阈值或小于等于阈值。

C4.5 算法缺点是如下。

1）在构造树的过程中，包括求分裂信息和信息增益，都需要对数据集进行多次的顺序扫描和排序，因而导致算法计算效率低。

2）由于决策树算法非常容易过拟合，因此对于生成的决策树必须要进行剪枝。剪枝的算法非常多，C4.5 算法的剪枝方法有优化的空间。思路主要是两种，一种是预剪枝，即在生成决策树的时候就决定是否剪枝；另一个是后剪枝，即先生成决策树，再通过交叉验证来剪枝。

3）C4.5 算法生成的是多叉树，即一个父节点可以有多个节点。很多时候，在计算机中二叉树模型会比多叉树运算效率高。如果采用二叉树，可以提高效率。

5.4.4 CART 算法

分类与回归树算法（Classification and Regression Trees，CART）是由 Leo Breiman 等于 1984 年提出的，既可用于分类也可用于回归。不同于 C4.5 算法，CART 算法本质是对特征空间进行二元划分（即 CART 生成的决策树是一棵二叉树），并能够对离散属性（Nominal Attribute）与连续属性（Continuous Attribute）进行分裂。

CART 算法的基本思想是使用基尼指数（Gini Index）作为度量数据集纯度的指标，值越小，数据集样本的纯度越高，因此应该选择基尼指数最小的属性作为决策树的根节点，这和信息增益相反。

13 CART 决策树算法

1. 基尼指数

如果一个划分将数据集 T 分成两个子集 S_1 和 S_2。则分割后的 $gini_{split}$ 是：

$$gini_{split}(T) = \frac{N_1}{N} gini(S_1) + \frac{N_2}{N} gini(S_2) \tag{5-22}$$

其中，$gini(S_j) = 1 - \sum_{j=1}^{n} \left(\frac{|S_i|}{|S|} \right)^2 \tag{5-23}$

【例 5-9】 使用 CART 算法对【例 5-7】中的离散型样本集进行决策树分类。

解：计算每个特征属性的基尼指数，然后选择基尼指数最小的属性作为决策树的根节点。以

"天气"属性的基尼指数计算为例。

1）首先计算"天气"属性每个划分的基尼值。天气属性有三个划分（属性值）：D_1=晴、D_2=阴、D_3=雨。则先计算这三个划分的 $gini(S_i)$。

观察含有"晴"的样本中，有 2 个"进行"（占 2/5），有 3 个取消（占 3/5），则：
$$gini(D_1)=1-(2/5)^2-(3/5)^2=0.48$$

观察含有"阴"的样本中，全部 4 个样本都是"进行"（占 4/4），则：
$$gini(D_2)=1-(4/4)^2=0$$

观察含有"雨"的样本中，有 3 个"进行"（占 3/5），有 2 个取消（占 2/5），则：
$$gini(D_3)=1-(3/5)^2-(2/5)^2=0.48$$

2）然后计算天气属性的基尼指数，将每个划分的基尼值乘以该划分的出现概率即可。
$$gini(天气)=5/14×0.48+4/14×0+5/14×0.48=0.343$$

3）接下来，按照上述方法分别计算其他属性的基尼指数。
$$gini(温度)=4/14×0.5+6/14×0.44+4/14×0.375=0.439$$
$$gini(湿度)=7/14×0.49+7/14×0.245=0.368$$
$$gini(风速)=8/14×0.375+6/14×0.5=0.429$$

可见，"天气"的基尼指数最小，应选用"天气"作为决策树的根节点。

4）分别对"天气=晴"和"天气=雨"分支下的样本子集再利用 CART 算法，对各个特征子集求基尼指数，选择基尼指数最小的特征属性作为分支下的根节点。最终得到的决策树如图 5-21 所示。

【例 5-10】 使用 CART 算法对表 5-14 所示的连续型样本集进行决策树分类。

要计算年龄的基尼指数，首先将年龄进行排序，然后分别计算两个相邻值中点的基尼指数。本例有 6 个属性值，因此有 5 个中点，分别是 18.5、21.5、27.5、37.5 和 55.5。

以 27.5 的基尼指数计算为例：小于 27.5 的样本有 3 个，类别全是高。因此：
$$gini(S_1<27.5)=1-\left(\frac{3}{3}\right)^2=0$$

大于 27.5 的样本有 3 个，类别是 2 个低，1 个高。因此：
$$gini(S_1>27.5)=1-\left(\left(\frac{1}{3}\right)^2+\left(\frac{2}{3}\right)^2\right)=0.44$$

然后根据上述每个划分的基尼值计算基尼指数：
$$gini_{split}(27.5)=\frac{3}{6}×0+\frac{3}{6}×0.44=0.22$$

以同样的方法计算其余 4 个中点值的基尼指数，结果如下。

$gini_{split}(18.5)=0.4$　　　　$gini_{split}(37.5)=0.417$

最后，选择其中中点值最小的基尼指数作为该特征属性的基尼指数，因此年龄的基尼指数为 0.22。建立的决策树如图 5-22 所示。

表 5-14　连续型样本集

年龄	风险
17	高
20	高
23	高
32	低
43	高
68	低

图 5-22　选择 27.5 作为决策树根节点

总结：在构建决策树的过程中，对于连续属性：可能的分割点是每两个值的中点；对于离散属性：可能的分割点是属性值的所有子集。

5.4.5 决策树分类算法的 sklearn 程序实现

在 sklearn 的 tree 模块中，提供了决策树类，决策树类既可以做分类，又可以做回归。其中，分类决策树的类名是 DecisionTreeClassifier，而回归决策树的类名是 DecisionTreeRegressor。这两者的参数定义几乎完全相同，但是意义不全相同。

DecisionTreeClassifier 类的主要参数及含义如下。

1）criterion：特征属性判别力的评价标准，取值可以是"gini"（基尼指数）或"entropy"（信息增益），默认值为"gini"。

2）splitter：取值为"best"或"random"（默认），best 是在所有特征中找最好的划分，适合样本量小的时候；而 random 是随机抽取部分特征，再在这些特征中找最好的划分。因此如果样本数据量非常大，应选择"random"，以减少计算开销。

3）max_features：划分时考虑的最大特征数，默认是 None，表示划分时考虑所有特征，log2 表示划分时最多考虑 $\log_2 N$ 个特征；如果是 sqrt 或 auto 表示划分时最多考虑 $\sqrt{n}$ 个特征。一般来说，如果样本特征数不多，比如小于 50，推荐使用默认的 None。

4）max_depth：决策树的最大深度，取值为整数或 None，深度越大，越容易过拟合，推荐树的深度为：5～20 之间。

5）min_samples_split：设置节点的最小样本数量，当样本数量小于此值时，节点将不会再划分。

6）min_samples_leaf：限制叶子节点的最少样本数，如果某叶子节点数目小于样本数，则会和兄弟节点一起被剪枝。

7）min_weight_fraction_leaf：限制叶子节点所有样本的权重和的最小值，如果小于这个值，则会和兄弟节点一起被剪枝。该参数的默认值是 0，就是不考虑权重问题。

8）max_leaf_nodes：限制最大叶子节点数，可以用来防止过拟合，默认是"None"，即不限制最大的叶子节点数。

9）class_weight：指定样本各类别的权重，主要是为了防止训练集某些类别的样本过多导致训练的决策树过于偏向这些类别。这里可以自己指定各个样本的权重，如果使用"balanced"，则算法会自己计算权重，样本量少的类别所对应的样本权重会高。

10）min_impurity_split：限制决策树的增长，如果某节点的不纯度（基尼系数、信息增益、均方差、绝对差）小于这个阈值则该节点不再生成子节点，即为叶子节点。

【程序 5-7】 使用决策树分类对 5.2.1 节中表 5-7 的数据集和鸢尾花数据集进行分类。

```
import numpy as np
import matplotlib.pyplot as plt
from sklearn import datasets                    #引入 sklearn 自带数据集
from sklearn.tree import DecisionTreeClassifier #引入决策树分类模块
X ,Y= [],[]    #读取数据
fr = open("D:\\knn.txt")
for line in fr.readlines():
    line = line.strip().split()
    X.append([int(line[0]),int(line[1])])
```

```
        Y.append(int(line[-1]))
    X=np.array(X)                #转换成 numpy 数组,X 是特征属性集
    y=np.array(Y)                #y 是类别标签集
    #iris = datasets.load_iris()     #去掉这三行的注释符即可对鸢尾花数据集分类
    #X = iris.data[:, [0, 2]]
    #y = iris.target
    # 训练决策树模型，限制树的最大深度 4
    clf = DecisionTreeClassifier("entropy",max_depth=4)
    clf.fit(X, y)
    # 画分类界面图
    x_min, x_max = X[:, 0].min() - 1, X[:, 0].max() + 1
    y_min, y_max = X[:, 1].min() - 1, X[:, 1].max() + 1
    xx, yy = np.meshgrid(np.arange(x_min, x_max, 0.1), np.arange(y_min, y_max, 0.1))
    Z = clf.predict(np.c_[xx.ravel(), yy.ravel()])
    Z = Z.reshape(xx.shape)
    plt.contourf(xx, yy, Z, alpha=0.3)
    plt.scatter(X[:, 0], X[:, 1], c=y, alpha=1)
    plt.show()
```

该程序对表 5-7 的数据集分类结果如图 5-23 所示，对鸢尾花数据集分类结果如图 5-24 所示。这说明决策树分类算法能有效对样本进行分类。

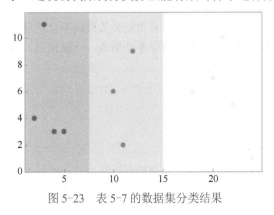

图 5-23　表 5-7 的数据集分类结果

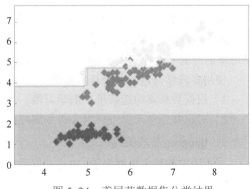

图 5-24　鸢尾花数据集分类结果

5.5　随机森林分类算法

随机森林（RF，Random Forest）是一种基于决策树的分类器集成算法，它使用重抽样技术从样本中生成多棵决策树作为分类器，并利用分类器对样本进行训练和预测。

随机森林分类算法最初由 Leo Breiman 于 2001 年提出，它具有需要调整的参数较少、不必担心过度拟合、分类速度很快、能高效处理大样本数据、能估计哪个特征在分类中更重要以及抗噪音能力较强等特点。随机森林分类算法是一种典型的集成学习方法，下面先介绍集成学习理论。

5.5.1　集成学习理论

集成学习将多个性能一般的普通模型进行有效集成，形成一个性能优良的集成模型，这些性能一般的普通模型被称为个体学习器。如果所有个体学习器都属于同类模型，则称由这些个体学

习器产生的集成模型为同质集成模型，随机森林就是一种同质集成模型，并称这些属于同类模型的个体学习器为基学习器。反之，将属于不同类型的个体学习器组合产生的集成模型称为异质集成模型。

若某学习问题能被个体学习器高精度地学习，则称该学习问题是强可学习问题，并称相应个体学习器为强学习器；反之，则可定义弱可学习问题，并称相应个体学习器为弱学习器。当直接构造强学习器比较困难时，可通过构造一组弱学习器生成强学习器，将强可学习问题转化为弱可学习问题。

1. 弱学习器准确率对集成学习模型的影响

合理选择弱学习器是集成学习首要必须解决的问题，例如，对于图 5-25 所示的二分类任务（圆圈表示分类正确，叉号表示分类错误），图中每个分类器的分类正确率均为 1/3，则由少数服从多数原则进行组合得到集成模型的分类正确率为 0。而对于图 5-26 中的二分类问题，每个分类器的正确率均为 2/3，得到的集成模型的分类正确率达到了 5/6。

分类器1	× ○ ○ × × ×
分类器2	○ × × × × ○
分类器3	× × × ○ ○ ×
集成模型	× × × × × ×

图 5-25　弱学习器分类准确率较低时

分类器1	× ○ ○ × ○ ○
分类器2	○ ○ × × × ○
分类器3	× ○ × ○ ○ ×
集成模型	× ○ ○ ○ ○ ○

图 5-26　弱学习器分类准确率较高时

可见，如果弱学习器的分类准确率较低，则组合生成的集成学习模型的分类准确率会更低；而当弱学习器的分类准确率较高时，生成的集成学习模型的分类准确率才会更高。一般来说，弱学习器的准确率至少应大于 60%才适合组合成集成学习模型。

使用集成学习包括两个基本步骤：

1）根据数据集构造若干个弱学习器。

2）对这些弱学习器进行组合得到集成模型。

2. Bagging 集成策略

对于给定的样本数据集 D，Bagging 集成学习主要通过 Bootstrap 自助采样法生成训练样本数据子集。假设 D 中包含 n 个样本数据，自助采样对 D 进行 n 次**有放回**的随机抽样，从而抽取到 1 组和原始样本集同样容量的训练样本子集，重复 k 轮上述抽样，从而得到 k 组训练样本子集。可将那些未被抽到的样本构成测试集，用于测试集成学习模型的泛化性能。

【例 5-11】 现有一组年龄与年收入的统计数据如表 5-15 所示，试用 Bagging 集成学习方法构造一个随机森林的训练样本集。

表 5-15　年龄与年收入的数据样本集 D

编号	1	2	3	4	5	6	7	8	9
年龄/岁	34	21	25	18	30	40	50	55	60
年收入/万元	4	2	3	5	6	15	8	10	5

解：数据集中包含 9 个样本数据，假设对数据集进行 10 轮有放回的随机抽样。生成的 10 个训练样本子集分别记为 D_1, D_2, $\cdots$, D_{10}。限于篇幅，表 5-16 仅列出部分训练样本子集（D_1, D_2, D_3）。

表 5-16　由数据样本生成的随机森林训练样本子集（部分）

训练样本子集 D_1								
编号	1	2	3	4	5	6	7	8	9
年龄	21	21	25	25	30	40	50	50	60
年收入	2	2	3	3	6	15	8	8	5

训练样本子集 D_2								
编号	1	2	3	4	5	6	7	8	9
年龄	34	34	34	18	18	40	50	55	55
年收入	4	4	4	5	5	15	8	10	10

训练样本子集 D_3								
编号	1	2	3	4	5	6	7	8	9
年龄	34	25	25	30	30	30	55	55	60
年收入	4	3	3	6	6	6	10	10	5

可见，由于是有放回地抽样，因此生成的训练样本子集中一般会存在重复的样本。之所以有放回抽样，是因为这样才能保证每次抽取时可能的概率是一样的，即为了达到独立同分布，这样就保证了每一棵决策树都是相互独立的。

5.5.2　随机森林分类的理论与实例

随机森林分类算法是一种集成学习方法，它利用 Bootstrap（鞋带的英文，意为自助）重抽样技术从原始样本中抽取多组样本，对每组 Bootstrap 样本进行决策树建模，然后组合多棵决策树的预测，通过投票得出最终预测结果。

1. 随机森林算法的思想

随机森林分类算法首先利用 Bootstrap 抽样从原始训练集中选取 k 个样本集，且每个样本集的样本容量都与原始训练集一样；其次，对 k 个样本集分别建立 k 个决策树模型，得到 k 种分类结果；最后，根据 k 种分类结果对每个样本进行投票表决，决定其最终分类，随机森林分类算法的原理如图 5-27 所示。

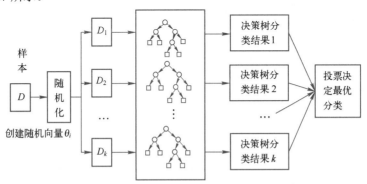

图 5-27　随机森林分类算法原理图

为了生成不同的决策树，随机森林分类算法通过构造不同的训练集增加分类模型间的差异，从而提高组合分类模型的泛化预测能力。通过 k 轮训练，得到一个分类模型序列（$h_1(X)$，$h_2(X)$，…，$h_k(X)$），再用它们构建一个多分类模型系统，该系统的最终分类结果可以采用简单多数投票法，最终的分类决策如下：

$$H(X) = \arg\max_{Y} \sum_{i=1}^{k} I(h_i(X) = Y)$$ （5-24）

其中 $H(X)$ 表示组合分类模型，h_i 是单个决策树分类模型，Y 表示输出变量，$I(*)$ 是示性函数。公式 5-24 说明了使用多数投票决策的方法来决定最终的分类。

随机森林是通过一种 Bootstrap 自助法重采样技术生成很多个树分类器，其步骤如下。

1）从原始训练数据中生成 k 个自助样本集，每个自助样本集是每棵分类树的全部训练数据。

2）每个自助样本集生长为单棵分类树。随机森林并不会利用所有特征属性构建决策树，而是在树的每个节点处从 M 个特征中随机挑选 m 个特征（$m<M$），按照节点基尼指数最小的原则从这 m 个特征中选出一个特征对节点进行分裂。让这棵分类树进行充分生长，使每个节点的基尼指数达到最小，不进行通常的剪枝操作。

可见，随机森林有两个重要参数：一是随机森林中树的个数，树的个数等于 k（自助样本集的个数）；二是树节点预选的变量个数，等于 m（随机挑选的特征个数），在整个森林的生长过程中，m 的值一般维持不变）。

2．Random subspace 方法

所谓 Random subspace 方法，是指在对决策树每个节点进行分裂时，从全部特征属性中等概率随机抽取一个属性子集（通常取 $\lceil \log_2 M \rceil$ 个属性，M 为特征总数），再从这个子集中选择一个最有判别力的属性来分裂节点。由于构建每棵决策树时，随机抽取训练样本和属性子集的过程都是独立的，且总体都是一样的，因此 θ_i，$i=1,2,\cdots,k$ 是一个独立同分布的随机变量序列。训练随机森林的过程就是训练各棵决策树的过程，由于各棵决策树的训练是相互独立的，因此随机森林的训练可以通过并行计算来实现，这将大大提高生成模型的效率。

3．弱分类器决策树构造实例

随机森林中的每棵决策树就是一个弱分类器，随机森林分类算法必须先构建很多棵决策树作为弱分类器，下面是一个构建弱分类器的实例。

【例 5-12】 表 5-17 是一个病毒性肺炎诊断样本数据集，试用该数据集构造一棵作为随机森林弱分类器的决策树。

表 5-17　病毒性肺炎诊断样本数据集

编号	体温	咳嗽	腹泻	头疼	肺炎
1	偏高	是	是	否	是
2	很高	否	否	否	否
3	很高	是	否	是	是
4	正常	是	是	是	是
5	正常	否	否	是	否
6	偏高	是	否	否	是
7	偏高	是	否	是	是
8	很高	是	是	否	是
9	偏高	否	是	是	是

（续）

编号	体温	咳嗽	腹泻	头疼	肺炎
10	正常	是	否	否	否
11	正常	是	否	是	是
12	正常	否	是	是	是
13	偏高	否	否	否	否
14	很高	否	是	否	是
15	很高	否	是	否	是
16	偏高	否	否	是	是

解：表 5-17 中有 4 个特征属性，即 M=4，故从中随机选择 $\lceil \log_2 4 \rceil$=2 个属性用于确定该决策树根节点的划分属性。通过随机抽样，选择"咳嗽"和"腹泻"这两个属性，然后，分别计算两个属性的基尼指数。

1）咳嗽的基尼指数计算如下：

$$gini(是,咳嗽) = 1-\left(\frac{7}{8}\right)^2 - \left(\frac{1}{8}\right)^2 = 0.219$$

$$gini(否,咳嗽) = 1-\left(\frac{5}{8}\right)^2 - \left(\frac{3}{8}\right)^2 = 0.469$$

$$gini(D,咳嗽) = \frac{8}{16} \times 0.219 + \frac{8}{16} \times 0.469 = 0.344$$

2）根据是否腹泻可以将数据集划分为：

$$D_1=\{1,4,8,9,12,14,15\}；D_2=\{2,3,5,6,7,10,11,13,16\}$$

则腹泻的基尼指数计算如下：

$$gini_3(D,体温) = \frac{3}{9} \times gini(D(正常)) + \frac{6}{9} \times gini(D(\neg 正常)) = 0.2$$

根据上述计算结果，应选择腹泻作为决策树根节点的划分属性，得到如图 5-28 所示的初始决策树。

由于"腹泻=是"中所有样本属于同一类别，故不需要再划分。对于"腹泻=否"中的样本递归调用上述过程，继续进行划分。由于已使用"腹泻"作为根节点的划分属性，故在对"腹泻=否"进行划分时不再考虑该属性，此时 m=3，故随机选择 s=2 个属性来作为当前节点划分的候选属性。

根据随机抽样，选择"头疼"和"体温"两个属性，分别计算它们对于 D_2 的基尼指数。

$gini(D_2,头疼)$=0.344

$gini(D_2,体温)$=0.444

根据计算结果，应选择"头疼"作为该节点的划分属性，得到如图 5-29 所示的新决策树。

图 5-28　选择腹泻作为决策树根节点

图 5-29　更新后的决策树（Ⅰ）

新决策树叶节点所对应的特征子集中只剩下 2 个属性（咳嗽和体温），即 $M=2$，由于 $\log_2 2=1$，故随机选择 1 个属性作为划分当前节点的候选属性。于是随机选择"体温"来对分支"头疼=是"进行划分，分别对该属性的 3 种二元划分计算基尼指数，得到：

$$gini_1(D,体温) = \frac{2}{9} \times gini(D(很高)) + \frac{7}{9} \times gini(D(\neg很高)) = 0.3$$

$$gini_2(D,体温) = \frac{4}{9} \times gini(D(偏高)) + \frac{5}{9} \times gini(D(\neg偏高)) = 0.266$$

$$gini_3(D,体温) = \frac{3}{9} \times gini(D(正常)) + \frac{6}{9} \times gini(D(\neg正常)) = 0.2$$

根据上述结果，应选择"体温=正常"和"体温≠正常"作为"头疼=是"数据子集的两个分支。

对于"头疼=否"，所对应的特征的子集中也只剩下 2 个属性（咳嗽和体温），即 $M=2$，故随机选择 1 个属性"咳嗽"作为划分当前节点的候选属性。由于"咳嗽"属性只有两个属性值，直接用其两个属性值作为分支即可，得到如图 5-30 所示更新后的决策树。

在图 5-30 所示的决策树中，"体温=非正常"和"咳嗽=否"分支中的所有样本都属于同一类别，故不需再划分。对于"体温=正常"分支下的样本数据子集，选择"咳嗽"作为划分属性；对于"咳嗽=是"分支下的样本数据子集，选择"体温"作为划分属性，划分方式为"体温=正常"和"体温≠正常"，从而得到图 5-31 所示的最终决策树。

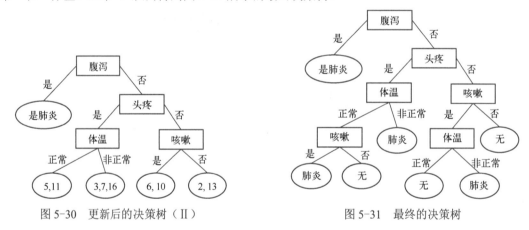

图 5-30　更新后的决策树（Ⅱ）　　　　图 5-31　最终的决策树

需要注意的是，由于构造决策树的过程中要随机选择属性子集，因此所求的最终决策树并不唯一。

4．随机森林分类实例

上例是直接在样本集 D 上构造随机森林的 1 棵决策树的过程。如果要在样本集上构造 k 棵决策树，则需要先用 Bootstrap 有放回抽样的方法得到训练样本子集 D_1、D_2、…、D_k，然后分别在这 k 个子集上构造出 k 棵决策树，最后将这 k 棵决策树作为弱学习器组合成一个具有较强泛化能力的随机森林模型。

【例 5-13】　对表 5-17 所示的数据集构造出 3 棵决策树，作为随机森林的 3 个弱学习器。并使用该随机森林预测新样本{体温:正常、咳嗽:否、腹泻:是、头疼:否}的类别。

解：首先进行三轮 Bootstrap 重抽样，得到如下 3 个训练样本子集。

$D_1=\{1,2,2,3,4,5,6,7,7,8,13,13,14,14,16\}$

D_2={1,1,3,4,5,6,8,9,9,10,11,12,12,13,14,16}
D_3={3,4,4,4,5,7,7,8,9,10,11,11,12,13,13,14}

　　然后，分别使用 D_1，D_2，D_3 训练构造相应的 CART 决策树 L_1，L_2，L_3。最终，构造的决策树 L_1 如图 5-32 所示，L_2 如图 5-33 所示，L_3 与图 5-31 所示的决策树完全相同。

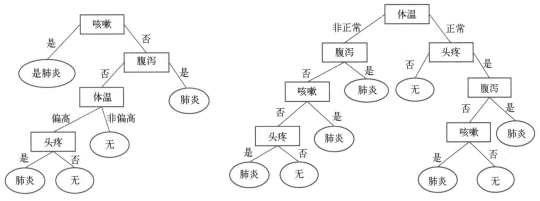

图 5-32　$L1$ 弱分类器　　　　　　　　　　图 5-33　$L2$ 弱分类器

　　最后，对于新样本{体温:正常、咳嗽:否、腹泻:是、头疼:否}，要预测它的类别值。则将该样本分别使用 $L1$、$L2$、$L3$ 弱分类器来判定类别，结果如下。

　　$L1$：肺炎；$L2$：无肺炎；$L3$：肺炎。

　　三个弱分类器的投票结果是 2:1，因此该新样本应判定为"肺炎"类别。

　　提示：

　　在随机森林分类中，弱分类器（决策树）的数量越多越好，但是计算时间也会越长。

5．随机森林分类算法的特点

　　大量研究都证明：随机森林分类算法具有很高的预测准确率，对异常值和噪声具有很好的容忍度，且不容易出现过拟合。可以说，随机森林分类算法是一种自然的非线性分类建模工具。

　　随机森林分类算法的主要优点如下。

　　1）每棵树都选择部分样本及部分特征，一定程度能避免过拟合。

　　2）每棵树随机选择样本并随机选择特征，使得算法具有很好的抗噪能力，性能稳定。

　　3）能处理很高维度的数据，并且不需要做特征选择和降维处理。

　　4）对于不平衡的分类数据集来说，随机森林分类算法可以平衡误差。

　　5）由于每棵树相互独立、可以同时生成，容易做成并行化方法。

　　该算法的缺点在于：参数较复杂；模型训练和预测速度都比较慢。

5.5.3　随机森林分类算法的 sklearn 实现

　　在 sklearn 的 ensemble（集成学习）模块中，提供了 RandomForestClassifier 类，用来实现随机森林分类。该类构造函数的语法如下。

```
class sklearn.ensemble.RandomForestClassifier(n_estimators='warn', criterion= 'gini',
max_depth=None, min_samples_split=2, min_samples_leaf= 1, min_weight_ fraction_
```

```
leaf= 0.0, max_features='auto', max_leaf_nodes= None, min_impurity_decrease=0.0,
min_impurity_split=None, bootstrap=True, oob_score=False, n_jobs=None, random_
state=None, verbose=0, warm_start= False, class_weight=None)
```

其中，重要参数的含义如下。

1）n_estimators：随机森林里树的数量；在 0.2 版本中默认值为 10，在 0.22 版本中默认值为 100。

2）criterion：特征属性判别力的评价标准，取值是"gini"（默认值）或"entropy"。

3）max_features：允许单棵决策树使用特征的最大数量，取值是 auto/None（不限制）或 sqrt（总特征数的平方根个）或数值（总特征的 20%）。

4）max_depth：树的最大深度，-1 表示完全生长（不限制）。

5）min_samples_split：拆分内部节点所需要的最小样本数，默认=2。

6）min_samples_leaf：叶子节点所需要的最小样本数。

7）oob_score：是否使用代外样本来估计泛化精度。

8）n_jobs：模型拟合和预测时并行运行的作业数；默认值为 None，表示不使用并行运算，-1 表示使用所有的处理器进行并行运算。

1. 使用 sklearn 进行随机森林分类算法的实践

【程序 5-8】 使用随机森林分类算法对表 5-7 的数据集和 sklearn 自带的鸢尾花数据集进行分类。

```
import numpy as np
import matplotlib.pyplot as plt
from sklearn import datasets
from sklearn.ensemble import RandomForestClassifier    #引入随机森林分类模块
X ,Y= [],[]     #读取数据
fr = open("D:\\knn.txt")
for line in fr.readlines():
    line = line.strip().split()
    X.append([int(line[0]),int(line[1])])
Y.append(int(line[-1]))            #将最后一列存入 Y
X=np.array(X)   #转换成 numpy 数组,X 是特征属性集
y=np.array(Y)   #y 是类别标签集
#iris = datasets.load_iris()    #去掉这三行的注释符即可对鸢尾花数据集分类
#X = iris.data[:, [0, 2]]
#y = iris.target
# 训练随机森林模型，限制树的最大深度为 5，树的数目为 10 棵
clf = RandomForestClassifier(max_depth=5, n_estimators=10)
clf.fit(X, y)
# 画分类界面图
x_min, x_max = X[:, 0].min() - 1, X[:, 0].max() + 1
y_min, y_max = X[:, 1].min() - 1, X[:, 1].max() + 1
xx, yy = np.meshgrid(np.arange(x_min, x_max, 0.1), np.arange(y_min, y_max, 0.1))
Z = clf.predict(np.c_[xx.ravel(), yy.ravel()])
Z = Z.reshape(xx.shape)
plt.contourf(xx, yy, Z, alpha=0.3)
plt.scatter(X[:, 0], X[:, 1], c=y, marker='D',alpha=1)
```

```
plt.show()
```

该程序对表 5-7 的数据集分类结果如图 5-34 所示，对鸢尾花数据集分类结果如图 5-35 所示。注意：随机森林的每次分类结果都不完全相同。从图 5-34 和图 5-35 可见，随机森林分类算法可有效对样本数据进行分类。

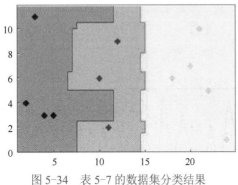

图 5-34　表 5-7 的数据集分类结果　　　　图 5-35　鸢尾花数据集分类结果

总的来说，随机森林分类效果（错误率）与两个因素有关：森林中任意两棵树的相关性（相关性越大，错误率越大）；森林中每棵树的分类能力（每棵树的分类能力越强，整个森林的错误率越低）。

2．随机森林分类算法的调参

在 RandomForestClassifier()参数中，下列 3 个参数应该仔细调整寻找最优值，因为它们对模型的预测能力有很大影响。

1）增加 max_features 一般能提高每棵树的分类能力，因为在每个节点上，有更多的特征可供选择。但同时也会使森林中任意两棵树的相关性增大，导致分类错误率增大，并且增加 max_features 还会降低算法的速度。因此，应当选择一个折中的 max_features。

2）n_estimators 决定子树的数量，较多的子树可以让模型有更好的性能，但同时会让程序变慢。应该在计算能力允许的范围内选择尽可能高的值，这会使预测结果更好更稳定。

3）min_samples_leaf：叶是决策树的末端节点，较小的叶子使模型更容易捕捉训练数据中的噪声。一般来说，应该偏向于将最小叶子节点数目设置为大于 50，以防止过拟合。也可以尽量尝试多种叶子的大小、种类，以找到最优的那个。

【程序 5-9】　寻找随机森林分类算法中最优的 max_features 参数。

```
import matplotlib.pyplot as plt
from sklearn.model_selection import  train_test_split  #数据分割模块
from sklearn.model_selection import cross_val_score    #交叉验证模块
from sklearn.ensemble import RandomForestClassifier
from sklearn import datasets
X, y = datasets.make_classification(n_samples=1000,n_features=30,n_ informative=
15,flip_y=.5, weights=[.1, .9])
X_train,X_test,Y_train,Y_test=train_test_split(X,y,test_size=0.1)
mf_range = range(2, 28)
k_error = []                    #保存预测错误率
for k in mf_range:              #循环，取k=2 到 27，查看 RF 分类的预测准确率
    rf=RandomForestClassifier(n_estimators=29,min_samples_leaf=5,
```

```
max_features=k,n_jobs=2)
        #cv 参数决定数据集划分比例，这里按照 9:1 的比例划分训练集和测试集
        scores = cross_val_score(rf, X, y, cv=9, scoring='accuracy')
        k_error.append(1 - scores.mean())        #把每次的错误率添加到数组
    #画图，x 轴为 k 值，y 值为误差值
    plt.plot(mf_range, k_error)
    plt.xlabel('max_features for RF')
    plt.ylabel('Error')
    plt.show()
```

该程序的运行结果如图 5-36 所示。

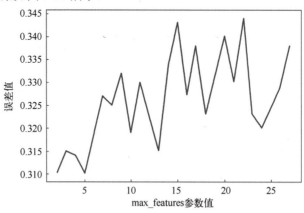

图 5-36　max_features 参数与分类错误率的关系

从图 5-36 可见，最优的 max_features 值一般出现在总特征数的平方根附近。这验证了 max_features 参数的值取平方根是比较合理的。

习题与实验

1．习题

1．以下哪种算法生成的决策树一定是二叉树？（　　　）

　　A．ID3　　　　　　B．C4.5　　　　　　C．CART　　　　　D．都不一定

2．在 C4.5 算法中，若特征属性 A 的取值只有 2 种，两种取值的样本数都是 5 个，则属性 A 的分裂信息 $split\_info(A)$ 的值为（　　　）

　　A．1　　　　　　B．2　　　　　　C．3　　　　　　D．5

3．以下哪个 sklearn 函数的参数为训练集？（　　　）

　　A．fit()　　　　　　　　　　B．predict()

　　C．fit_predict()　　　　　　D．transform(x)

4．如果要在大型数据集上训练决策树，为了花费更少的时间来训练这个模型，下列哪种做法是正确的？（　　　）

　　A．增加树的深度　　　　　　B．增加学习率

　　C．减小树的深度　　　　　　D．减少树的数量

5．在朴素贝叶斯分类中，是通过比较各个类别哪个值的大小进行分类的？（　　　）

A．$P(c_j|x)$　　　　B．$P(x|c_j)$　　　　C．$P(c_j)/P(x)$　　　　D．$P(c_j)$

6．若某个消息出现的概率是 0.25，则该消息的自信息量是_____。

7．ID3 算法选取_____最大的节点作为根节点；C4.5 算法选取_____最大的节点作为根节点。

8．K-近邻算法中 k 的含义是_____。K-均值算法中 k 的含义是_____。

9．对于分类模型，fit()函数的参数为_____；对于聚类模型，fit()函数的参数为_____。

10．给定贝叶斯公式 $P(c_j|x) =(P(x|c_j)P(c_j))/P(x)$，公式中 $P(c_j|x)$ 称为_____（填先验概率、后验概率或全概率）。朴素贝叶斯分类的依据是要求上式中_____的值最大。

11．在决策树分类中，属性的信息增益等于_____与_____的差。

12．决策树是用样本的属性作为节点，用_____作为分支的树结构。

13．CART 算法是选择基尼指数最_____的节点作为根节点（填大或小）。

14．只能对离散型数据进行决策树分类的算法是_____。

15．Bootstrap 重抽样技术采用_____抽样（填有放回或无放回）。

16．在 sklearn 中，fit()函数的返回值是_____，predict()函数的返回值是_____。

17．什么是训练集，聚类的训练集和分类的训练集有何区别？

18．简述分类的一般步骤。

19．简述什么是集成学习，集成学习的准确率一定比单个学习器的准确率更高吗？

20．设有甲、乙、丙三个车间生产同一种产品，已知各车间的产量分别占全厂产量的 25%、35%、40%，各车间的产品次品率依次为 5%、4%、2%，现从待出厂的产品中检查出一个次品，试用朴素贝叶斯分类预测该次品最有可能是由哪个车间生产的。并指出该分类的特征属性和类别属性各是什么。

21．假设在某地区切片细胞中正常（w_1）和异常（w_2）两类的先验概率分别为 $p(w_1) = 0.9$，$p(w_2) = 0.1$。现有一待识别细胞呈现出状态 x，由其类条件概率密度分布曲线查得 $p(x|w_1) = 0.2$，$p(x|w_2) = 0.4$，试对该细胞进行分类。

2．实验

分别使用 sklearn 中的 K-近邻、朴素贝叶斯、决策树、随机森林 4 种分类算法对鸢尾花数据集进行分类，然后使用 PCA 降维算法将鸢尾花数据集维度降为 2，最后使用 Matplotlib 在一幅图中将 4 种分类算法的分类界面在 4 个子图中显示出来。

第 6 章
回归与逻辑回归

回归（Regression）本来是一种统计学方法，常用来预测某个变量的变化趋势，其预测值是连续的，而逻辑回归是一种名为"回归"实为"分类"的分类模型。本章将先介绍线性回归，然后介绍如何将线性回归模型转换为线性分类模型，最后介绍最常用的线性回归模型——逻辑回归。

6.1 线性回归

回归是指研究一组随机变量$(Y_1, Y_2, \cdots, Y_i)$与另一组变量$(X_1, X_2, \cdots, X_k)$之间关系的统计分析方法，又称回归分析。其中 Y_i 是研究中特别关注的，将 Y_i 称为因变量，X_i 则被看成是影响 Y_i 的因素，将X_i称为自变量。

一般的，若有 k 个自变量和 1 个因变量，则因变量的值可分解成两部分：一部分由自变量影响，即表示为它的函数，函数形式已知且含有未知参数；另一部分由其他未考虑因素和随机性影响，称为随机误差。当函数为参数未知的线性函数时，称为线性回归分析模型；当函数为参数未知的非线性函数时，称为非线性回归分析模型（或称曲线回归），当自变量的个数大于 1 时称为**多元回归**，当因变量个数大于 1 时称为多重回归。

6.1.1 相关与回归

从统计角度看，变量之间的关系可分为两种，即函数关系和相关关系。函数关系是人们比较熟悉的，设有两个变量 x 和 y，变量 y 随变量 x 一起变化，并完全依赖于 x，当 x 取某个值时，y 依确定的关系取相应的值，则称 y 和 x 是函数关系，如图 6-1 所示，记为 $y = f(x)$。例如，若单价固定，某种商品的销售额和销售量之间的关系就是函数关系。

在实际问题中，有些变量之间的关系不是那么明确，但又的确存在一定的关系。例如，子女身高和父母身高之间的关系，这两个变量之间不存在完全确定的关系，但存在一定的趋势，即子女的身高往往受到父母身高的影响，但子女身高同时又存在很大的不确定性。把变量之间这种不确定的关系称为相关关系，如图 6-2 所示。例如，商品的消费额 y 与居民收入 x 之间的关系就是相关关系。如果两个变量之间存在相关关系，则可用回归来研究一个变量对另一个变量的影响。

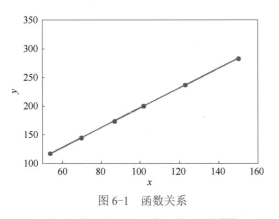

图 6-1　函数关系

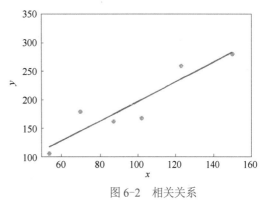

图 6-2　相关关系

相关关系的强弱可用皮尔逊相关系数（Pearson Correlation Coefficient）来度量。

设 x_i 为变量 X 的一系列取值，y_i 为变量 Y 的一系列取值，$\overline{x}$、$\overline{y}$ 表示 x、y 的平均值，$\text{Var}[X]$、$\text{Var}[Y]$ 表示 X、Y 的方差，则皮尔逊相关系数定义如下。

$$r = \frac{\sum\limits_{i=1}^{n}(x_i-\overline{x})(y_i-\overline{y})}{\sqrt{\sum\limits_{i=1}^{n}(x_i-\overline{x})^2\sum\limits_{i=1}^{n}(y_i-\overline{y})^2}} = \frac{\text{Cov}(X,Y)}{\sqrt{\text{Var}[X]\text{Var}[Y]}} \tag{6-1}$$

可见，两个变量(X, Y)的皮尔森相关性系数 $r(X,Y)$等于它们之间的协方差 $\text{cov}(X,Y)$除以它们各自标准差的乘积。

相关系数 r 的取值在[-1,1]之间，其中，1 表示完全正相关，-1 表示完全负相关，0 表示不相关。从图 6-2 可看出，如果相关系数绝对值越接近于 1，则各个样本点越靠近拟合线。

相关分析与回归分析既有联系又有区别，其联系在于：相关分析是回归分析的前提，回归分析是相关分析的拓展。它们的区别包括以下几点。

1）相关分析不区分自变量和因变量，回归分析必须区分自变量和因变量。

2）相关分析不能估计推算具体数值，回归分析可以用自变量数值推算因变量的估计值。

3）互为因果关系的两个变量，可以拟合两个回归方程，但相关系数只有一个。

6.1.2　线性回归分析

当因变量和自变量为线性关系时，则称为线性回归（Linear Regression）。最简单的情形是一元线性回归，由大体上有线性关系的一个自变量和一个因变量组成；模型是 $Y=a+bX+\varepsilon$（X 是自变量，Y 是因变量，ε 是随机误差），一元线性回归的图形如图 6-3 所示。若进一步假定线性回归的随机误差服从正态分布，则称作正态线性模型。

线性回归分析是利用称为线性回归方程的最小平方函数对一个或多个自变量和因变量之间的关系进行建模的一种回归分析。这种函数是一个

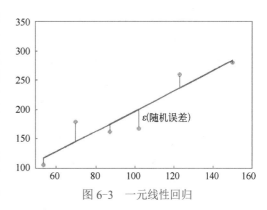

图 6-3　一元线性回归

或多个称为回归系数的模型参数的线性组合。

回归分析中，如果只含一个自变量和一个因变量，且二者的关系可用一条直线近似表示，则把这种回归分析称为一元线性回归分析。如果回归分析中包括两个或两个以上的自变量，且因变量和自变量之间是线性关系，则称为多元线性回归分析。

线性回归分析的任务就是寻找一条拟和直线，使所有散点到该直线的距离之和最小（即随机误差之和最小）。

多元线性回归有多个自变量（特征），每个自变量对因变量的影响强弱由特征前面的参数体现。设 $x_1, x_2, \cdots, x_n$ 表示 n 个特征，则多元线性回归方程如下。

$$h_\theta(x) = \theta_0 + \theta_1 x_1 + \theta_2 x_2 + \cdots + \theta_n x_n + \varepsilon \tag{6-2}$$

多元线性回归的拟合函数如下（拟合函数是所求拟合线的函数，所以没有随机误差）。

$$h(x) = h_\theta(x) = \theta_0 + \theta_1 x_1 + \theta_2 x_2 + \cdots + \theta_n x_n \tag{6-3}$$

在机器学习领域，通常将样本数据表示为特征向量的形式，可令 $x_0=1$，对于任意给定的一个样本，可将其表示为特征向量 $X=(x_0, x_1, x_2, \cdots, x_n)$，参数 $\boldsymbol{\theta}$ 也可表示为特征向量 $\boldsymbol{\theta}=(\theta_0, \theta_1, \theta_2, \cdots, \theta_n)^T$，（其中 T 表示转置），则式（6-3）可以写成：

$$h_\theta(x) = [\theta_0, \theta_1, \theta_2, \cdots, \theta_n] \times \begin{bmatrix} x_0 \\ x_1 \\ x_2 \\ \cdots \\ x_n \end{bmatrix} = \theta^T X \quad (x_0 = 1) \tag{6-4}$$

提示：

向量默认是竖向的，θ^T 表示 $\boldsymbol{\theta}$ 转置后，所以 θ^T 是横向的。$\theta^T X$ 是 $\boldsymbol{\theta}$ 和 X 两个 n 维向量的内积。等价于：$\sum_{i=0}^{n} \theta_i x_i$。

为了求最优的参数 $\boldsymbol{\theta}$ 向量，需要使用损失函数（Loss Function）对 $h(x)$ 进行评估，损失函数又称为错误函数（Error Function），或称为 J 函数。

对于给定带标签训练样本 X，设其标签值为 y，则希望线性回归模型关于该训练样本的预测值 $f(X)$ 与真实值 y 尽可能接近。通常采用平方误差来度量 $f(X)$ 和 y 的接近程度，即

$$e = [y - f(X)]^2 \tag{6-5}$$

这是单个样本的误差，用 e 表示。在机器学习的训练样本集中，通常有多个样本，可将所有训练样本所产生的误差的总和看成是线性回归模型的总误差。因此，对于任意给定的 n 个训练样本 $X_1, X_2, \cdots, X_n$，令其标签值分别为 $y_1, y_2, \cdots, y_n$，则所有样本的总误差为：

$$J(\theta) = \sum_{i=1}^{n} [y_i - f(X_i)]^2 \tag{6-6}$$

$J(\theta)$ 就是线性回归模型的损失函数。显然，线性回归模型的目标是使所有样本的总误差最小，因此，可将 $\min J(\theta)$ 定义为线性回归模型的目标函数。这种使所有样本与拟合线之间总误差最小的方法称为最小二乘法。

最小二乘法就是有很多给定点（训练样本），需要找出一条线去拟合这些点，那么可以先假

设这条拟合线的方程（参数未知），然后把数据点代入假设的方程得到预测值，并使得实际值与预测值相减的平方和最小，从而求得方程的参数。这样就求出了线性回归方程。

6.1.3　线性回归方程参数的求法

线性回归分析的关键问题是求出线性回归方程（式（6-3））中参数 θ 向量的值，求参数 θ 的值有如下两种方法。

14　线性回归方程参数的求解

1. 正规解方程法

该方法首先求解损失函数 $J(\theta)$ 的方程（式（6-6））。然后对 $J(\theta)$ 求 θ 的偏导数，当倒数等于 0 时，$J(\theta)$ 取得最小值，此时即求得参数 θ。

直接求解损失函数 $J(\theta)$ 的方程需要先将 $J(\theta)$ 向量化，步骤如下。

1）令训练样本集的特征矩阵为 $\boldsymbol{X}_b = (X_1, X_2, \cdots, X_n)^{\mathrm{T}} = (x_{ij})_{n \times m}$，相应的样本标签值为 $y = (y_1, y_2, \cdots, y_n)$，则可将上述损失函数转换为：

$$J(\theta) = \sum_{i=1}^{n} (y_i - f(X_i))^2 = (y - f(X))^{\mathrm{T}}(y - f(X)) \tag{6-7}$$

这是因为，对于任意向量 $\boldsymbol{P}$ 和向量中的元素 P_i，有 $\sum_{i=1}^{n}(P_i)^2 = \boldsymbol{P}^{\mathrm{T}}\boldsymbol{P}$。

而 $f(X_i) = \theta_0 + \theta_1 X_1^{(i)} + \theta_2 X_2^{(i)} + \cdots + \theta_n X_n^{(i)}$，且

$$\boldsymbol{X}_b = \begin{bmatrix} 1 & X_1^{(1)} & X_2^{(1)} & \cdots & X_n^{(1)} \\ 1 & X_1^{(2)} & X_2^{(2)} & \cdots & X_n^{(2)} \\ \cdots & & & & \cdots \\ 1 & X_1^{(m)} & X_2^{(m)} & \cdots & X_n^{(m)} \end{bmatrix} \tag{6-8}$$

特征矩阵 $\boldsymbol{X}_b$ 实际上就对应样本的特征属性集合。例如表 6-1 所示的房价特征集合。

表 6-1　房价样本的特征集合

房子面积/m²	房间数量/间	楼间距/m	离学校距离/km
60	2	10	5
90	2	7	10
120	3	8	4
40	1	4	2
89	2	10	22

2）因为
$$\boldsymbol{X}_b \cdot \boldsymbol{\theta} = \begin{bmatrix} 1 & X_1^{(1)} & X_2^{(1)} & \cdots & X_n^{(1)} \\ 1 & X_1^{(2)} & X_2^{(2)} & \cdots & X_n^{(2)} \\ \cdots & & & & \cdots \\ 1 & X_1^{(m)} & X_2^{(m)} & \cdots & X_n^{(m)} \end{bmatrix} \cdot \begin{bmatrix} \theta_0 \\ \theta_1 \\ \theta_2 \\ \cdots \\ \theta_n \end{bmatrix} = f(\boldsymbol{X}) \tag{6-9}$$

代入式（6-7）得

$$J(\boldsymbol{\theta}) = (\boldsymbol{y} - f(\boldsymbol{X}))^{\mathrm{T}}(\boldsymbol{y} - f(\boldsymbol{X})) = (\boldsymbol{y} - \boldsymbol{X}_b \cdot \boldsymbol{\theta})^{\mathrm{T}}(\boldsymbol{y} - \boldsymbol{X}_b \cdot \boldsymbol{\theta}) \tag{6-10}$$

将上式右边分解得

$$J(\boldsymbol{\theta}) = (\boldsymbol{y} - \boldsymbol{X}_b \cdot \boldsymbol{\theta})^{\mathrm{T}}(\boldsymbol{y} - \boldsymbol{X}_b \cdot \boldsymbol{\theta}) = \boldsymbol{\theta}^{\mathrm{T}}\boldsymbol{X}_b^{\mathrm{T}}\boldsymbol{X}_b\boldsymbol{\theta} - 2(\boldsymbol{X}_b\boldsymbol{\theta})^{\mathrm{T}}\boldsymbol{y} + \boldsymbol{y}^{\mathrm{T}}\boldsymbol{y} \tag{6-11}$$

3）对 θ 求偏导数，并令偏导数等于 0，得

$$\frac{\partial(J(\boldsymbol{\theta}))}{\partial \boldsymbol{\theta}} = 2\boldsymbol{X}_b^{\mathrm{T}}\boldsymbol{X}_b\boldsymbol{\theta} - 2\boldsymbol{X}_b^{\mathrm{T}}\boldsymbol{y} = 0 \tag{6-12}$$

推出：$\boldsymbol{X}_b^{\mathrm{T}}\boldsymbol{X}_b\boldsymbol{\theta} = \boldsymbol{X}_b^{\mathrm{T}}\boldsymbol{y}$

因此：

$$\boldsymbol{\theta} = (\boldsymbol{X}_b^{\mathrm{T}}\boldsymbol{X}_b)^{-1}\boldsymbol{X}_b^{\mathrm{T}}\boldsymbol{y} \tag{6-13}$$

$$f(\boldsymbol{X}) = \boldsymbol{X}_b\boldsymbol{\theta} = \boldsymbol{X}_b(\boldsymbol{X}_b^{\mathrm{T}}\boldsymbol{X}_b)^{-1}\boldsymbol{X}_b^{\mathrm{T}}\boldsymbol{y}$$

需要注意的是，正规解方程法需要计算矩阵 $\boldsymbol{X}^{\mathrm{T}} \cdot \boldsymbol{X}$ 的逆矩阵，因此，只有在 $\boldsymbol{X}^{\mathrm{T}} \cdot \boldsymbol{X}$ 是可逆矩阵的条件下才能获得唯一解。而实际上，当矩阵 $\boldsymbol{X}$ 的行向量之间存在一定的线性相关性时，即不同样本之间的属性标记值存在一定的线性相关时，将会使矩阵 $\boldsymbol{X}^{\mathrm{T}} \cdot \boldsymbol{X}$ 不可逆，自变量之间存在线性相关情况，在机器学习中称为**多重共线现象**。

实际上，自变量之间的线性相关不仅会造成矩阵 $\boldsymbol{X}^{\mathrm{T}} \cdot \boldsymbol{X}$ 不可逆，而且在 $\boldsymbol{X}^{\mathrm{T}} \cdot \boldsymbol{X}$ 可逆的情况下，也有可能导致对参数向量 $\boldsymbol{\theta}$ 的计算不稳定，即样本数据的微小变化会导致参数 $\boldsymbol{\theta}$ 的计算结果的巨大波动（发生过拟合现象）。此时，使用不同的训练样本获得的回归模型之间会产生很大差异，使得回归模型不稳定，缺少泛化能力。

为了解决该问题，需要一种称为**岭回归**（Ridge Regression）的改进方法。岭回归的基本思想是：在线性回归模型的损失函数 $J(\boldsymbol{\theta})$ 增加一个针对 $\boldsymbol{\theta}$ 的范数惩罚函数，通过对目标函数进行正则化处理，将参数 $\boldsymbol{\theta}$ 中所有参数的取值压缩到一个相对较小的范围，即要求 $\boldsymbol{\theta}$ 中所有参数的取值不能过大。由此可得到岭回归的损失函数。

$$J(\boldsymbol{\theta}) = (\boldsymbol{y} - \boldsymbol{X} \cdot \boldsymbol{\theta})^{\mathrm{T}}(\boldsymbol{y} - \boldsymbol{X} \cdot \boldsymbol{\theta}) + \lambda\boldsymbol{\theta}^{\mathrm{T}}\boldsymbol{\theta} \tag{6-14}$$

其中，新增的最后一项称为惩罚项，λ 称为正则化参数（$\lambda \geqslant 0$）。当 λ 的取值较大时，惩罚项 $\lambda\boldsymbol{\theta}^{\mathrm{T}}\boldsymbol{\theta}$ 就会对损失函数的最小化产生一定的干扰，优化算法就会对回归模型参数 $\boldsymbol{\theta}$ 赋予较小的取值以消除这种干扰。因此，正则化参数 λ 的较大取值会对模型参数 $\boldsymbol{\theta}$ 的取值产生一定的抑制作用。λ 的值越大，$\boldsymbol{\theta}$ 的取值就会越小，共线性的影响也越小；当 $\lambda = 0$ 时，退化为传统线性回归方法。

令 $J(\boldsymbol{\theta})$ 对参数 $\boldsymbol{\theta}$ 的偏导数为 0，得：

$$\boldsymbol{\theta} = (\boldsymbol{X}^{\mathrm{T}}\boldsymbol{X} + \lambda\boldsymbol{I})^{-1}\boldsymbol{X}^{\mathrm{T}}\boldsymbol{y} \tag{6-15}$$

其中 I 为 m 阶单位矩阵，这样即使 $\boldsymbol{X}^{\mathrm{T}}\boldsymbol{X}$ 本身不是可逆矩阵，加上 λI 也可使得 $\boldsymbol{X}^{\mathrm{T}}\boldsymbol{X} + \lambda\boldsymbol{I}$ 组成可逆矩阵。

岭回归方法采用参数向量 $\boldsymbol{\theta}$ 的 L2 范数作为惩罚函数，具有便于计算和数学分析的优点。然而当参数个数较多时，需要将重要参数赋予较大的值，不太重要的参数赋予较小的值，甚至对于某些参数赋予 0 值。此时需要其他范数作为惩罚函数对目标函数做正则化处理。例如，使用参数向量的 L1 范数作为惩罚函数，这称为 **Lasso** 回归。

正规解方程法需要计算矩阵 $\boldsymbol{X}^{\mathrm{T}} \cdot \boldsymbol{X}$ 的逆，它是一个 $n \times n$ 的矩阵（n 是特征的个数）。这样

一个矩阵求逆的计算复杂度大约在 $O(n^{2.4})$ 到 $O(n^3)$ 之间，具体值取决于计算方式。换句话说，如果训练集特征个数翻倍的话，其计算时间大概会变为原来的 5.3（$2^{2.4}$）到 8（2^3）倍。

可见，当特征的个数很多时，正规解方程法求解速度将会非常慢。但有利的一面是，这个方程在训练集上对于每一个实例来说是线性的，其复杂度为 $O(m)$，因此只要有足够的内存空间，就可以对大规模数据集进行训练。同时，一旦得出了线性回归模型（通过解正规方程或者其他的算法），进行预测的速度是非常快的。因为模型中计算复杂度对于要进行预测的实例数量和特征个数都是线性的。换句话说，当实例个数变为原来的两倍多时（或特征个数变为原来的两倍多），预测时间也仅仅是原来的两倍多。

2．正规解方程法求解参数实例

【例 6-1】 假设有一个房屋销售的数据如表 6-2 所示。

表 6-2　房屋销售数据

面积/m^2	123	150	87	102
售价/万元	250	320	160	220

现有一套面积为 46m^2 的房屋，试预测它的售价是多少？

解：本例中只有一个自变量（面积），因此是一个一元线性回归问题，设该一元线性回归的拟合函数为：$Y=a+bX$。

（1）求参数 a、b 的值，本例使用正规方程解法。

根据式 $\theta = (X_b^T X_b)^{-1} X_b^T y$ 估计回归方程的参数 θ。计算步骤如下。

$$X_b^T X_b = \begin{bmatrix} 1 & 1 & 1 & 1 \\ 123 & 150 & 87 & 102 \end{bmatrix} \cdot \begin{bmatrix} 1 & 123 \\ 1 & 150 \\ 1 & 87 \\ 1 & 102 \end{bmatrix} = \begin{bmatrix} 4 & 462 \\ 462 & 55602 \end{bmatrix}$$

$$(X_b^T X_b)^{-1} = \begin{bmatrix} 4 & 462 \\ 462 & 55602 \end{bmatrix}^{-1} = \begin{bmatrix} 6.2 & -0.05 \\ -0.05 & 0.00045 \end{bmatrix}$$

$$X_b^T y = \begin{bmatrix} 1 & 1 & 1 & 1 \\ 123 & 150 & 87 & 102 \end{bmatrix} \cdot \begin{bmatrix} 250 \\ 320 \\ 160 \\ 220 \end{bmatrix} = \begin{bmatrix} 950 \\ 115110 \end{bmatrix}$$

$$\theta = (X_b^T X_b)^{-1} X_b^T y = \begin{bmatrix} 6.2 & -0.05 \\ -0.05 & 0.00045 \end{bmatrix} \cdot \begin{bmatrix} 950 \\ 115110 \end{bmatrix} = \begin{bmatrix} -40 \\ 2.4 \end{bmatrix}$$

解得：$\theta_1=2.4$，$\theta_0=-40$

即所求得的一元线性回归函数为 $y=2.4x-40$

（2）则一套面积为 46m^2 的房屋，它的售价为 $y=2.4\times46-40=70.4$ 万元。

3．梯度下降法

梯度下降（Gradient Descent）算法在机器学习中是很普遍的算法，不仅可以用于线性回归问题，还可以应用到神经网络等机器学习模型中。梯度下降算法是一种求局部最优解的方法，该方法的整体思路是通过迭代来逐渐调整参数，使得损失函数达到最小值。

梯度下降法适合在特征个数非常多，训练实例非常多，内存无法满足要求的时候使用，能很好地解决正规方程法计算复杂度高的问题。sklearn 官网建议，训练数据规模超过 10 万条，推荐使用随机梯度法估计模型的参数。

在单变量的函数中，梯度其实就是函数的微分，代表着函数在某个给定点的切线的斜率，对于损失函数 $J(\theta)$ 来说，它的图形是一个碗形，则从任意值到最小值的路径上，梯度是逐渐减小的，当梯度减小到 0 时，则到达最小值。

梯度就是分别对每个变量进行微分，然后用逗号分隔开，梯度是用<>括起来，说明梯度其实是一个向量。在多变量函数中，梯度是一个向量，向量有方向，梯度的方向就指出了函数在给定点上升最快的方向，梯度的反方向就是函数在给定点下降最快的方向，

比如我们在一座大山上的某处位置，由于我们不知道怎么下山，于是决定走一步算一步，也就是在每走到一个位置的时候，求解当前位置的梯度，沿着梯度的负方向，也就是当前最陡峭的位置向下走一步，然后继续求解当前位置梯度，向这一步所在位置沿着最陡峭最易下山的位置走一步。这样一步步地走下去，一直走到觉得已经到了山脚。这其实就是梯度下降所做的：它计算误差函数关于参数向量的局部梯度，同时沿着梯度下降的方向进行下一次迭代。当梯度值为零的时候，就达到了误差函数最小值。

从上面的解释可以看出，梯度下降不一定能够找到全局的最优解，有可能得到的是局部最优解。但是，如果损失函数是凸函数（比如线性回归的损失函数），梯度下降法得到的解就一定是全局最优解。

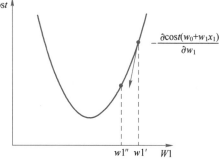

具体来说，开始时，需要选定一个随机的 θ（这个值称为随机初始值），然后逐渐去改进它，每一次变化一小步，每一步都试着降低损失函数 $J(\theta)$，直到算法收敛到一个最小值，如图 6-4 所示。

图 6-4　梯度下降法示意图

在梯度下降法中一个重要的参数是步长，超参数学习率的值决定了步长的大小。如果学习率太小，必须经过很多次迭代，算法才能收敛，这是非常耗时的。另一方面，如果学习率太低，将跳过最低点，到达山谷的另一面，可能下一次的值比上一次还要大。这可能使得算法是发散的，函数值变得越来越大，永远不可能收敛到最小值。

梯度下降法的步骤如下。

1）首先对损失函数 $J(\theta)$ 求 θ_j 的偏导数。

$$\frac{\partial}{\partial \theta} J(\theta) = \frac{\partial}{\partial \theta} \sum_{i=1}^{n} (y_i - f(X_i))^2 = 2(y - f(X)) X^{(i)} \tag{6-16}$$

2）每次对 θ_j 的值减去一个步长值，不断循环，然后比较 $\frac{\partial}{\partial \theta} J(\theta)$ 的值是否变小。如果变大，则改变方向。

Repeat{

$$\theta_j := \theta_j - \alpha \frac{\partial}{\partial \theta_j} J(\theta_0, \theta_1, \cdots, \theta_n) \tag{6-17}$$

}

其中 α 是步长，也称学习率，步长小了收敛慢，步长大了容易跳过收敛值，然后在收敛值附近振荡。所以，使用梯度下降的过程中，需要不断尝试不同的 α 值，从而找到最合适的 α。

线性回归使用梯度下降算法最优化问题只有一个全局最优解，没有其他局部最优解。这是因为 $J(\theta)$ 是凸二次函数（碗形）。所以这里的梯度下降会一直收敛到全局最小。

梯度下降算法是通过每次迭代后，使得当前的向量 θ 代入 $J(\theta)$ 损失函数后，其值逐渐减少，直到最后收敛。

6.1.4　线性回归模型的 sklearn 实现

1. 最小二乘法实现线性回归

在 sklearn 的 linear_model 模块中，提供了 LinearRegression 类，该类使用最小二乘法实现线性回归分析。该类构造函数的语法如下。

```
sklearn.linear_model.LinearRegression(fit_intercept=True,normalize= False,copy_X=
True, n_jobs=1)
```

该函数的主要参数含义如下。

1）fit_intercept：boolean,optional,default True。是否计算截距，默认为计算。如果使用中心化的数据，可以设置为 False，不考虑截距。但一般还是要计算截距。

2）normalize：boolean,optional,default False。标准化开关，默认关闭。该参数在 fit_intercept 设置为 False 时自动忽略。如果为 True，回归会标准化输入参数：$(X-X$ 均值$)/\|X\|$，但还是建议将标准化的工作放在训练模型之前；若为 False，在训练模型前，可使用 sklearn.preprocessing.StandardScaler 进行标准化处理。

3）copy_X：boolean,optional,default True。默认为 True，否则 X 会被改写。

4）n_jobs：int,optional,default 1int。默认为 1，当为 -1 时默认使用全部 CPU。

LinearRegression 类提供了如下两个属性。

1）coef_：回归系数（即斜率）。该属性的类型为 array，维数 shape(n_ features) 或者为 (n_targets, n_features)。

2）intercept_：截距。

【程序 6-1】　假设有一个房屋销售的数据如表 6-3 所示。

表 6-3　房屋销售数据

面积/m²	123	150	87	102
售价/万元	250	320	160	220

现有一套面积为 200m² 的房屋，试预测它的售价是多少。

```
import matplotlib.pyplot as plt
from sklearn import linear_model
plt.rcParams['font.sans-serif']='SimHei'
X,y = [],[]
fr = open('C:\\lr.txt')
for line in fr.readlines():
    lineArr = line.strip().split()
```

```
        X.append([int(lineArr[0])])
        y.append(float(lineArr[1]))
X=[[123],[150],[87],[102]]
y=[[250],[320],[160],[220]]
model=linear_model.LinearRegression()
model.fit(X,y)
y2=model.predict(X)  #y2 为预测值
plt.xlabel('面积')
plt.ylabel('房价')
#plt.title('房价和面积的回归分析')
plt.grid(True)
plt.axis([80,160,150,350])
#plt.plot(X,y,'k.')
plt.scatter(X,y,color='y', marker='o')
plt.plot(X,y2,'g-')  #画拟合线
plt.legend(['预测值','真实值'])
plt.show()
print("截距: ",model.intercept_) #截距
print("斜率: ",model.coef_) #斜率
a=model.predict([[200]]) #预测 200 的 Y 值
print("value is {:.2f}".format(a[0][0]))
```

该程序的预测结果包括图 6-5 所示的图形，以及如下文本。可见程序很好地获得了拟合直线（即回归线）。

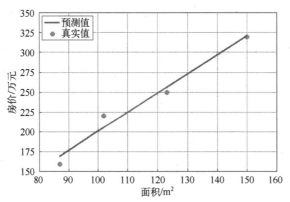

图 6-5　线性回归分析的运行结果

截距：[-40.04016064]。

斜率：[[2.40294511]]。

预测的房价是 440.55 万元。

2. 梯度下降法实现线性回归

随机梯度下降法（Stochastic Gradient Descent）是一种根据模拟退火（Simulated Annealing，SA）原理对损失函数进行最小化的一种计算方式，主要用于多元线性回归算法中，是一种比较高效的最优化方法，在 sklearn 中提供了 SGDRegressor()函数实现梯度下降法的回归分析。该函数的语法如下。

```
SGDRegressor(loss='squared_loss', penalty='l2', alpha=0.0001, l1_ratio= 0.15, n_iter_
no_change=5, fit_intercept=True, shuffle=True, verbose=0, epsilon=0.1, random_state=
None, learning_rate='invscaling', eta0=0.01, power_t=0.25, warm_start=False, average=
False)
```

其主要参数的含义如下。

1）loss：损失函数的计算方法。默认值 squared_loss，表示普通最小二乘法；huber 表示稳健回归（Robust Regression）的 Huber loss；epsilon_insensitive 表示线性 SVM。

2）n_iter_no_change：梯度下降的迭代次数，默认值为 5，设置得越大，步长越小，准确率越高。

3）penalty：为损失函数添加正则项，包括 "none" "l2" "l1" 和 "elasticnet"，"l2" 表示岭回归 Ridge Regression（L2 正则化），"l1" 表示 Lasso Regression（L1 正则化），Elastic Net 是 L1 正则化和 L2 正则化的结合，通过一个参数调整比例。加入少量的正则化一般都会给模型带来一定的提升。一般情况下都会选择 Ridge（L2 正则化）；但是如果得知数据中只有少量的特征是有用的，那么推荐使用 Lasso（L1 正则化）或 Elastic Net；一般来说，Elastic Net 会比 Lasso 效果要好，因为当遇到强相关性特征或特征数量大于训练样本时，Lasso 会表现得很奇怪。

【程序 6-2】　仍以【程序 6-1】的房屋销售价格预测为例，使用梯度下降法的线性回归进行分析。

```
from sklearn.linear_model import LinearRegression, SGDRegressor
sgd_reg = SGDRegressor(n_iter=100)
sgd_reg .fit(X_train_s, y_train)
score = sgd_reg .score(X_test, y_test)


import numpy as np
import matplotlib.pyplot as plt
from sklearn import linear_model
plt.rcParams['font.sans-serif']='SimHei'
X,y = [],[]
X=[[123],[150],[87],[102]]
y=[[250],[320],[160],[220]]
X=np.array(X)
y=np.array(y)
model=linear_model.SGDRegressor(loss="huber",penalty="l2",max_iter=5000)
model.fit(X, y.ravel())
y2=model.predict(X)                 #y2 为预测值
print(y2)
plt.axis([80,160,150,350])
plt.scatter(X,y,color='y', marker='o')
plt.plot(X,y2,'g-')                 #画拟合线
plt.legend(['预测值','真实值'])
plt.show()
print("截距: ",model.intercept_)     #截距
print("斜率: ",model.coef_)          #斜率
```

该程序的预测结果包括图 6-6 所示的图形，以及如下文本。可见梯度下降法获得的拟合直线没有最小二乘法准确，这是因为梯度下降法只能求得近似最优解。

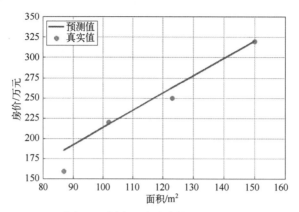

图 6-6　梯度下降法线性回归分析

截距：[0.01658042]。

斜率：[2.13292121]。

提示：

梯度下降法只有在样本足够多的情况下才有较高的准确性。本例由于样本数量太少，梯度下降法的准确率并不好。

3. 评估线性回归分析的误差

为了衡量预测值与真实值之间的差距，可以通过 MSE、MAE、R-squared 等多种评价函数进行评价。

1）MAE：平均绝对误差（mean_absolute_error）。

$$\mathrm{MAE}(y, f(X)) = \frac{1}{N}\sum_{i=1}^{N}\left|y_i - f(X_i)\right| \tag{6-18}$$

式中，y_i 是第 i 个样本的真实值；$f(X_i)$ 是第 i 个样本的预测值。

2）MSE：均方误差（mean_squared_error）。

$$\mathrm{MSE}(y, f(X)) = \frac{1}{N}\sum_{i=1}^{N}\left(y_i - f(X_i)\right)^2 \tag{6-19}$$

3）R-squared：R 平方值（r2_score）。其中 $\overline{y}$ 是所有样本真实值的均值。

$$\mathrm{R}^2(y - f(X)) = 1 - \left[\sum_{i=1}^{N}\left(y_i - f(X_i)\right)^2 \middle/ \sum_{i=1}^{N}\left(y_i - \overline{y}\right)^2\right] \tag{6-20}$$

【程序 6-3】　评估梯度下降法的线性回归模型的误差与样本容量之间的关系。

```
import numpy as np
import matplotlib.pyplot as plt
from sklearn import linear_model
from sklearn.metrics import mean_squared_error    #导入误差评估库
from sklearn.model_selection import train_test_split
def plot_learning_curves(model, X, y):                #定义绘制曲线的函数
    X_train, X_val, y_train, y_val = train_test_split(X,y,test_size=0.2)
```

```
    train_errors, val_errors = [], []
    for m in range(1, len(X_train)):
        model.fit(X_train[:m], y_train[:m])
        y_train_predict = model.predict(X_train[:m])
        y_val_predict = model.predict(X_val)
        # train_errors 表示训练误差，val_errors 表示验证误差
        train_errors.append(mean_squared_error(y_train_predict, y_train[:m]))
        val_errors.append(mean_squared_error(y_val_predict, y_val))
    plt.plot(np.sqrt(train_errors),"r-+",linewidth=2, label="train")
    plt.plot(np.sqrt(val_errors), "b-", linewidth=3, label="val")
    plt.xlabel("Training set size")
    plt.ylabel("RMSE")
m = 100
X = 6 * np.random.rand(m, 1) - 3
y = 0.5 * X**2 + X + 2 + np.random.randn(m, 1)
lin_reg = linear_model.LinearRegression()
plot_learning_curves(lin_reg, X, y)
```

该程序的运行结果如图 6-7 所示。可见，随着样本数量的增加，当样本达到一定数量时，验证误差迅速减小，训练误差和验证误差之间的差距不大且基本维持稳定。

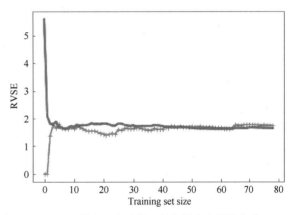

图 6-7 梯度下降法的误差与样本容量的关系

6.2 逻辑回归

逻辑回归（又称 Logistic 回归、逻辑斯蒂回归）虽然名为回归，实际上却是一种线性分类模型，其本质是利用多元线性回归的思想做线性分类预测。

逻辑回归和线性回归的目标都是训练得到一条直线，不同的是，线性回归的直线尽可能去拟合输入变量 X 的分布，使得训练集中所有样本点到直线的距离尽可能短；而逻辑回归的直线尽可能去拟合决策边界，使得训练集样本中不同类的样本点尽可能分离开。

6.2.1 线性分类模型的原理

1. 回归与分类的区别

回归与分类的区别在于：分类可以看作一个函数，它把特征映射到类的类别空间上（其类别值 y 是离散值），而回归也可看成一个函数，它把自变量的值映射到因变量的值上（因变量值 y 是连续的）。

因此，如果预测值是连续的，就是回归问题，如果预测值是离散的，就是分类问题。例如，图 6-8 是手机性能与硬件配置表。其中核心数、内存是特征属性，如果用跑分值（连续值）来衡量手机性能，就是一个回归问题；如果用性能分类来衡量，就是分类问题。

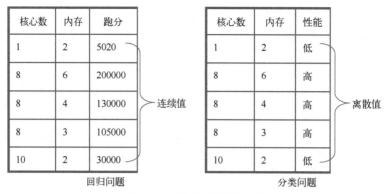

核心数	内存	跑分
1	2	5020
8	6	200000
8	4	130000
8	3	105000
10	2	30000

连续值

回归问题

核心数	内存	性能
1	2	低
8	6	高
8	4	高
8	3	高
10	2	低

离散值

分类问题

图 6-8   回归与分类的区别

将图 6-8 中的数据集作为训练集训练模型，并用该模型预测一台新手机（4 核 CPU，3GB 内存）的跑分值，那么就是一个典型的多元线性回归问题。而如果要预测该新手机所属的性能类别，那么就是一个分类问题。可以对因变量"跑分"人为地设置一个阈值，比如 10000，低于该阈值的将其归类为低性能，高于或等于该值的归类为高性能。

可见，只要将线性回归模型输出的连续值通过比较阈值的方法进行离散化，就能将线性回归模型改造成相应的线性分类模型。

2．跃阶函数与激活函数

将线性回归模型改造成线性分类模型的关键在于如何将线性回归模型输出的连续值进行离散化。最直接的想法是设置若干个阈值，将回归模型的输出值的取值范围分割为有限个不相交的区间。每个区间表示一个类别，由此实现模型连续值输出的离散化。这种方法必须人为主观设置阈值，通常的想法是，对于二分类问题，将阈值设置为所有样本因变量的中位数（或均值）。但这样是不合理的，因为样本的中位数并不能代表总体的中位数（总体中有些样本可能并未被观测到）。并且有些分类问题，如及格或不及格，并不是以均值或中位数来划分类别的。

从数学理论上看，人为设置阈值相当于使用阶跃函数对线性回归模型的输出值进行函数映射。然而，跃阶函数是不连续函数（如图 6-9 所示），无法求导数，而求线性回归模型的参数时通常要用求导数的方法求极小值来确定。因此引入阶跃函数之后将导致线性回归模型无法求方程的参数。

为此，人们设计出了一些具有良好数学性质（如可导）的激活函数（Activation Function）来代替阶跃函数，以实现对连续值的离散化（如图 6-10 所示）。

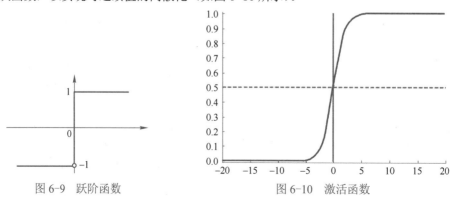

图 6-9   跃阶函数   图 6-10   激活函数

引入了激活函数的线性回归模型就成为线性分类模型，可见，线性分类模型就是在线性回归模型 $f(X)$ 的基础上增加了一层激活函数的映射 $g(f(X))$，其原理如图 6-11 所示。

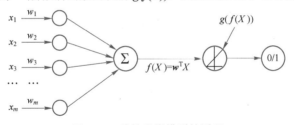

图 6-11　线性分类模型的原理

因此，线性分类模型与线性回归模型比较相似，只是在特征到结果的映射中加入了一层激活函数 $g(f(X))$ 的映射。激活函数必须与单位阶跃函数类似但又具有良好的单调可微性。

逻辑回归就是一种线性分类模型，它使用的激活函数叫作 Sigmoid()函数。Sigmoid()函数的数学表达式如下。

$$\text{Sigmoid}(x) = \frac{1}{1 + e^{-x}} \tag{6-21}$$

图 6-12 是 Sigmoid()函数的图形，可发现它与阶跃函数的图形很相似，但在跃阶处不是跳跃的，而是连续可微的。

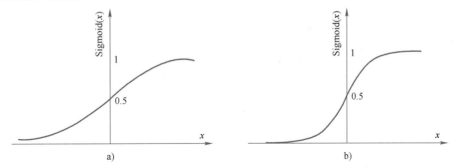

图 6-12　Sigmoid 函数的图形

当 $x=0$ 时，Sigmoid 的函数值为 0.5；随着 x 值的增大，对应的 Sigmoid 值逼近于 1；随着 x 值的减小，Sigmoid 值逼近于 0。但 Sigmoid 函数值永远不可能达到 1 或 0。

6.2.2　逻辑回归模型及实例

1．逻辑回归的假设函数

线性回归模型的函数是 $f(x)=\theta^{\mathrm{T}}X$，逻辑回归模型在线性回归模型的基础上增加了一层 Sigmoid 映射，在图 6-11 中，如果令 $g(x)=\text{Sigmoid}(x)$，将 $f(x)=\theta^{\mathrm{T}}X$ 看作自变量 x 代入 $g(x)$，即得到了逻辑回归模型，因此，逻辑回归模型的函数可表示如下。

$$h_{\theta}(x) = g(\theta^{\mathrm{T}}X) = \frac{1}{1 + e^{-\theta^{\mathrm{T}}X}}$$

$$g(z) = \frac{1}{1 + e^{-z}} \tag{6-22}$$

因为 $h_\theta(x)$ 函数的值域等于 $g(x)$ 函数的值域，即(0,1)，因此可将 $h_\theta(x)$ 看成是一个关于 X 的概率分布。用于表示 X 为正例的概率，即 $h_\theta(x)$ 越接近于 1，则 X 属于正例的可能性越大；$h_\theta(x)$ 越接近于 0，则 X 属于正例的可能性越小。

逻辑回归用来处理 0/1 问题，即预测结果属于 0 或 1 的二分类问题。注意到逻辑回归的假设函数服从伯努利分布，即：

$$p(f(X) = 1 \mid X) = H(X) = \frac{1}{1 + e^{-\theta^T X}} = \frac{e^{\theta^T X}}{1 + e^{\theta^T X}} \tag{6-23}$$

$$p(f(X) = 0 \mid X) = 1 - H(X) = 1 - \frac{1}{1 + e^{-\theta^T X}} = \frac{1}{1 + e^{\theta^T X}} \tag{6-24}$$

对于每个样本 X，都希望逻辑回归模型对其分类的类别为真实类别的概率越大越好。具体来说，对于由任意给定的 n 个样本构成的训练集 $D=\{X_i, y_i\}$，其中 y_i 表示 X_i 的标签，如果样本 X_i 为正例，则希望 $P(y_i=1 \mid X_i)=H(X_i)$ 的值越大越好，如果 X_i 为反例，则希望 $P(y_i = 0 \mid X_i) = 1-H(X_i)$ 的值越大越好。

由于 y_i 的两个取值状态为互补，故可将上述两式结合起来，得到：

$$P(y_i \mid x_i) = H(X_i)^{y_i}[1 - H(X_i)]^{1-y_i} \tag{6-25}$$

此时，无论 X_i 为正例或反例，都希望 $P(y_i \mid X_i)$ 的值越大越好，由此得到 $H(X)$ 的似然函数 L。显然，该似然函数的值越大越好，因此，$\max L$ 为逻辑回归模型的目标函数。

$$l = \prod_{i=1}^{n} H(X_i)^{y_i}[1 - H(X_i)]^{1-y_i} \tag{6-26}$$

为方便计算，两边求对数，得到对数似然函数为：

$$L = \ln l = \sum_{i=1}^{n}\left[y_i \ln H(X_i) + (1 - y_i)\ln[1 - H(X_i)]\right]$$

$$= \sum_{i=1}^{n}\left[y_i \ln \frac{H(X_i)}{1 - H(X_i)} + \ln[1 - H(X_i)]\right]$$

$$= \sum_{i=1}^{n}\left[y_i(\theta \cdot X_i) - \ln(1 + e^{\theta \cdot X_i})\right]$$

对 $L(\theta)$ 求导数，令导数为 0 时得到极大值，就可得到参数 θ 的估计值。

一个样本逻辑回归函数的值正好是该样本属于正例的概率值，因此，如果该值大于 0.5，就可以判定该样本属于正例的概率大于属于反例的概率；如果该值小于 0.5，则可判定该样本属于反例的概率大于属于正例的概率。因此，在逻辑回归分析中，把 0.5 作为分类的阈值，如图 6-13 所示，大于 0.5 的样本划分为正例，小于 0.5 的样本划分为反例，这样就解决了用线性回归模型直接作分类模型需要主观选择阈值的问题。

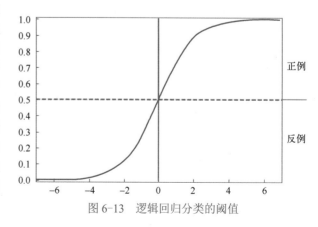

图 6-13　逻辑回归分类的阈值

2．逻辑回归分类应用举例

【例6-2】　为了分析顾客是否购买人造黄油 y 与人造黄油的可涂抹性 $X1$、保质期 $X2$ 之间的关系，某超市随机调查了 24 名顾客，得到的数据如表 6-4 所示。试用逻辑回归对该问题进行建模，并判定新样本（$X1=3$，$X2=1$）的人造黄油是否是顾客所要购买的。

表 6-4　是否购买人造黄油数据表

顾客编号	$X1$	$X2$	y	顾客编号	$X1$	$X2$	y
1	2	3	1	13	5	4	0
2	3	4	1	14	4	3	0
3	6	5	1	15	7	5	0
4	4	4	1	16	3	3	0
5	3	2	1	17	4	4	0
6	4	7	1	18	5	2	0
7	3	5	1	19	4	2	0
8	2	4	1	20	5	5	0
9	5	6	1	21	6	7	0
10	3	6	1	22	5	3	0
11	3	3	1	23	6	4	0
12	4	5	1	24	6	6	0

解：这是一个二分类问题，因为有两个自变量，所以设逻辑回归模型为：

$$\begin{cases} z = b_0 + b_1 x_1 + b_2 x_2 \\ p(y=1) = \dfrac{e^z}{1+e^z} \end{cases}$$

然后，为了求模型的参数 b_0、b_1、b_2，计算似然函数：

$$L = \prod_{i=1}^{24} \left(\frac{e^{z_i}}{1+e^{z_i}} \right)^{y^i} \left(1 - \frac{e^{z_i}}{1+e^{z_i}} \right)^{1-y^i}$$

$z_i = b_0 + b_1 x_1^{(i)} + b_2 x_2^{(i)}$。其中，$x_1^{(i)}$，$x_2^{(i)}$，$y^i$ 分别表示第 i 个顾客对应的可涂抹性 X_1，保质期 X_2 和是否购买黄油 y 的值。

接下来，通过梯度下降法求解如下似然函数的最优化问题：

$$\theta = \arg \max_{\theta} \left\{ \sum_{i=1}^{n} \left[y^i (\theta \cdot X_i) - \ln(1 + e^{\theta \cdot X_i}) \right] \right\}$$

通过编程计算，解得参数：$b_0=3.528$，$b_1=-1.943$，$b_2=1.119$。

故得到所求逻辑回归模型为：

$$\begin{cases} z = 3.528 - 1.943 x_1 + 1.119 x_2 \\ p(y=1) = \dfrac{e^z}{1+e^z} \end{cases}$$

测试该模型的正确率，该模型用于预测的混淆矩阵如表 6-5 所示。

表 6-5　是否购买黄油的混淆矩阵表

	预测购买	预测不购买
实际购买	10	2
实际不购买	2	10

可见，正确率为 10/12=0.883。

最后预测新样本所属分类，只需将测试数据代入逻辑回归方程中，求得 sigmoid()函数的值就能根据该值对测试数据分类。当 $X1=3$，$X2=1$ 时，

$$p(y=1)=\frac{e^z}{1+e^z}=\frac{e^{3.528-1.943\times3+1.119\times1}}{1+e^{3.528-1.943\times3+1.119\times1}}=0.765>0.5$$

因此该样本应划分为正例，即顾客会购买该人造黄油。

3．逻辑回归分析的特点

逻辑回归分析的优点表现在：预测结果是介于 0～1 之间的概率，不仅能确定类别，还能判断类别的准确程度；适用于连续型和离散型自变量，容易使用和解释。

逻辑回归分析的缺点主要如下。

1）对模型中自变量多重共线性较为敏感，例如两个高度相关自变量同时放入模型，可能导致较弱的一个自变量回归符号不符合预期，符号被扭转。需要利用因子分析或者变量聚类分析等手段来选择代表性的自变量，以减少候选变量之间的相关性。

2）预测结果呈"S"型，因此从 log(odds)向概率转化的过程是非线性的，在两端随着log(odds)值的变化，概率变化很小，边际值太小，slope 太小，而中间概率的变化很大，很敏感。导致很多区间的变量变化对目标概率的影响没有区分度，无法确定阀值。

6.2.3　逻辑回归模型的 sklearn 实现

在 sklearn 的 linear_model 模块中，提供了 LogisticRegression 类，用来实现逻辑回归模型。该类构造函数的语法如下。

```
class sklearn.linear_model.LogisticRegression(penalty='l2', dual=False, tol=
0.0001, C=1.0, fit_intercept=True, intercept_scaling=1, class_ weight=None, random_
state=None, solver='liblinear', max_iter=100, multi_ class='ovr', verbose=0, warm_
start=False, n_jobs=1)
```

函数的主要参数含义如下。

1）penalty：用来指定损失函数的正则化参数，取值为"l1"或"l2"（默认值），其中"l2"支持"newton-cg""sag"和"lbfgs"三种算法。如果选择"l2"，solver 参数可以选择"liblinear""newton-cg""sag"和"lbfgs"这四种算法；如果选择"l1"的话只能使用"liblinear"算法。

2）solver：用来设置损失函数的优化方法，取值有以下 4 种。

- liblinear：solver 参数的默认值。使用了开源的 liblinear 库实现，内部使用了梯度下降法来迭代优化损失函数。
- lbfgs：拟牛顿法的一种，利用损失函数二阶导数矩阵即海森矩阵来迭代优化损失函数。
- newton-cg：利用损失函数二阶导数矩阵即海森矩阵来迭代优化损失函数。
- sag：即随机平均梯度下降，是梯度下降法的变种，和普通梯度下降法的区别是每次迭代仅仅用一部分的样本来计算梯度，适合于样本数据多的时候。

3）C：C 为正则化系数 λ 的倒数，必须为正数，默认为 1。值越小，代表正则化越强。

4）fit_intercept=True：是否存在截距，默认存在。

5）intercept_scaling=1：作用是增加一个合成的特征值，仅在正则化项为'liblinear'，且

fit_intercept 设置为 True 时有用。

6）class_weight=None：类型权重参数。用于标示分类模型中各种类型的权重。默认不输入，即所有分类的权重一样。选择'balanced'自动根据 y 值计算类型权重。

7）multi_class：设置多分类问题如何转换为二分类问题，该参数仅对多分类问题有作用，可选参数为 OvR（默认值）和 multinomial，OvR 表示把多分类中某一类看成正例，其他类都看成反例，然后在上面做二分类逻辑回归，最后再递归地对其他类做二分类逻辑回归。multinomial 的方法是：如果模型有 T 类，则每次在 T 类样本里面选择两类样本出来，不妨记为 T1 类和 T2 类，把所有的输出为 T1 和 T2 的样本放在一起，把 T1 作为正例，T2 作为负例，进行二元逻辑回归，得到模型参数。然后再选择其他两类作为 T1 和 T2 类，如此迭代，一共需要 T(T-1)/2 次分类。可以看出 OvR 相对简单，但分类效果相对略差。而 MvM 分类相对精确，但是分类速度没有OvR 快。如果选择了 OvR，则 4 种损失函数的优化方法 liblinear、newton-cg、lbfgs 和 sag 都可以选择。但是如果选择了 multinomial，则只能选择 newton-cg、lbfgs 和 sag 了。

提示：

除了 LogisticRegression 类之外，LogisticRegressionCV 和 logistic_regression_path 类也用来做逻辑回归。其中 LogisticRegression 和 LogisticRegressionCV 的主要区别是 LogisticRegressionCV 使用了交叉验证来选择正则化系数 C。而 LogisticRegression 需要自己每次指定一个正则化系数。

logistic_regression_path 类则比较特殊，它拟合数据后，不能直接来做预测，只能为拟合数据选择合适逻辑回归的系数和正则化系数，主要用在模型选择的场合。

sklearn 中的逻辑回归分为线性逻辑回归和多项式逻辑回归，线性逻辑回归的分类界面是直线或超平面，而多项式逻辑回归的分类界面是非线性的。

1．线性逻辑回归实例

下面使用线性逻辑回归对样本数据进行分类，并对分类结果进行可视化。

【程序 6-3】 某校根据学生"语文"和"数学"两门课的成绩来决定是否录取学生，数据存放在文件 logi1.txt 中，数据格式如下。

```
# 数据格式：语文成绩,数学成绩,是否被录取（1代表被录取，0代表未录取）
34 , 78 , 0
60, 86 , 1
79, 75, 1
 ……
```

试用逻辑回归模型对该数据集进行分类。

```
import numpy as np
import matplotlib.pyplot as plt
from sklearn.model_selection import train_test_split
from matplotlib.colors import ListedColormap
from sklearn.linear_model import LogisticRegression
plt.rcParams['font.sans-serif'] = ['SimHei']      #用来正常显示中文标签
def plot_decision_boundary(model, axis):            #画分类界面的函数定义
    x0, x1 = np.meshgrid(
        np.linspace(axis[0], axis[1], int((axis[1] - axis[0])*100)). reshape(-1, 1),
```

```
        np.linspace(axis[2], axis[3], int((axis[3] - axis[2])*100)). reshape(-1, 1),
    )
    X_new = np.c_[x0.ravel(), x1.ravel()]
    y_predict = model.predict(X_new)
    zz = y_predict.reshape(x0.shape)
    custom_cmap = ListedColormap(['#EF9A9A', '#FFF59D', '#90CAF9'])
    plt.contourf(x0, x1, zz, cmap=custom_cmap)
# 读取数据
data = np.loadtxt('D:\\logi1.txt', delimiter=',')
data_X = data[:, 0:2]              #取数据的第 0 列和第 1 列
data_y = data[:, 2]               #取数据的第 2 列
# 划分训练集和测试集
X_train, X_test, y_train, y_test = train_test_split(data_X, data_y, random_
state=666)
# 训练模型
log_reg = LogisticRegression(solver='newton-cg')
log_reg.fit(X_train, y_train)
# 结果可视化
plot_decision_boundary(log_reg, axis=[0, 100, 0, 100])
plt.scatter(data_X[data_y == 0, 0], data_X[data_y == 0, 1], color='red')
plt.scatter(data_X[data_y == 1, 0], data_X[data_y == 1,1], color='blue')
plt.xlabel('成绩 1')
plt.ylabel('成绩 2')
plt.title('课程成绩与是否录取的关系')
plt.show()
# 评估模型预测准确率
print(log_reg.score(X_train, y_train))
print(log_reg.score(X_test, y_test))
```

该程序运行结果的文本如下,表明在训练集上的预测准确率为 0.9067,在测试集上的准确率为 0.92。输出图形如图 6-14 所示。可见两类样本中的大部分都被正确分类。

```
0.9066666666666666
0.92
```

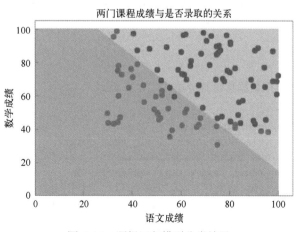

图 6-14　逻辑回归模型分类结果

2．多项式逻辑回归实例

逻辑回归是一种线性分类，它相当于在特征平面中找一条直线，用这条直线分割所有的样本对应的分类。但使用直线分类太过简单，因为有很多情况下样本的分类决策边界并不是一条直线（而是曲线）。也就是说，这些样本点的分布是非线性的。为了用逻辑回归实现非线性分类，可以引入多项式项，改变特征，从而更改样本的分布状态。

Pipeline()函数常用在多项式逻辑回归编程中，Pipeline()函数可以把多个"处理数据的节点"按顺序打包在一起，数据在前一个节点处理完的结果，转到下一个节点处理。除了最后一个节点外，其他节点都必须实现 fit()和 transform()方法，最后一个节点需要实现 fit()方法即可。当训练样本数据送进 Pipeline()函数进行处理时，它会逐个调用节点的 fit()方法和 transform()方法，然后用最后一个节点的 fit()方法来拟合数据。

实现多项式逻辑回归的编程步骤是：

1）使用管道（Pipeline）对特征添加多项式项，【程序 6-4】中，多项式项 degree 的值是 2，实际应用中，需要对 degree 参数进行调整，以获取最佳的参数。

2）对数据进行归一化处理。

3）归一化后的数据执行 LogisticRegression()函数。

【程序 6-4】　使用多项式逻辑回归对【程序 6-3】的数据集进行分类。

```python
import numpy as np
import matplotlib.pyplot as plt
from sklearn.model_selection import train_test_split
from matplotlib.colors import ListedColormap
from sklearn.linear_model import LogisticRegression
from sklearn.pipeline import Pipeline                          #引入管道

from sklearn.preprocessing import PolynomialFeatures   #引入管道特征
from sklearn.preprocessing import StandardScaler       #引入标准化模块
plt.rcParams['font.sans-serif'] = ['SimHei']           # 用来正常显示中文标签
def plot_decision_boundary(model, axis):
    x0, x1 = np.meshgrid(
        np.linspace(axis[0], axis[1], int((axis[1]-axis[0])*100)). reshape(-1, 1),
        np.linspace(axis[2], axis[3], int((axis[3]-axis[2])*100)). reshape(-1, 1),
    )
    X_new = np.c_[x0.ravel(), x1.ravel()]
    y_predict = model.predict(X_new)
    zz = y_predict.reshape(x0.shape)
    custom_cmap = ListedColormap(['#EF9A9A', '#FFF59D', '#90CAF9'])
    plt.contourf(x0, x1, zz, cmap=custom_cmap)
def PolynomialLogisticRegression(degree):              #定义多项式逻辑回归
    return Pipeline([
        ('poly', PolynomialFeatures(degree=degree)),   #对特征添加多项式项
        ('std_scaler', StandardScaler()),              #对数据进行归一化处理
        ('log_reg', LogisticRegression(solver='newton-cg'))
    ])
# 读取数据
data = np.loadtxt('D:\\logi1.txt', delimiter=',')
```

```
data_X = data[:, 0:2]              #取第 0 和 1 列
data_y = data[:, 2]                #取第 2 列
# 数据分割
X_train, X_test, y_train, y_test = train_test_split(data_X, data_y, random_
state=666)
# 训练模型
poly_log_reg = PolynomialLogisticRegression(degree=2)
poly_log_reg.fit(X_train, y_train)
# 结果可视化
plot_decision_boundary(poly_log_reg, axis=[0, 100, 0, 100])
plt.scatter(data_X[data_y == 0, 0], data_X[data_y == 0,1], color='red')
plt.scatter(data_X[data_y == 1,0], data_X[data_y == 1,1], color='blue')
plt.xlabel('语文成绩')
plt.ylabel('数学成绩')
plt.show()
# 模型测试
print(poly_log_reg.predict_proba(X_test))
print(poly_log_reg.score(X_train, y_train))
print(poly_log_reg.score(X_test, y_test))
```

该程序的运行结果如图 6-15 所示，输出的文本如下。从运行结果可以看出，使用多项式逻辑回归后，分类界面呈弧形，这种非线性的分类界面使分类的准确率提高到了 0.92。

```
0.92
0.92
```

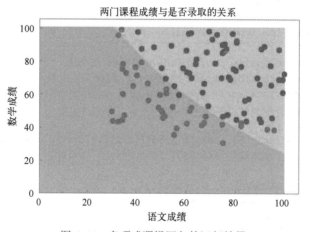

图 6-15　多项式逻辑回归的运行结果

提示：

【程序 6-4】中，当执行 poly_log_reg.fit(X_train, y_train)时，首先由 StandardScaler()在训练集上执行 fit()方法和 transform()方法，transform 后的数据又被传递给 Pipeline 对象的下一步，即 LogisticRegression()。LogisticRegression()是最后一步，它只会执行 fit()方法，最终将转换后的数据传递给 LosigsticRegression()。

习题与实验

1. 习题

1. 关于逻辑回归模型，以下说法中错误的是（　　　）。

    A．逻辑回归属于有监督学习

    B．逻辑回归是回归分析的一种

    C．逻辑回归使用最大似然估计来训练回归模型

    D．逻辑回归的损失函数是通过最小二乘法来定义的

2. $h_\theta(x)=\boldsymbol{\theta}^\mathrm{T}X$ 可作为下列哪种模型的公式？（　　　）

    A．逻辑回归　　　　　　　　　　B．多元线性回归

    C．多重线性回归　　　　　　　　D．神经网络

3. 要实现非线性分类，可以使用＿＿＿＿＿。（　　　）

    A．多元逻辑回归　　　　　　　　B．多项式逻辑回归

    C．多重共线性回归　　　　　　　D．非线性逻辑回归

4. 对于一个测试样本，逻辑回归模型的输出值＿＿＿＿＿样本属于该类别的概率值（填等于、小于或大于）。

5. 回归与分类的区别是，＿＿＿＿＿的预测值是连续值（填回归或分类）。

6. 逻辑回归使用＿＿＿＿＿函数对线性回归进行一个变换。

7. 如果直接用线性回归做分类，会存在什么问题？

8. 回归与分类的区别是什么？

9. 简述使用逻辑回归进行分类的步骤。

10. 简述使用极大似然估计法求解逻辑回归模型参数的步骤。

2. 实验

1. 对 sklearn 自带的糖尿病数据集（加载方法：load-diabetes()）进行线性回归分析，输出线性回归方程的参数，并使用降维算法将该数据集的维度降为 2，将线性回归分析的结果用图形显示出来。

2. 对 sklearn 自带的波士顿房价数据集（加载方法：load-boston()）进行逻辑回归分析，输出逻辑回归的准确率。

第 7 章
人工神经网络

人工神经网络是一种模拟人类大脑神经系统结构的机器学习方法。Simpson 从神经网络的拓扑结构出发，给出了一个简明扼要的定义：人工神经网络是一个非线性的有向图，图中含有可以通过改变权值大小来存放模式的加权边，并且可以从不完整的或未知的输入找到模式。

Kohonen 对人工神经网络的定义是：人工神经网络是由具有适应性的简单单元组成的广泛并行互连的网络，它的组织能够模拟生物神经系统对真实世界所做出的交互反应。

本章首先介绍人工神经网络的构成基础——感知机模型，然后介绍人工神经网络的核心要素，最后介绍人工神经网络的新进展——深度学习。

7.1 神经元与感知机

人的神经系统是由众多神经元相互连接而成的一个复杂系统，神经元是神经组织的基本单位。如图 7-1 所示，神经元由细胞体和延伸部分组成，延伸部分按功能分为两类，一类称为树突，用来接收来自其他神经元的信息（神经元的输入）；另一类则用来传递和输出信息，称为轴突（神经元的输出）。

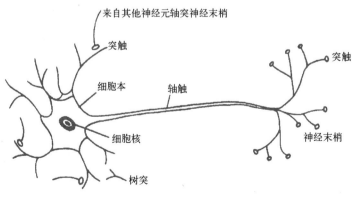

图 7-1 生物神经元的基本结构

神经元对信息的接收和传递都是通过突触来进行的，单个神经元可通过树突从其他神经元接收多达上千个的突触输入，前一个神经元的信息经由其轴突传到末梢之后，通过突触对后面各个神经元产生影响。当若干树突输入时，其中有些是兴奋性的，有些是抑制性的，如果兴奋性突触活动强度总和超过抑制性突触活动强度总和，使得细胞体内电位超过某一阈值时，则细胞体的膜会发生单发性的尖峰电位，这一尖峰电位将会沿着轴突传播到四周与其相联系的神经元。

7.1.1　人工神经元与逻辑回归模型

人工神经元是用人工方法模拟生物神经元而形成的模型，是对生物神经元的抽象与简化，它是一个多输入、单输出的非线性元件，单个神经元总是前向型的。它的输入相当于是生物神经元的树突，用来接收其他神经元发射来的信号，输出相当于是轴突，发出信号给其他神经元。

如图 7-2 所示，人工神经元具有许多输入信号，并且对每个输入都有一个加权系数 w_{ij}，称为权值（Weight），权值的正负模拟了生物神经元中突触的兴奋和抑制，其大小则代表了突触的不同连接强度。因此，人工神经元具有信息整合能力，即对于多个输入信号，神经元可将这些信号整合成一个输出信号。许多人工神经元分层连接在一起就形成了人工神经网络，其中中间层的神经元对所有信号进行计算处理，然后将结果输出给下一层神经元。

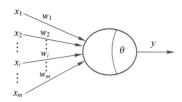

图 7-2　人工神经元模型

在神经元中，对信号的处理采用的是激活函数。其输入、输出的关系可描述如下。

$$y = \sigma\left(\sum_{i=1}^{m} w_i x_i - \theta\right) \tag{7-1}$$

式中，θ 为给定阈值；σ 表示激活函数。

从人工神经元的图示和公式来看，一个人工神经元和逻辑回归模型很相似。唯一区别是逻辑回归模型的公式 $y = \sigma\left(\sum_{i=1}^{m} w_i x_i\right)$ 中没有阈值 θ。

这是因为，逻辑回归模型使用 Sigmoid()函数，它的阈值为 0.5，而人工神经元将该阈值减去，因此人工神经元模型的阈值总是 0。

7.1.2　感知机模型

感知机模型是一种只有一层神经元参与数据处理的最简单的神经网络模型，其功能是对输入信号进行分类。因此，感知机模型是一种分类器。感知机模型通过输入层接收输入信息，输入层的神经元个数与输入变量的个数相同。感知机的输入层仅负责接收外部信息而不参与数据处理，故通常也将输入层称为感知层。

感知机模型通过输入层接收到外部信息之后，会将这些信息传输至输出层神经元。输出层神经元是感知机的数据处理单元，故也将输出层称为处理层。感知机模型的输出层神经元通常使用双极性阈值函数 sgn(t)作为激活函数，故输出值只能为-1 或 1。具体取值与输入信号和神经元之间的连接权重有关。具体来说，假设输入层第 i 个神经元与输出层神经元的连接权重为 w_i，则感

知机模型的输出为

$$f(X) = \text{sgn}\left(\sum_{i=1}^{m} w_i x_i + b\right)$$　　　　　　（7-2）

其中，b 表示神经元的阈值 θ，由于神经元的阈值也是一个可学习的参数，并且是一个常数，因此将其转化为偏置项 b。显然 $b=-\theta$，故可在输入层增加一个输入值恒为 1 的神经元，使得输出所对应的偏置项 b 为该神经元与输出层神经元的连接权重，此时感知机模型如图7-3所示。

图7-3 表示先计算加权输入和偏置的总和，记为 a，然后，用 $h()$ 函数将 a 转换为输出 y。

与逻辑回归模型相似，感知机模型的输入也可表示为向量形式，输入向量 $X=(1,x_1,x_2,x_m)^T$，连接权重为 $W=(b,w_1,w_2,w_m)^T$，由此可将感知机模型表示为如下形式。

$$f(X) = \begin{cases} 1, & W^T X \geqslant 0 \\ -1, & W^T X < 0 \end{cases} \quad \text{或} \quad f(X) = \text{sgn}(W^T X)$$　　　（7-3）

显然 $W^T X=0$ 为感知机的决策边界，故感知机其实是一个决策边界为 $W^T X=0$ 的线性分类器，可用于解决线性可分的二分类任务。以输入向量为 $X=(1,x_1,x_2)^T$ 的感知机模型为例，使用该模型可解决图7-4所示的线性可分的二分类问题，但可以证明，感知机模型无法解决线性不可分问题和多分类问题。

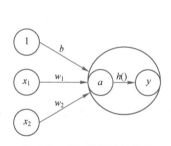

图7-3　感知机模型的结构

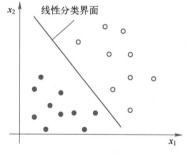

图7-4　线性可分的二分类问题

1. 感知机模型举例

【例7-1】　现有一感知机模型，它有两个输入（x_1 和 x_2），其偏置 $b=4$，现要求该感知机经过训练学习后，当输入为5和8时，输出为1，当输入为2和-3时，输出为-1。

解：第一步，设置参数。设 $w_1(n)$ 和 $w_2(n)$ 为权重系数，n 为重复执行次数。α 为学习速率系数，令 $\alpha=0.05$。y 为实际输出，e 为期望输出。

第二步，主观选取权重系数的初始值，令 $w_1(n)=0.5$，$w_2(n)=-0.5$。

第三步，输入 x_1 和 x_2，并计算实际输出 y。

当 $x_1=5$、$x_2=8$ 时，$X=w_1(0)\times x_1+w_2(0)\times x_2+b=0.5\times5+(-0.5)\times8+4=2.5$；

当 $x_1=2$、$x_2=-3$ 时，$X=w_1(0)\times x_1+w_2(0)\times x_2+b=0.5\times2+(-0.5)\times(-3)+4=6.5$；

所以 $y=f(2.5)=1$，$y=f(6.5)=1$，而题设要求输入为 2 和-3 时，期望输出 $e=-1$，显然不满足此要求，故转第四步。

第四步，修正权重系数，对于 $y=f(6.5)$，期望输出为 $e=-1$，实际输出为 $y=1$。

$$w_1(1)=w_1(0)+\alpha\times(e-y)\times x_1=0.5+0.05\times(-1-1)\times 2=0.3$$

$$w_2(1)=w_2(0)+\alpha\times(e-y)\times x_2=-0.5+0.05\times(-1-1)\times(-3)=-0.2$$

使用新的权重系数，转入第三步再次计算实际输出是否等于期望输出。计算得：

当 x_1=5、x_2=8 时，X=3.9；当 x_1=2、x_2=-3 时，X=5.2，仍不符合要求，故继续转第四步修改权重系数。

当权重系数修改到第 6 次时，$w_1(6)$=-0.7，　$w_2(6)$=1.3，转入第三步再次计算实际输出是否等于期望输出。计算得：

当 x_1=5、x_2=8 时，X=10.9，当 x_1=2、x_2=-3 时，X=-1.3，而 $y=f(10.9)$=-1，$y=f(-1.3)$=-1，故上述权重值符合期望输出的要求。

第五步，指定参数符合条件，学习结束。所以，其中一套符合神经元学习的参数为：w_1=-0.7，w_2=1.3，b=4，α=0.05。

2．感知机模型的学习算法描述

感知机学习算法的原始形式可使用如下算法描述。

输入：训练数据 $T=\{(x_1,y_1),(x_2,y_2),\cdots,(x_N,y_N)\}$，其中，$x_i\in X$，$y_i\in Y=\{+1,-1\}$，$i=1,2,\cdots,N$；学习率 $\alpha(0<\alpha\leqslant 1)$。

输出：参数 w,b；感知机模型 $f(x)=\mathrm{sgn}(wx+b)$。

1）选取初值 w_0,b_0。

2）在训练集中选取数据（x_i,y_i）。

3）如果 $y_i(w\cdot x_i+b)\leqslant 0$，则令 $w=w+\eta y_i x_i$；令 $b=b+\eta y_i$。

4）转至步骤 2），直至训练集中没有误分类点。

15　神经网络原理概述

7.1.3　感知机模型的 Python 实现

【程序 7-1】　现有 10 个带标签的样本作为训练数据，保存在列表 datas 中，使用感知机模型对该样本集进行线性分类。该程序分为以下两部分。

（1）绘制样本散点图

为了便于观察，先画出这些样本点的散点图，如图 7-5 中的散点所示，代码如下。

```
import numpy as np
import random as random
import matplotlib as mpl
import matplotlib.pyplot as plt
datas = [[(1,2),-1],[(2,1),-1],[(2,2),-1],[(1,4),1],[(3,3),1],[(5,4),1], [(3, 3), 1],
[(4, 3), 1], [(1, 1), -1],[(2, 3), -1], [(4, 2), 1]]          #训练数据
random.shuffle(datas)
fig = plt.figure('Input Figure')
plt.rcParams['font.sans-serif']=['SimHei']            #用来正常显示中文标签
xArr = np.array([x[0] for x in datas])
yArr = np.array([x[1] for x in datas])
xPlotx,xPlotx_,xPloty,xPloty_ = [],[],[],[]
```

```
for i in range(len(datas)):
    y = yArr[i]
    if y>0:                          #正例
        xPlotx.append(xArr[i][0])
        xPloty.append(xArr[i][1])
    else:                            #负例
        xPlotx_.append(xArr[i][0])
        xPloty_.append(xArr[i][1])
plt.title('Perception 输入数据')
plt.grid(True)
pPlot1,pPlot2 = plt.plot(xPlotx,xPloty,'b+',xPlotx_,xPloty_,'rx')        #绘制散点
plt.legend(handles = [pPlot1,pPlot2],labels=['Positive Sample','Negtive Sample'],
loc='upper center')
plt.show()
```

（2）训练感知机模型并绘制线性分类界面

训练感知机模型并绘制线性分类界面，代码如下，程序的运行结果如图 7-5 所示，可见输出的分类界面已将样本正确划分为两类。

```
w = np.array([1,1])          #权重初始值为1，1
b = 3                        #偏置初始值为3
n = 1
while True:
    num = 0
    for i in range(len(datas)):
        num += 1
        x = xArr[i]
        y = yArr[i]
        z = y*(np.dot(w,x)+b) #np.dot()用于矩阵相乘，即计算向量 w 和 x 点积
        if z<=0 :
            w = w+n*y*x    #修改权重值
            b = b+n*y
            break
    if num>=len(datas):
        break
fig = plt.figure('Output Figure')
x0 =np.linspace(0,5,100)
w0,w1 = w[0],w[1]
x1 = -(w0/w1)*x0-b/w1           #计算预测值
plt.title("Perception 输出平面")
plt.xlabel('x0')
plt.ylabel('x1')
plt.annotate('输出分类界面',xy=(0.5,4.5),xytext=(1.7,3.5))
pPlot3, pPlot4= plt.plot(xPlotx,xPloty,'b+',xPlotx_,xPloty_,'rx')
plt.plot(x0,x1,'k', lw=1)        #绘制分类界面
plt.legend(handles = [pPlot3,pPlot4],labels=['Positive Sample', 'Negative Sample'],
loc='upper right')
plt.show()
```

```
print(w0,w1,b)                    #输出感知机模型的参数值
```

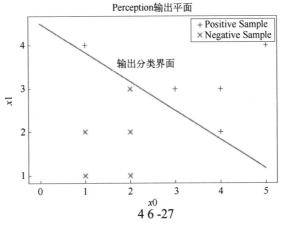

图 7-5　感知机分类界面

7.1.4　多层感知机模型

从【程序 7-1】可以看出，感知机本质上的作用就是分类，并且单个感知机只能进行线性分类。可见，单个感知机的局限性在于无法解决非线性分类问题。对此，有"人工智能之父"之称的马文·明斯基曾经提出"感知机无法解决异或问题"。那么为什么单层感知机无法解决异或问题呢？这可以从图 7-6 所示的与门、或门、与非门、异或门的原理图来解释。如图所示，异或门实际上是一个非线性分类问题，可以通过多层感知机（Multilayer Perceptron，MLP）实现异或门。

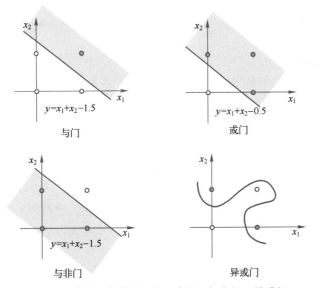

图 7-6　感知机模型和与门、或门、与非门、异或门

图 7-7 是或门和与非门的真值表。

如图所示，将或门和与非门的输出相与，刚好就是异或门的输出。因此异或门可以用其他逻辑门的组合来实现，如图 7-8 所示。

或门		
x_1	x_2	y
0	0	0
0	1	1
1	0	1
1	1	1

与非门		
x_1	x_2	y
0	0	0
0	1	1
1	0	1
1	1	0

异或门		
x_1	x_2	y
0	0	0
0	1	1
1	0	1
1	1	0

图 7-7 或门、与非门、异或门的真值表

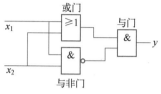

图 7-8 异或门的逻辑门组合图

将图 7-8 转换成感知机的形式，就得到可实现非线性分类的多层感知机模型了，如图 7-9 所示。可见多层感知机就是多个感知机模型组合连接而成。多层感知机实际上就是神经网络的雏形，只是还没引入激活函数。

"大量简单的逻辑，组合而实现复杂的逻辑"，恰恰就是神经网络和深度学习的实现思想。

【例 7-2】 用多层感知机模型解决异或门的实现。

解：第一步，设置参数。对于异或门来说，有四组输入，即 $x_1=0$，$x_2=0$；$x_1=0$，$x_2=1$；$x_1=1$，$x_2=0$；$x_1=1$，$x_2=1$。

阈值：神经元 c 的阈值为 h_c，神经元 $b1$、$b2$ 的阈值分别为 h_{b1} 和 h_{b2}。神经元 a_1、a_2 的阈值分别为 h_{a1} 和 h_{a2}。

实际输出：神经元 c 的实际输出为 y，e 为期望输出。

学习速率：从 b 层到 c 层为 a_c，从 a 层到 b 层为 a_b，n 为重复执行的次数，$f()$ 为激活函数。

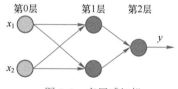

图 7-9 多层感知机

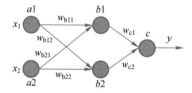

图 7-10 例 7-2 的多层感知机的结构

第二步，初始化。$a_c=a_b=0.6$，随机设置各个权重值，设 $w_{b11}=0.054$，$w_{b12}=0.058$，$w_{b21}=-0.029$，$w_{b22}=0.099$，$w_{c1}=0.08$，$w_{c2}=-0.06$，$h_{b1}=-0.07$，$h_{b2}=-0.094$，$h_c=-0.011$。

第三步，计算实际输出，然后与期望输出进行比较，如果实际输出与期望输出都相同，则结束训练，否则转到第四步。

各层的输出值是：y_{a1} 与 y_{a2} 是输入信号，$y_{b1}=f(w_{b11}\times y_{a1}+w_{b21}\times y_{a2}+h_{b1})$，$y_{b2}=f(w_{b12}\times y_{a1}+w_{b22}\times y_{a2}+h_{b2})$，$y_c=f(w_{c1}\times y_{b1}+w_{c2}\times y_{b2}+h_c)$。

第四步，由输出层到输入层逐层调节连接权重系数及阈值，然后转入第三步。

实际输出与期望输出误差与单个感知器有些不同，它们是通过如下公式计算的。

$$d_c=y_c\times(1-y_c)\times(e-y_c)$$

其中，d_c 是实际输出与期望输出在 c 层的误差。b 层神经元相对于 d_c 的误差为：

$$d_{b1}=y_{b1}\times(1-y_{b1})\times(w_{c1}\times d_c)$$

$$d_{b2}=y_{b2}\times(1-y_{b2})\times(w_{c2}\times d_c)$$

其中，d_{b1} 和 d_{b2} 分别是实际输出与期望输出在 b 层的误差。b 层到 c 层的连接权系数调整为：

$$w_{c1}(n+1)=w_{c1}(n)+a_c \times y_{b1} \times d_c$$
$$w_{c2}(n+1)=w_{c2}(n)+a_c \times y_{b2} \times d_c$$

其中，$w_{c1}(n+1)$ 和 $w_{c2}(n+1)$ 为调整了 $n+1$ 次的 b 层到 c 层的连接权系数。

按这样的学习步骤，当迭代了 11050 次时（$n=11050$），此时连接权系数与阈值为：$w_{b11}=$ -3.73，$w_{b12}=-3.73$，$w_{b21}=-6.22$，$w_{b22}=-6.18$，$w_{c1}=7.39$，$w_{c2}=-7.70$，$h_{b1}=5.43$，$h_{b2}=2.24$，$h_c=-3.34$。实际输出为：$x_1=0$，$x_2=0$ 时，输出 $y=0.05$；$x_1=0$，$x_2=1$ 时，$y=0.941$；$x_1=1$，$x_2=0$ 时，$y=0.941$；$x_1=1$，$x_2=1$ 时，$y=0.078$。可见多层感知机模型对异或问题有很好的分类效果。

7.2 人工神经网络的核心要素

虽然多层感知机可以解决非线性分类的问题，但是必须人工来求解连接权系数和阈值等参数，这需要迭代非常多次，才能一步步找到最优的参数。为此，神经网络在多层感知机的基础上引入了可以求导的激活函数，对激活函数求导，就能得到神经网络的损失函数，令损失函数取最小值，就得到了所求的连接权系数和阈值等参数。

多层感知机和神经网络的区别在于：多层感知机使用阶跃函数作为函数映射，而神经网络使用激活函数作为函数映射。

7.2.1 神经元的激活函数

所谓激活函数，就是在人工神经网络的神经元中运行的函数，负责将神经元的输入映射到输出端。激活函数必须是非线性的连续可微的单调函数，引入激活函数是为了增加神经元的非线性。如果不用激活函数，每一层的输出都是上层输入的线性函数，无论神经网络有多少层，输出都是输入的线性组合，这种情况就是最原始的感知机。如果使用激活函数，则给神经元引入了非线性因素，使得神经网络可以任意逼近任何非线性函数，这样神经网络就可以应用到众多非线性模型中。

在神经网络中，常用的激活函数有 3 种，分别是 sigmoid() 函数、tanh() 函数和 ReLU() 函数，这 3 种激活函数的图形及公式如图 7-11 所示。

下面比较一下这 3 种激活函数的优缺点。

1）使用 sigmoid() 函数作为人工神经元的激活函数有两大好处。从实用的角度来讲，sigmoid() 函数能将任意的实数值映射到 $(0,1)$ 区间，当式（7-1）中 $\sigma()$ 函数变量（设为 z）是很大的负数时，函数值接近 0；当变量 z 是很大的正数时，函数值接近 1。这个特性在神经元上也能找到很好的解释：函数值接近 0 时表示神经元没被激活，而接近 1 时表示神经元完全被激活。

2）tanh() 函数是将 sigmoid() 函数在 y 轴上进行了拉伸，使得其关于 0 点对称，其阈值为 0，因此作为激活函数无须减去阈值。tanh() 函数的缺点同 sigmoid() 函数的缺点一样，即：当 x 很大或很小时，其导数 $g'(z)$ 接近于 0，这会导致梯度很小，权重更新非常缓慢，即梯度消失问题。

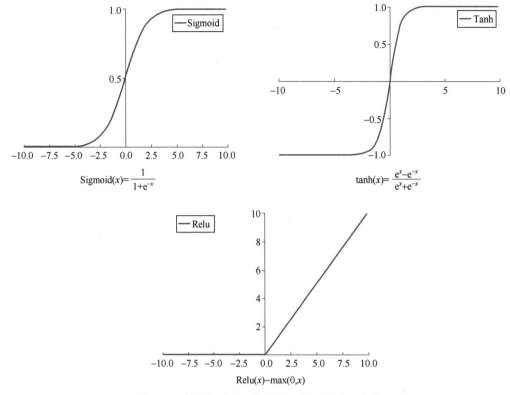

$$\text{Sigmoid}(x)=\frac{1}{1+e^{-x}}$$

$$\tanh(x)=\frac{e^x-e^{-x}}{e^x+e^{-x}}$$

$$\text{Relu}(x)-\max(0,x)$$

图 7-11　神经网络的 3 种激活函数的图形及公式

3）Relu（The Rectified Linear Unit）函数，即线性整流函数，又称修正线性单元。Relu()函数的优点是：在输入为正数的时候（对于大多数输入 z 空间来说），不存在梯度消失问题。计算速度要快很多，Relu()函数只有线性关系，不管是前向传播还是反向传播，都比 sigmod()函数和 tanh()函数要快很多。（sigmod()函数和 tanh()函数要计算指数，计算速度会比较慢）；其缺点是：当输入为负时，梯度为 0，会产生梯度消失问题。

从图 7-11 中可以看出，Relu()函数在 0 点处是不可微的，但由于神经元中的输入经过加权求和后，出现 0 值的概率极低，此时任意选择一个子梯度代替即可，因此 Relu()函数仍然能作为激活函数使用。

提示：

激活函数不能使用线性函数，这是因为，当激活函数为线性函数时，如 $h(x)=cx$，把 $y(x)=h(h(h(x)))$ 的运算对应 3 层神经网络，这个运算会进行 $y(x)=c\times c\times c\times x$ 的乘法运算，但是同样的处理可以由 $y(x)=ax$，$(a=c^3)$ 这一乘法运算（即没有隐含层的单层神经网络）来实现。因此，激活函数为线性函数时，输出 y 不过是输入特征 x 的线性组合（无论多少层），而不使用神经网络也可以构建这样的线性组合。而当激活函数为非线性激活函数时，通过神经网络的不断加深，可以构建出各种复杂而有趣的非线性函数。

7.2.2　损失函数

与其他机器学习模型类似，构建一个满足实际任务需求的神经网络需考虑多方面的因素。其中，直接影响模型性能的因素包括训练样本集的大小及样本质量，网络结构、优化目标函数形式及模型优化算法。

由于人工神经网络的初始模型的性能难以满足任务需求，需对其进行优化。为此，需要构造用于模型优化的损失函数。下面先构造单个样本的损失函数。

假设经过数据预处理之后所获得的训练样本集为 $D=\{(X_1,y_1),\ (X_2,y_2),\ \cdots,\ (X_n,y_n)\}$，网络模型对于样本 X_i 的输出值为 $f(X_i)$，则可以用 hinge() 函数度量模型输出值 $f(X_i)$ 与样本真实值 y_i 之间的差异。该损失函数要求正样本的类别值为 1，负样本的类别值为-1，并且神经网络输出值的取值范围为 $f(X_i)\in[-1,1]$。hinge 损失函数的形式如下。

$$L(X_i,y_i) = \max\{0, 1 - f(X_i) \cdot y_i\} \tag{7-4}$$

显然，当 $f(X_i)$=1，y_i=1 或 $f(X_i)$=-1，y_i=-1 时，函数得到最小值 0，而当 $f(X_i)$=1，y_i=-1 或 $f(X_i)$=-1，y_i=1 时，函数得到最大值 2。当然，实际情况下预测值 $f(X_i)$ 一般是类似 0.9 或-0.9 这样的小数值。故当神经网络模型预测完全正确时该损失函数的取值为 0，否则，其取值为大于 0 的某个数。

式（7-4）是单个样本预测值和真实值之间的差异，若将所有样本的差异累加起来，则可得到如下形式的目标函数。

$$J(W) = \frac{1}{n}\sum_{i=1}^{n} \max\{0, 1 - f(X_i) \cdot y_i\} \tag{7-5}$$

其中，W 表示神经网络模型 f 中全部参数组成的参数向量。故 $f(X_i)$ 是关于参数向量 W 的函数。在训练集给定并且初始参数已知的情况下，可对上述目标函数进行最优化从而获得优化网络模型。

对于二分类问题，还可使用交叉熵损失函数度量网络模型输出值 $f(X_i)$ 与样本真实值 y_i 之间的差异。针对二分类问题的交叉熵损失函数的定义如下。

$$L(X_i,y_i) = -y_i \ln f(X_i) - (1-y_i)\ln(1 - f(X_i)) \tag{7-6}$$

根据交叉熵损失函数所构造的目标函数形式如下。

$$J(W) = -\frac{1}{n}\sum_{i=1}^{n}\left[y_i \ln f(X_i) + (1-y_i)\ln(1 - f(X_i))\right] \tag{7-7}$$

交叉熵能够衡量同一个随机变量中的两个不同概率分布的差异程度，在机器学习中就表示为真实概率分布与预测概率分布之间的差异。交叉熵的值越小，模型预测效果就越好。

交叉熵损失函数的另一个优点是可以推广到多分类情形，这是 hinge() 函数不具备的。交叉熵在多分类问题中常常与 softmax() 函数配合使用，softmax() 函数将输出的结果进行处理，使其多个分类的预测值之和为 1，再通过交叉熵来计算损失。

softmax() 函数的用途是，当模型已经有分类预测结果后，将预测结果输入到 softmax() 函数，就能进行非负性和归一化处理，从而得到 0～1 之间的分类概率。例如，假设有一个四分类问题，对于某一样本，神经网络的最终输出结果为向量 $W=[-0.5,1.2,-0.1,2.4]$，显然，该样本应划入 2.4 对应的 z_4 类（因为类别值最大），那么，该样本属于 z_4 类的概率值是多大呢？为此，就需要将向量 W 用 softmax() 函数进行处理。softmax() 函数定义如下。

$$\text{soft max}(z_j) = \frac{e^{z_j}}{\sum_{k=1}^{K} e^{z_k}} \text{，其中} j \in [1,2,\cdots,K] \tag{7-8}$$

对于向量 $W=[-0.5,1.2,-0.1,2.4]$，使用 softmax() 函数进行处理的结果如下。

$$\text{soft max}(z_1) = \frac{e^{z_1}}{\sum_{k=1}^{K} e^{z_k}} = \frac{e^{z_1}}{e^{z_1} + e^{z_2} + e^{z_3} + e^{z_4}} = \frac{e^{-0.5}}{e^{-0.5} + e^{1.2} + e^{-0.1} + e^{2.4}} = 0.0383$$

softmax(z_2)=0.2094，softmax(z_3)=0.0571，softmax(z_4)=0.6953。而 0.6953+0.0571+0.2094+0.0383=1。

因此，该样本属于 z_4 类的概率为 0.6953，比起看似无意义的值"2.4"，属于 z_4 类的概率为 0.6953，这种概率值更易于让人理解。

需要说明的是，Sigmoid() 函数也能将分类值映射到概率值，但 Sigmoid() 函数是针对二分类问题的，如果将 Sigmoid() 函数应用于多分类问题，则所有类别的概率之和不一定为 1，相反，Softmax() 函数的输出值相互关联，其所有类别的概率总和始终为 1。

7.2.3　网络结构

最常见的人工神经网络是前馈神经网络，前馈神经网络由输入层、隐含层、输出层组成。含有一个隐含层的前馈神经网络如图 7-12 所示。

对于前馈神经网络来说，要确定神经网络的结构，主要是确定各层的节点数，及隐含层的层数。

1. 各层节点数的确定

各层节点数的确定主要原则如下。

1）输入层：输入层对应特征属性，因此输入层的节点数就是特征属性的个数。

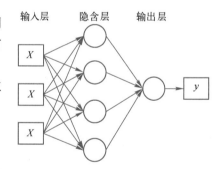

图 7-12　前馈神经网络的结构

2）隐含层：隐含层节点数不仅对建立的神经网络模型的性能影响很大，而且是训练时出现"过拟合"的直接原因，但是目前理论上还没有一种科学的和普遍的确定方法，隐含层节点数不仅与输入/输出层的节点数有关，更与需解决的问题的复杂程度和转换函数的形式以及样本数据的特性等因素有关。隐含层节点数一般是凭经验来确定，根据经验可以参照如下公式来进行设计。

$$l = \sqrt{n+m} + a \tag{7-9}$$

式中，l 为隐含层节点数；n 为输入层节点数；m 为输出层节点数；a 为 1～10 之间的调节常数。

另外，隐含层节点数还必须满足以下两个条件。

1）隐含层节点数必须小于 $N-1$（N 为训练集样本数），否则，网络模型的系统误差与训练样本的特性无关而趋于零，即建立的网络模型没有泛化能力，也没有任何实用价值。同理可推得：

输入层的节点数（变量数）也必须小于 N–1。

2）训练样本数必须多于网络模型的连接权重数，一般为 2～10 倍，否则，样本必须分成几部分，并采用"轮流训练"的方法才可能得到可靠的神经网络模型。

总之，若隐层节点数太少，网络可能根本不能训练或网络性能很差；若隐层节点数太多，虽然可使网络的系统误差减小，但一方面使网络训练时间延长，另一方面，训练容易陷入局部极小值而得不到最优值，这也是训练时出现"过拟合"的内在原因。因此，合理隐层节点数应在综合考虑网络结构复杂程度和误差大小的情况下用节点删除法和扩张法确定。

3）输出层：输出层对应类别属性，如果是二分类，则输出层的节点个数为 1，如果是多分类问题，假设类别数为 n，则输出层的节点数也为 n。

2. 隐含层层数的确定

增加隐含层层数可以降低网络误差，提高精度，但也使网络复杂化，从而增加了网络的训练时间和出现"过拟合"的倾向。一般来讲，设计神经网络应优先考虑 3 层网络（即有 1 个隐含层）。一般地，靠增加隐层节点数来获得较低的误差，其训练效果要比增加隐含层层数更容易实现。

7.2.4　反向传播

人工神经网络的训练方法也同 Logistic 类似，不过由于其多层性，还需要利用求导法则对隐含层的节点进行求导，即"梯度下降+链式求导法则"，专业名称叫反向传播（Back Propagation）。

反向传播的目的是更新各层的权重值，使人工神经网络模型的实际输出值与期望输出值尽可能接近。这其实就是人工神经网络的训练过程。

【例 7-3】 假设有图 7-13 所示的神经网络，它的第一层是输入层，包含两个神经元 $i1$，$i2$ 和截距项 $b1$；第二层是隐含层，包含两个神经元 $h1$，$h2$ 和截距项 $b2$；第三层是输出层，包含 $o1$ 和 $o2$，每条线上标的 wi 是层与层之间连接权重值，激活函数使用 sigmoid()函数。

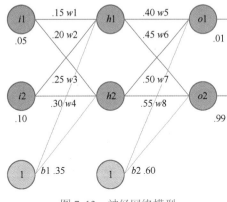

图 7-13　神经网络模型

该人工神经网络的输入数据为：$i1$=0.05，$i2$=0.10。期望输出值为 $o1$=0.01，$o2$=0.99。初始权重为：$w1$=0.15，$w2$=0.20，$w3$=0.25，$w4$=0.30，$w5$=0.40，$w6$=0.45，$w7$=0.50，$w8$=0.55。

试使用反向传播算法，使得该模型的实际输出值与期望输出值尽可能接近。

解：第一步，前向传播阶段。该阶段计算在初始权重值的情况下，人工神经网络在接收输入数据后的实际输出值是多少。

首先计算隐含层神经元 $h1$ 的输入加权和：

$$net_{h1} = w_1 \cdot i_1 + w_2 \cdot i_2 + b_1 \cdot 1 = 0.15 \cdot 0.05 + 0.2 \cdot 0.1 + 0.35 \cdot 1 = 0.3775$$

则神经元 $h1$ 的输出为将输入加权和代入 Sigmoid()函数的值：

$$out_{h1} = \frac{1}{1+e^{-net_{h1}}} = \frac{1}{1+e^{-0.3775}} = 0.5933$$

同理，计算出神经元 h2 的输出为：out_{h2}=0.5969。

然后，计算输出层神经元 o1 和 o2 的输出值。

$$net_{o1} = w_5 \cdot out_{h1} + w_6 \cdot out_{h2} + b_2 \cdot 1 = 0.4 \cdot 0.5933 + 0.45 \cdot 0.5969 + 0.6 \cdot 1 = 1.1059$$

$$out_{o1} = \frac{1}{1+e^{-net_{o1}}} = \frac{1}{1+e^{-1.1059}} = 0.7514$$

同理，计算出神经元 o2 的输出为：out_{o2}=0.7729。

这样前向传播的过程就结束了，得到实际输出值[0.7514, 0.7729]，与期望值[0.01, 0.99]相差甚远，因此必须对误差进行反向传播，以更新权重值，再重新计算输出值。

第 2 步，反向传播阶段。首先使用误差平方和函数计算输出节点 o1 和 o2 的误差：

$$E_{o1} = \frac{1}{2}(y_{o1} - out_{o1})^2 = \frac{1}{2}(0.01 - 0.7514)^2 = 0.2748$$

$$E_{o2} = \frac{1}{2}(y_{o2} - out_{o2})^2 = \frac{1}{2}(0.99 - 0.7729)^2 = 0.0236$$

则总误差值 E_{total}=E_{o1}+E_{o2}=0.2984。

然后对隐含层→输出层的权重值进行更新，这需要使用链式求导法则。

以权重值 w5 为例，如果想知道 w5 对整体误差产生了多少影响，可以用整体误差对 w5 求偏导，而该偏导数的值可通过式（7-10）的链式求导法则求出。

$$\frac{\partial E_{\text{total}}}{\partial w_5} = \frac{\partial E_{\text{total}}}{\partial out_{o1}} \times \frac{\partial out_{o1}}{\partial net_{o1}} \times \frac{\partial net_{o1}}{\partial w_5} \qquad (7\text{-}10)$$

图 7-14 可以更直观地看清楚误差是怎样反向传播的。

下面分别求式（7-10）右边的 3 个偏导数值：

因为 $E_{\text{total}} = \frac{1}{2}(y_{o1} - out_{o1})^2 + \frac{1}{2}(y_{o2} - out_{o2})^2$

由于 E_{total} 右边第 2 项相对于 out_{o1} 来说是常数项，故第 2 项的偏导数为 0。故：

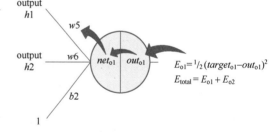

图 7-14 误差反向传播的过程

$$\frac{\partial E_{\text{total}}}{\partial out_{o1}} = 2 \times \frac{1}{2}(y_{o1} - out_{o1}) \times (-1) + 0 = -(y_{o1} - out_{o1}) = -(0.01 - 0.7514) = 0.7414$$

因为 $out_{o1} = \frac{1}{1+e^{-net_{o1}}}$

$$\frac{\partial out_{o1}}{\partial net_{o1}} = out_{o1}(1 - out_{o1}) = 0.7514 \times (1 - 0.7514) = 0.1868$$

因为 $net_{o1} = w_5 \times out_{h1} + w_6 \times out_{h2} + b_2 \times 1$

$$\frac{\partial net_{o1}}{\partial w_5} = 1 \times out_{h1} \times w_5^{1-1} + 0 + 0 = out_{h1} = 0.5933$$

将这 3 者相乘，得到：

$$\frac{\partial E_{\text{total}}}{\partial w_5} = \frac{\partial E_{\text{total}}}{\partial out_{o1}} \times \frac{\partial out_{o1}}{\partial net_{o1}} \times \frac{\partial net_{o1}}{\partial w_5} = 0.7414 \times 0.1868 \times 0.5933 = 0.08217$$

这个值就是 $w5$ 对整体误差产生了多大影响，最后用该值来更新 $w5$ 的权重值：

$$w_5^+ = w_5 - \eta \times \frac{\partial E_{\text{total}}}{\partial w_5} = 0.4 - 0.5 \times 0.08217 = 0.3589$$

接下来，使用同样的方法更新 $w6$、$w7$、$w8$ 的权重值。

最后，使用类似方法，可更新输入层→隐含层的权重值：$w1$、$w2$、$w3$ 和 $w4$。

这样第一轮误差反向传播算法就完成了。接下来再用更新后的权重值重新计算输出值，在这轮更新之后，总误差 E_{total} 由 0.2984 下降至 0.2910。如此反复迭代，在迭代 10000 次以后，总误差为 0.000035，输出为[0.015912196, 0.984065734]，证明效果还是不错的。

提示：

从反向传播的例子可以看出，人工神经网络的每一层结果之间的关系是嵌套，而不是迭代，这与逻辑回归是不同的。在逻辑回归中，执行梯度层层下降，每下降一步，上一步的参数就被下一步的参数所替换掉，最终用来求解预测结果 y 的只是最后一次迭代出的参数组合。但在人工神经网络中，上一层的结果和参数，会被放到下一层中去求解新的结果，但是上一层的参数还会被保留，没有被覆盖。每次求输出值时都还需要执行整个嵌套过程，需要每一层上的每个参数。每一个参数之间是相互独立的，每一层的参数之间也是相互独立的，并不是在执行使用上一层或者上一个神经元的参数来求解下一层或者下一个神经元的参数的过程。不断求解的，是激活函数的结果，而不是参数。

7.2.5　人工神经网络的 sklearn 实现

在 sklearn 的 neural_network 模块中，提供了 MLPClassifier 类，用来实现多层感知机（MLP，Multilayer Perceptron）分类算法。该类构造函数的语法如下。

```
sklearn.neural_network.MLPClassifier(hidden_layer_sizes=(100, ), activation= 'relu',
solver='adam', alpha=0.0001, batch_size='auto', learning_rate='constant', learning_
rate_init=0.001, power_t=0.5, max_iter=200, shuffle=True, random_state=None, tol=
0.0001, verbose=False, warm_start=False, momentum=0.9, nesterovs_momentum=True,
early_ stopping=False, validation_fraction=0.1, beta_1=0.9, beta_2=0.999, epsilon=1e-
08, n_iter_no_change=10)
```

MLPClassifier()函数的主要参数含义如下。

1）hidden_layer_sizes：用来指定隐含层的层数和每层的节点数。该函数的输入参数是一个元组，元组的长度表示隐含层的层数，元组的值表示每一层节点数。如(60,75)表示隐含层有两层，第一层有 60 个神经元（节点），第二层有 75 个神经元。默认值为(100)。

2）activation：用来指定激活函数的类型，可取值有 4 种，为 string 类型，即'identity' 'logistic''tanh''relu'，默认值为 relu，其中'identity'表示激活函数为 $g(x)=x$，这等价于不使用激活函数。

3）solver：设置损失函数的优化方法，取值有以下 3 种。

① 'lbfgs'：quasi-Newton 方法的优化器；对小数据集来说，lbfgs 收敛更快效果也更好。

② 'sgd'：随机梯度下降法。

③ 'adam'：一种随机梯度（Stochastic Gradient-based）最优化算法；对于较大规模的数据集，这种算法效果相对好。

4）alpha：表示正则化项的系数，取值为 float 类型，默认值为 0.001。

5）max_iter：表示训练过程的最大迭代次数。一旦达到该迭代次数或算法收敛，则迭代截止。默认值为 200。

6）tol：表示最优化过程中的容忍度阈值，该阈值用于判断收敛条件。默认为 0.0001。

7）verbose：表示是否输出算法的中间信息，取值为布尔类型，默认为 False。

8）learning_rate_int：表示初始学习率，用来控制更新权重的步长，只有当 solver='sgd'或'adam'时，该参数才有效；取值为 double 类型，可选，默认值 0.001。

9）warm_start：该参数设置为 True 时，将重用上一次调用的解决方案以适合初始化，否则，将擦除以前的解决方案。

MLPClassifier 类具有的属性如表 7-1 所示。

表 7-1　MLPClassifier 类的属性

属性	说明
classes_	array or list of array of shape （n_classes，）每个输出的类标签
loss_	float，使用损失函数计算的当前损失
coefs_	list，length n_layers－1，列表中的第 i 个元素表示对应于层 i 的权重矩阵
intercepts_	list，length n_layers－1，列表中的第 i 个元素表示对应于层 $i+1$ 的偏置矢量
n_iter_	int，迭代次数
n_layers_	int，层数
n_outputs_	int，输出的个数
out_activation_	string，输出激活函数的名称

下面是一个利用人工神经网络模型对二手房销售数据进行分类的程序。

【程序 7-2】　有一组二手房销售数据（保存在数组 data 中），特征属性有 2 个：$x1$ 表示房屋价格与市场均价的偏离值，$x2$ 表示房屋到市中心的距离，y 表示能否在 3 个月内售出。试用人工神经网络对该销售数据进行分类，并绘制出分类界面。

具体实现代码如下所示。

```
import numpy as np
import matplotlib.pyplot as plt
from sklearn.neural_network import MLPClassifier      #导入MLPClassifier类
from sklearn.preprocessing import StandardScaler      #导入数据预处理类
#二手房销售数据
data = [                        #每个样本有 2 个特征属性，1 个类别属性
```

```
    [-0.017612,  14.053064,  0],[-1.395634,  4.662541,  1],[-0.752157,  6.53862,  0],
[-1.322371,  7.152853,  0],[0.423363,  11.054677,  0],  [0.406704,  7.067335,  1],[0.667394,
12.741452,  0],[-2.46015,  6.866805,  1],[0.569411,  9.548755,  0],[-0.026632,  10.427743,
0],  [0.850433,  6.920334,  1],[1.347183,  13.1755,  0],[1.176813,  3.16702,  1],[-1.781871,
9.097953,  0],[-0.566606,  5.749003,  1],  [0.931635,  1.589505,  1],[-0.024205,  6.151823,
1],[-0.036453,   2.690988,   1],[-0.196949,   0.444165,   1],[1.014459,   5.754399,   1],
[1.985298,  3.230619,  1],[-1.693453,  -0.55754,1],[-0.576525,  11.778922,  0],[-0.346811,
-1.67873,  1],[-2.124484,  2.672471,  1],  [1.217916,  9.597015,  0],[-0.733928,  9.098687,
0],[1.416614,  9.619232,  0],[1.38861,  9.341997,  0],[0.317029,  14.739025,  0] ]
    dataMat = np.array(data)
    X=dataMat[:,0:2]
    y = dataMat[:,2]
    #人工神经网络对数据尺度敏感，所以最好在训练前标准化，或者归一化
    scaler = StandardScaler()              # 对数据进行标准化
    scaler.fit(X)                          # 训练标准化对象
    X = scaler.transform(X)                # 转换数据集
    # solver='lbfgs'，MLP 的求解方法：L-BFGS 在小数据上表现较好
    # alpha:L2 的参数：MLP 是可以支持正则化的，默认为 L2，具体参数需要调整
    # hidden_layer_sizes=(5, 2) hidden 层 2 层,第一层 5 个神经元，第二层 2 个神经元），2 层隐
藏层，也就是 3 层神经网络
    clf = MLPClassifier(solver='lbfgs', alpha=1e-5,hidden_layer_sizes= (5,2), random_
state=1)
    clf.fit(X, y)                          #拟合模型
    print('每层网络层系数矩阵维度：\n',[coef.shape for coef in clf.coefs_])
    y_pred = clf.predict([[0.317029, 14.739025]])
    print('预测结果为：',y_pred)
    y_pred_pro =clf.predict_proba([[0.317029, 14.739025]])
    print('预测结果概率：\n',y_pred_pro)
    cengindex = 0                          #保存每层的层号
    for wi in clf.coefs_:
     cengindex += 1                        # 表示第几层神经网络
     print('第%d 层网络层:' % cengindex)
     print('权重矩阵维度:',wi.shape)
     print('系数矩阵:\n',wi)
    # 绘制分割区域
    x_min, x_max = X[:, 0].min() - 1, X[:, 0].max() + 1 # 寻找每个维度的范围
    y_min, y_max = X[:, 1].min() - 1, X[:, 1].max() + 1 # 寻找每个维度的范围
    # 在特征范围以 0.01 位步长预测每一个点的输出结果
    xx1, xx2 = np.meshgrid(np.arange(x_min, x_max, 0.01),np.arange(y_ min, y_max,
0.01))
    # 先形成待测样本的形式，再通过模型进行预测
    Z = clf.predict(np.c_[xx1.ravel(), xx2.ravel()])
    Z = Z.reshape(xx1.shape) # 将输出结果转换为和网格点相同的矩阵形式，以便绘图
```

```
# 绘制区域网格图
plt.rcParams['axes.unicode_minus']=False    #解决负号显示不正常的问题
plt.pcolormesh(xx1, xx2, Z, cmap=plt.cm.Paired)
# 绘制样本点
plt.scatter(X[:,0],X[:,1],c=y)
plt.show()
```

该程序的运行结果如下，其中，输出的可视化图形如图 7-15 所示。

```
每层网络层系数矩阵维度：
 [(2, 5), (5, 2), (2, 1)]
预测结果： [0.]
预测结果概率： [[1. 0.]]
第 1 层网络层：
权重矩阵维度：(2, 5)
系数矩阵：
 [[-1.43998773  0.46375523 -1.4550579  -0.60669804 -0.09787806]
 [-0.4918802  -2.15699608 -1.52829012  4.80046274  0.32097249]]
第 2 层网络层：
权重矩阵维度：(5, 2)
系数矩阵：
 [[-0.68880931 -0.26463594] [-2.17906667 -0.67777493]
 [-2.50284847  0.09080385] [ 3.16012326 -0.49573608]
 [ 0.20608149  0.64214517]]
第 3 层网络层：
权重矩阵维度：(2, 1)
系数矩阵：
 [[-4.09324581] [-0.88295375]]
```

从运行结果可以看出，人工神经网络作为大型机器学习模型，其分类预测的效果比第 5 章介绍的几种简单模型的效果要好得多。因此，当今各种成熟的商业化机器学习项目，大多数都是基于人工神经网络或支持向量机这两种复杂模型的。

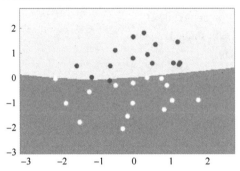

图 7-15 神经网络分类（程序 7-2）运行结果

7.3　深度学习与深度神经网络

深度学习是与浅层学习相对应的概念，深度神经网络（Deep Neural Networks，DNN）是指包含很多层隐含层的人工神经网络，此类模型的容量要比浅层学习模型大得多，基于此类模型的机器学习被称为深度学习。但随着网络层数加深，深度学习模型易出现网络性能退化、容易陷入局部最优等问题。本节首先介绍深度学习的概念和原理，然后介绍实现深度学习的算法库TensorFlow，最后介绍深度学习的核心技术——卷积神经网络。

7.3.1　深度学习的概念和原理

数据处理层（隐含层）数较少的神经网络称为浅层神经网络，基于此类模型的机器学习一般称为浅层学习。感知机模型、径向基网络等神经网络模型均为浅层学习模型。虽然已经证明，包含一个隐含层的神经网络模型可以逼近任意函数（线性和非线性），但其模型容量或灵活性远不及具有较深层次的网络模型，难以满足对复杂任务求解的需求。

深度学习的研究起源于 2006 年，辛顿（Hinton）使用逐层学习策略对样本数据进行训练，获得了一个效果较好的深层神经网络——深度信念网络，打破了深层网络难以被训练的局面。与此同时，在计算机硬件技术领域，基于统一计算设备架构（Compute Unified Device Architecture，CUDA）的通用 GPU（图像处理单元）大大提升了开放性和通用性，能够很好地满足多层神经网络训练的高速度、大规模矩阵运算需要，为较深层次的神经网络模型的训练提供了良好的硬件计算能力支撑；从应用的角度，数据量的快速提升和模型容量的增加为深度学习的成功提供了条件，数据量的增加使得深度学习有了用武之地，这些因素使得通过大量样本训练构造深层次复杂神经网络解决复杂现实问题成为可能，人们将研究重点转向具有较深层次的神经网络模型，由此产生深度学习的相关理论和方法。

从理论上看，虽然神经元数目足够多且包含单个隐含层的神经网络可以逼近任意函数。但神经网络模型增加隐含层的层数比直接增加某一隐含层的节点数更能提高模型的拟合能力，这是因为添加隐含层不仅增加了模型的数据处理神经元数目，还添加了一层嵌套的非线性映射函数。图 7-16 表示使用多层模型逼近复杂函数的一个简单实例，若使用单层多节点模型逼近这一复杂函数，则表示形式通常较为复杂。若用多层模型，则可较为简单地表示该复杂函数。

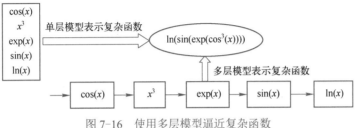

图 7-16　使用多层模型逼近复杂函数

深度神经网络提供了一种简单的学习机制，即直接学习输入与输出的关系，通常把这种机制称为端到端学习（End-to-End Learning）。与传统方法不同，端到端学习并不需要人工定义特征或者进行过多的先验性假设，所有的学习过程都由一个模型完成。从外面看这个模型只是建立了一种输入到输出的映射，而这种映射具体是如何形成的完全由模型的结构和参数决定。这样做的最大好处是，模型可以更加"自由"地进行学习。此外，端到端学习也引发了一个新的思考——如何表示问题？这也就是所谓的表示学习（Representation Learning）问题。在深度学习时代，问题输入和输出的表示已经不再是人类通过简单的总结得到的规律，而是可以让计算机自己进行描述的一种可计算"量"，比如一个实数向量。由于这种表示可以被自动学习，因此也大大促进了计算机对语言文字等复杂现象的处理能力。

端到端学习使机器学习不再像以往传统的特征工程方法一样需要经过烦琐的数据预处理、特征选择、降维等过程，而是直接利用人工神经网络自动从简单特征中提取、组合更复杂的特征，大大提升了模型能力和工程效率。以图 5-2 中的图像分类为例，在传统方法中，图像分类需要很多阶段的处理。首先，需要提取一些手工设计的图像特征，在将其降维之后，需要利用 SVM 等分类算法对其进行分类。与这种多阶段的流水线似的处理流程相比，端到端深度学习只训练一个神经网络，输入就是图片的像素表示，输出直接是分类类别。

传统的机器学习需要大量人工定义的特征，这些特征的构建往往会带来对问题的隐含假设。这种方法存在三方面的问题。

1）特征的构造需要耗费大量的时间和精力。在传统机器学习的特征工程方法中，特征提取过程往往依赖于大量的先验假设，都是基于人力完成的，这就导致相关系统的研发周期也大大增加。

2）最终系统性能的强弱非常依赖特征的选择。有一句话在业界广泛流传："数据和特征决定了机器学习的上限"，但是人的智力和认知是有限的，因此人工设计的特征的准确性和覆盖度会受到限制。

3）通用性差。针对不同的任务，传统机器学习的特征工程方法需要选择出不同的特征，在这个任务上表现很好的特征在其他任务上可能没有效果。

端到端学习将人们从大量的特征提取工作之中解放出来，可以不需要太多人的先验知识。从某种意义上讲，对问题的特征提取全是自动完成的，这也意味着哪怕我们不是该任务的"专家"，也可以完成相关系统的开发。此外，端到端学习实际上也隐含了一种新的对问题的表示形式——分布式表示（Distributed Representation）。在这种框架下，模型的输入可以被描述为分布式的实数向量，这样模型可以有更多的维度描述一个事物，同时避免传统符号系统对客观事物离散化的刻画。

7.3.2 TensorFlow 概述

深度学习不适合使用 sklearn 编程来实现，其实现通常使用 TensorFlow。TensorFlow 是一个基于数据流编程（Dataflow Programming）的符号数学系统，被广泛应用于各类机器学习算法的编程实现。

任何深度学习网络都由四个重要部分组成：数据集、定义模型（网络结构）、训练/学习和预测/评估，这些都可以在 TensorFlow 中得到实现。

TensorFlow 有以下特点。

1）TensorFlow 是一个强大的库，用于执行大规模的数值计算，如矩阵乘法或自动微分。这两个计算是实现和训练 DNN 所必需的。

2）TensorFlow 在后端使用 C/C++，这使得计算速度更快。

3）TensorFlow 有一个高级机器学习 API（tf.contrib.learn），可以更容易地配置、训练和评估大量的机器学习模型。

在 TensorFlow 上一般使用高级深度学习库 Keras 进行编程。Keras 是基于 TensorFlow 的深度学习库，是由 Python 编写而成的高层神经网络 API，也仅支持 Python 开发。它是为了支持快速实践而对 Tensorflow 的再次封装，让开发者不用关注过多的底层细节，能够把想法快速转换为结果。Tensorflow 可以使用 GPU 进行硬件加速，往往可以比 CPU 运算快很多倍。因此如果计算机显卡支持 CUDA 的话，建议尽可能利用 CUDA 加速模型训练（当机器上有可用的 GPU 时，代码会自动调用 GPU 进行并行计算）。

目前 Keras 已经被 TensorFlow 收录，添加到 TensorFlow 中，成为其默认的框架，Keras 支持各种 DNN，如循环神经网络（Recurrent Neural Network，RNN）、卷积神经网络（Convolutional Neural Networks，CNN），甚至是两者的组合。

7.3.3　卷积神经网络

卷积神经网络是一类包含卷积计算并且具有深度结构的前馈神经网络，是一种专门用来处理具有网格结构数据的人工神经网络模型，如时间序列数据（可以认为是在时间轴上有规律地采样形成的一维网格）和图像数据（可以看成是二维的像素网格）。所谓"卷积"，表示该神经网络使用了卷积这种特殊的线性运算，卷积网络是指那些至少在网络的某一层中使用了卷积运算来代替一般的矩阵乘法运算的神经网络。卷积神经网络诞生于图像处理领域，目前已被广泛应用于计算机视觉、语音识别和自然语言处理等众多领域。

1. 卷积神经网络的特点

为了避免庞大的参数、丢失像素间信息以及网络深度发展受限等传统神经网络会产生的问题，卷积神经网络不像神经网络那样采用全连接方式，而是以图像矩阵的方式进行排列，并且引入了"局部感知、权值共享、下采样"等思想，使其在性能和应用场景上都得到了极大的提升。三大核心特点简单介绍如下。

（1）局部感知

卷积神经网络中的每一个神经元不再像传统神经网络那样与下一层中的所有神经元节点进行连接，而是只与其中部分神经元相连，使得权重参数大大减少。因为对于图像而言，通常是局部像素间联系较为紧密，而距离较远的像素间相关性相对较弱，所以没必要对全局图像进行感知，而只需对图像局部信息进行感知。随着网络层次的逐渐深入，更深层的网络会对前一层的图像继续提取局部信息，最终得到图像的全局信息。

（2）权值共享

卷积神经网络中一组连接或者多组连接可以分别共享同一个权重参数或同一个卷积核，而不再是每个连接都有独自的权重。因为若一个卷积核在图像的某一小块区域得到了一个特定的纹理特征，那么在该图像其他类似特征的地方也可使用这个卷积核。

（3）下采样

卷积神经网络中使用下采样技术对原本输入给卷积层较大的图像数据进行压缩操作，减少输出的总像素。能够减少因权重参数过多造成过拟合的可能性，同时由于图像空间尺寸被压缩了，减少了计算量，进一步提升了计算速度。

如前所述，卷积神经网络以其局部权值共享的特殊结构，在诸多方面有着独特的优越性。通过局部感知能够保留图像像素间的关联信息，便于提取图像的更高维特征，感知图像中更丰富的信息，再经过权值共享和下采样操作，可进一步缩减网络参数的数量，提高模型的鲁棒性，让模型可持续扩展深度，继续增加隐含层。卷积神经网络是通过仿造生物的视知觉机制构建的一种多层的神经网络，每层由多个二维平面组成，而每个二维平面又包含了多个独立神经元。利用卷积层、下采样层（也称池化层）、全连接层等 3 种网络层的排列组合，再加上输入层和输出层便可以构建出一个完整的卷积神经网络模型。

2．卷积神经网络的结构

相比人工神经网络，卷积神经网络模型的布局更加接近于实际的生物神经网络，其隐含层内卷积核的参数共享以及层间连接的稀疏性大大降低了网络的复杂性，使其可在规定的时间内和有限的内存资源下完成计算。其强大之处还在于多层网络结构能够自动学习输入数据的深层特征，不同层次的网络可学习到不同层次的特征，从而避免了特征提取的特征工程及特征分类的模式识别过程。在卷积神经网络的典型网络结构中，输入的原始数据或变换后的数据，经过若干个卷积和池化阶段后，进入全连接感知层，最后到达输出层。卷积神经网络的输入层神经元具有宽度、高度和深度三维结构，可分别对应于输入图像的宽度、高度和通道数。全连接层的结构与人工神经网络结构类似，上层与下层所有神经元相连，即采用全连接方式，由于神经元众多，全连接层参数也是最多的，其主要功能是对卷积层和池化层提取出的特征进行综合。卷积神经网络中最为重要的两种网络层是卷积层与池化层，分别介绍如下。

（1）卷积层

卷积是分析数学中一种非常重要的运算，在卷积神经网络中，卷积的目的在于将某些特征提取出来，这是通过卷积核来实现的。例如，在图像处理时，输出图像中的每个像素是由输入图像中每个小区域中像素的加权平均得到的，这其中加权的权值就是由卷积核定义的，其可以被看作一个过滤器或者特征扫描器。

卷积层是卷积神经网络模型中最为核心的部分，一个卷积层一般有多个卷积核，并且每个卷积核可能是高维的，通常与输入维数保持一致。卷积核（Kernel）是单个浮点数矩阵，可以将卷积核的大小和模式想象成一个搅拌图像的方法。卷积核的输出是一幅修改后的图像，在深度学习中经常被称作 feature map，对每个颜色通道都有一个 feature map。卷积核就是图像处理时，给定输入图像，输入图像中一个小区域中像素加权平均后成为输出图像中的每个对应像素，其中权值由一个函数定义，这个函数被称为卷积核。一般卷积神经网络中两层之间会含有多个卷积核，目的是学习出 Input 的不同特征，对应得到多个特征图。

卷积核大小不一样提取的特征就不一样，同一卷积层像素点通过多个卷积核可获得不同形式的特征。强大的特征学习能力是卷积层的最大特点，往往第一层卷积层可能只从原始数据中提取一些较低级的特征，但是更深层次的网络能够从低级特征中迭代提取出更为复杂的特征，这极大地简化了以往烦琐的特征工程。此外，卷积神经网络不同于全连接网络，卷积层的卷积核只与输入中的某些局部区域相连接，并且对于同一层间相同的卷积核会共享参数，这不仅有效地降低了网络参数的数量，而且还可以获取丰富的结构化特征。

（2）池化层

池化操作是卷积神经网络中又一基本操作。通常，经过卷积层提取到的特征图会带有大量冗余信息，而池化就是通过去除这些冗余信息，保留最基本最重要的信息，从而减小特征图的尺寸，实现降维的目的。因此，池化层的功能就是特征降维，并且常插在连续卷积层中间。

卷积神经网络模型与传统的人工神经网络模型不同，其所有的权重都是通过反向传播算法训练得到，分类或预测完全像被放在一个黑匣子中，通过不断的优化来获得网络所需参数，可看作是一个自动合成其自身的特征抽取器。在卷积神经网络模型结构中最常见的是卷积层后面接池化层，其目的主要是为了减少下一次卷积时输入图像的大小，接着重复该过程数次，进一步提取图像的高维特征，最后通过全连接层得到输出。因此，最常见的卷积神经网络模型结构规律如图 7-17 所示。

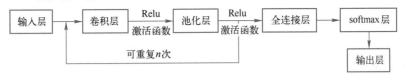

图 7-17　常见的卷积神经网络模型结构规律

卷积神经网络模型中的参数定义比传统模型更加复杂，其参数设计一般可遵循如下规律。

1）为了便于卷积层和池化层计算，输入层矩阵的大小应尽量可被 2 整除多次，如每次池化层产生的特征图是输入的一半，可减少因约减造成的数据丢失。

2）卷积层尽量使用尺寸小的卷积核，并且网络层数越深，卷积核尺寸应设置得越小。因为从空间上来讲，随着网络层次的不断加深，其输出特征图越小，相对来说感知区域就越大，意味着卷积核越大。卷积核增大又会进一步导致特征图减小，并且图像中的感知区域太大难以提取输入数据的高维度特征。在性能方面，卷积核越小，所需的权重参数越少，可有效地提高运算速度。

3）卷积步长应尽量设置小一些，更小的步长提取特征的效果更好，例如，当步长设置为 1 时，空间维度的下采样操作由池化层负责，卷积层只负责对输入数据特征提取。

习题与实验

1．习题

1．人工神经元的公式和逻辑回归的公式相比，逻辑回归的公式中没有（　　）。

  A．激活函数变换　　　　　　B．阈值

  C．权重值　　　　　　　　　D．损失函数

2．以下哪个函数可以对多分类问题的输出值进行归一化处理？（　　）

  A．Sigmoid　　　B．softmax　　　C．Relu　　　　D．hinge

3．如果训练样本的类别值有 4 个，要构建一个神经网络模型训练该组样本，则神经网络的输出层应有几个节点？（　　）

  A．4　　　　　　B．3　　　　　　C．2　　　　　　D．1

4. 深度神经网络主要是增加了（　　　）。

    A. 隐含层的节点数　　　　　　　　B. 隐含层的层数

    C. 输入层的节点数　　　　　　　　D. 输入层的层数

5. 在神经网络的训练过程中，第 i 层节点的权重值 w_i 要根据哪一层进行更新？（　　　）

    A. $i+1$　　　　　B. $i-1$　　　　　C. 最后一层　　　D. 所有层

6. 人工神经网络的训练一般采用_____法。

7. 人工神经网络中的_____相当于是一个逻辑回归模型。

8. 人工神经网络输入层的节点数目和输出层的节点数目如何确定？

9. 人工神经网络的 4 大要素是什么？

10. 人工神经网络是怎样实现非线性分类的？

2. 实验

1. 对 sklearn 自带的手写数字数据集（加载方法：load_digits()）使用人工神经网络进行分类，要求首先将该数据集划分为训练集和样本集（比例为 8:2），对该数据集的标签进行二值化处理。然后构建神经网络模型，每层节点数设为[64, 100, 10]，激活函数使用 Sigmoid()，最后输出分类的准确率和混淆矩阵。

第8章

支持向量机

支持向量机（Support Vector Machine，SVM）是一种非常强大并且具有多种功能的机器学习模型，能够进行线性或者非线性的分类、回归，甚至异常值检测。SVM 特别适用于复杂但可供使用的数据集规模比较小的分类问题。

从实际应用来看，支持向量机在各种实际问题中都表现非常优秀。它在手写数字识别和人脸识别中应用广泛，在文本和超文本的分类中举足轻重，因为支持向量机可以大量减少标准归纳（Standard Inductive）和转换设置（Transductive Settings）中对标记训练实例的需求，因此非常适合于中小样本集的模型训练。同时，支持向量机也被用来执行图像的分类，并用于图像分割系统。实验结果表明，在仅仅三到四轮相关反馈之后，支持向量机就能实现比传统的查询细化方案高得多的搜索精度。

从学术的角度来看，支持向量机是最接近神经网络的机器学习算法。线性支持向量机可以看成是神经网络的单个神经元（虽然损失函数的定义与神经网络的不同），非线性支持向量机则与两层的神经网络相当，非线性支持向量机中如果添加多个核函数，则可模仿多层的神经网络。

8.1   支持向量机的理论基础

如果给定训练样本集 $D=\{(x_1,y_1), (x_2,y_2), \cdots, (x_n,y_n)\}$，$y_i \in \{-1,1\}$，则分类任务的基本思想是基于训练集 D 在样本空间中找到一个划分超平面，将不同类别的样本分开。但能将样本分开的划分超平面可能有很多，应该如何选择呢？

显然，两类不同样本都是距离分类超平面越远，则该超平面的分类效果就越好（因为这样泛化能力更好）。支持向量机正是基于这个思想对样本数据进行分类。所谓支持向量机模型，其实就是一个与样本数据集某个分类超平面相关的决策函数，该分类超平面可使得两类样本数据与该分类超平面形成的间隔均为最大。因此，支持向量机本质上是一个线性分类器，但与逻辑回归或神经网络模型不同的是，支持向量机只能输出样本的类别值，而不能输出样本属于该类别的概率值。

8.1.1 支持向量的超平面

支持向量机所做的工作其实非常容易理解。图 8-1 是一组含有两种标签的数据，两种标签分别用圆和方块表示。支持向量机的分类方法，就是在这组分布中找出一个超平面作为决策边界（分类超平面），使模型在数据上的分类误差尽量接近于 0，尤其是在未知数据集上的分类误差（泛化误差）尽量小。

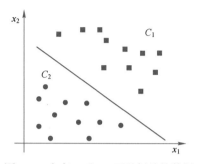

图 8-1　含有 C_1 和 C_2 两种标签的数据

决策边界一侧的所有点在分类中属于一个类，而另一侧的所有点在分类中属于另一个类。如果能够找出决策边界，分类问题就转变成为每个样本对于决策边界的相对位置。比如图 8-1 中的数据分布，可以很容易地在方块和圆之间画出一条线，并让所有落在直线上边的样本被分类为方块，在直线下边的样本被分类为圆。如果把真实数据当作该分类的训练集，只要直线的一边只有一种类型的数据，就没有分类错误，训练误差就为 0。

但是，对于一个数据集来说，让训练误差为 0 的决策边界可以画出无数多条（如图 8-2 中的 $B1$ 和图 8-3 中的 $B2$）。对于这么多的决策边界，无法保证某条决策边界在未知数据集（测试集）上的表现也会准确。对于现有的数据集来说，假设有 $B1$ 和 $B2$ 两条可能的决策边界，那么可以把 $B1$ 这条决策边界分别向两边平移，直到碰到离它们最近的方块或圆点后停止，从而形成两个新的超平面，分别是 $b11$ 和 $b12$，如图 8-2 所示。

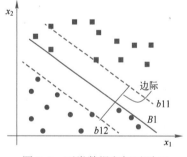

图 8-2　两类数据和超平面 $B1$

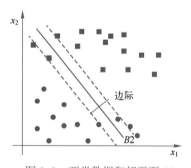

图 8-3　两类数据和超平面 $B2$

将原始的决策边界 $B1$ 移动到 $b11$ 和 $b12$ 的正中间，确保 $B1$ 到 $b11$ 和 $b12$ 的距离相等。在 $b11$ 和 $b12$ 之间的距离，叫作 $B1$ 这条决策边界的边际（Margin）或间隔，通常记作 d。对 $B2$ 也执行同样的操作，结果如图 8-3 所示，显然 $B2$ 的边际比 $B1$ 要小。然后来对比一下两个决策边界。现在两条决策边界右边的数据都被判断为圆，左边的数据都被判断为方块，两条决策边界在现在数据集上的训练误差都是 0。

接下来，引入和原来数据集相同分布的测试样本（空心点所示），此时平面中的样本变多了，可以发现，对于 $B1$ 而言，依然没有一个样本被分错，这条决策边界上的泛化误差也是 0。但对于 $B2$ 而言，却有 3 个圆被误分类成了方块，还有两个方块被误分类成了圆，可见 $B2$ 这条决策边界上的泛化误差远远大于 $B1$。这个例子表明，拥有更大边际的决策边界在分类中的泛化误差更小，这一点可以由结构风险最小化定律来证明（SRM）。如果边际很小，则任何轻微扰动都会对决策边界的分类产生很大的影响。边际很小的情况，是一种模型在训练集上表现很好，却在测试集上表现糟糕的情况，所以会"过拟合"。因此在寻找决策边界的时候，希望边际越大越好。

支持向量机，就是通过找出边际（间隔）最大的决策边界，来对数据进行分类的分类器。也因此，支持向量分类器又叫作最大边际分类器。这个过程在二维平面中看起来十分简单，但将上述过程使用数学表达出来，就不是一件简单的事情了。

8.1.2　支持向量机间隔及损失函数

一个最优化问题通常有两个基本的因素。

1）目标函数，也就是希望哪个变量的值达到最优（最大或最小）。

2）优化对象，即期望通过改变哪些自变量来使目标函数的因变量达到优。

支持向量机只能面向二分类任务，其模型结构能够在特征空间上产生最大间隔的超平面，构造支持向量机模型的关键在于找到一个使得两类不同类型样本之间边际最大的超平面，如图 8-2 所示，因此在线性支持向量机算法中，目标函数显然就是那个"间隔"，而优化对象则是超平面。通常采用间隔最大的优化计算方式来构造。

1. 决策边界（分类超平面）的方程

支持向量机的决策边界和感知机的分类界面很相似，因此支持向量机决策边界可表示为一个非齐次线性方程。

$$w^{\mathrm{T}}X+b=0 \tag{8-1}$$

式中，$w=(w_1,w_2,\cdots,w_k)$ 为参数向量；$X=(x_1,x_2,\cdots,x_k)$ 为特征向量；b 为偏置量。

将样本数据集 D 关于超平面 $w^{\mathrm{T}}X+b=0$ 的函数间隔 d 定义为所有样本数据点到超平面函数间隔的最小值，即：

$$d=\min d_i$$

所谓支持向量就是到超平面函数间隔距离最近的样本数据点，如图 8-4 所示。

对于给定的训练样本数据集 $D=\{(X_1,y_1),(X_2,y_2),\cdots,(X_n,y_n)\}$，可用 D 上的函数间隔 d 作为优化指标来构造支持向量机模型，即选取合适的 w、b 值，使函数间隔 d 的值最大化。

2. 决策边界方程的推导过程

为了理解支持向量机的损失函数，先来定义决策边界。假设数据集中总共有 N 个训练样本，每个训练样本 i 可以被表示为 (x_i,y_i)，其中 x_i 是 $(x_{1i},x_{2i},\cdots,x_{ni})^{\mathrm{T}}$ 这样的一个特征向量，每个样本总共含有 n 个特征。二分类标签 y_i 的取值是 $\{-1, 1\}$。

如果 n 等于 2，则有 $i=(x_{1i},x_{2i}, y_i)^{\mathrm{T}}$，分别由样本 i 的特征向量和标签组成。此时可以在二维平面上，以 x_1 为横坐标，x_2 为纵坐标，y 为类别（用形状表示），来可视化所有样本，如图 8-1 所示。

接下来要在这个数据集上寻找一个决策边界。在二维平面上，决策边界（超平面）就是一条直线。二维平面上的任意一条线可以被表示为：$x_1=ax_2+b$。变换一下得：$0 = ax_2-x_1+b$，写成向量

16　支持向量机间隔的推导

形式：$0 = [a, -1]\begin{bmatrix} x_2 \\ x_1 \end{bmatrix} + b$。

令参数向量 $w^{\mathrm{T}}=[a,-1]$，则特征向量 $x=[x_2,x_1]$，b 是截距。则决策边界的方程如下。

$$w^{\mathrm{T}}X+b=0 \tag{8-2}$$

如果在决策边界上任意取两个点 x_a、x_b，并带入决策边界的表达式，则有：

$$w^{\mathrm{T}}x_a+b=0$$
$$w^{\mathrm{T}}x_b+b=0$$

将两式相减，可以得到：

$$w^{\mathrm{T}}(x_a-x_b)=0 \tag{8-3}$$

从式（8-3）可见，一个列向量的转置乘以另一个列向量，可以获得两个向量的点积（dot product），表示为 $<w\cdot(x_a-x_b)>$。而两个向量的点积为 0 表示两个向量的方向是互相垂直的（线性代数中的一条重要常识）。x_a 与 x_b 是一条直线上的两个点，相减后的得到的向量方向是由 x_b 指向 x_a，所以 x_a-x_b 的方向是平行于它们所在的直线——决策边界的。而 w 与 x_a-x_b 相互垂直，所以参数向量 w 的方向必然垂直于决策边界，如图 8-5 所示。这是参数向量 w 的一条重要性质。

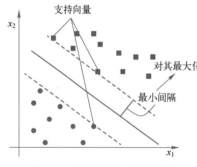

图 8-4　支持向量和最小间隔

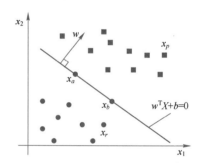

图 8-5　参数向量 w 的方向垂直于决策边界

提示：

决策边界的表达式 $w^{\mathrm{T}}X+b=0$ 非常像线性回归的公式：$y=\theta^{\mathrm{T}}x+\theta_0$，但实际上两者是完全不同的。线性回归公式中等号的一边是标签，回归过后会拟合出一个标签，而决策边界的表达式中却没有标签的存在，全部是由参数、特征和截距组成的一个等式，等号的一边是 0。在一组数据下，给定固定的 w 和 b，该式即表示一条固定直线，在 w 和 b 不确定的情况下，表达式 $w^{\mathrm{T}}X+b=0$ 就可以代表平面上的任意一条直线。如果在 w 和 b 固定时，给定一个唯一的 x 的取值 x_i，该表达式就可以表示决策边界上一个固定的点。在 SVM 中，使用这个表达式来表示决策边界。其目标是求解能够让边际最大化的决策边界，所以要求解参数向量 w 和截距 b。

3．支持向量机间隔的计算公式

有了决策边界的公式，就可以推导支持向量机间隔的计算公式。例如，对于图 8-5 所示的样本数据集，可以找到某个分类超平面（决策边界）$w^{\mathrm{T}}X+b=0$，该超平面可以将分别由方点和圆点表示的两类不同数据完全分离到它的两侧，使得满足 $w^{\mathrm{T}}X+b>0$ 的所有数据属于一类，满足

$w^T X+b<0$ 的所有数据属于另一类。故该数据集是线性可分的，或者说满足线性可分性。

为此，对于图 8-5 数据集中任意一个方形的点 x_p，可以表示为：

$$w \cdot x_p+b=p$$

由于方形的点所代表的标签 y 是 1，所以，规定 $p>0$。同理，对于任意一个圆形的点 x_r 来说，可以表示为：

$$w \cdot x_r+b=r$$

由于圆形点所表示的标签 y 是-1，所以规定，$r<0$。

由此，如果有新的测试数据，则 x_t 的标签就可以根据以下式子来判定：

$$y = \begin{cases} 1, & w \cdot x_t + b > 0 \\ -1, & w \cdot x_t + b < 0 \end{cases} \tag{8-4}$$

由于方形点 x_p 在决策边界的上方，可将决策边界向上平移，形成一条过 x_p 的直线，根据平移的性质，直线向上平移，是在截距后加一个正数，移动到等号的右边就是一个负数，假设这个数是-5，则有：

$$[a,-1]\begin{bmatrix} x_2 \\ x_1 \end{bmatrix} + b = -5$$

将等式两边同时乘以-1，得到：

$$[-a,1]\begin{bmatrix} x_2 \\ x_1 \end{bmatrix} + (-b) = 5$$

令参数向量 $w=[-a,1]$，截距 $b=-b$，则方程可表示为：$w \cdot x+b=5$。可见参数向量依旧可以表示成 w，只是它是原来 w 的负数了，截距依旧可以被表示成 b，只是如果它原来为正数，现在就是负数了，如果它原本就是负数，则现在为正数。在这个调整中，通过将向上平移时产生的负号放入了参数向量和截距当中，这不影响方程的求解，只不过求解出的参数向量和截距的符号变化了，但决策边界本身没有变化。所以依然可以使用原来的字母来表示这些更新后的参数向量和截距。通过这种方法，可以让 $w \cdot x+b=k$ 中的 k 大于 0。让 k 大于 0 的目的，是为了它的符号能够与样本标签的符号一致，都是为了后续计算和推导的简便。

决策边界的两边有两个超平面，这两个超平面在二维空间中就是两条平行线，而它们之间的距离就是支持向量机的边际。而让决策边界位于这两条线的中间，所以这两条平行线必然是对称的。因此，令这两条平行线的表达式为：

$$w \cdot x+b=k$$
$$w \cdot x+b=-k$$

将两个表达式的左右两边同时除以 k，并令 $w=w/k$、$b=b/k$，则可以得到：

$$w \cdot x+b=1$$
$$w \cdot x+b=-1$$

这就是平行于决策边界的两条线的表达式。此时，可以让这两条线分别过两类数据中距离决策边界最近的点，这些点就被称为"支持向量"，而决策边界永远在这两条线的中间。令方形的点为 x_p，圆形的点为 x_r，则可以得到：

$$w \cdot x_p + b = 1$$

$$w \cdot x_r + b = -1$$

将两个式子相减，得到：

$$w \cdot (x_p - x_r) = 2$$

如图 8-6 所示，$(x_p - x_r)$可表示为两点之间的连线，而边际 d 是平行于 w 的，所以到现在为止，相当于得到了三角形中的斜边$(x_p - x_r)$，并且知道一条直角边 d 的方向。在线性代数中，向量有这样的性质：向量 a 除以向量 b 的模长$\|b\|$，可以得到向量 a 在向量 b 的方向上的投影长度。所以，令上述式子两边同时除以$\|w\|$，则可以得到：

$$d = \frac{w \cdot (x_p - x_r)}{\|w\|} = \frac{2}{\|w\|} \tag{8-5}$$

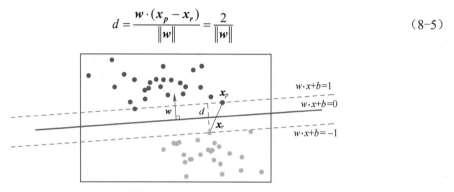

图 8-6　根据$(x_p - x_r)$和 w 计算边际 d

这里$\|w\|$是向量 w 的模长，假如 $w = [w_1, w_2]^T$，则 $\|w\| = \sqrt{w_1^2 + w_2^2}$，可见模长表示向量在空间中的长度，而向量 w 除以它的模长$\|w\|$等于 1。

4．支持向量机的损失函数

式（8-5）就是间隔的计算公式，d 就是间隔。而决策边界就是 d 最大时的边界。要使 d 最大化，就是要求$\|w\|$的最小值，为了方便计算，通常把求解$\|w\|$的最小值转化为求解以下函数的最小值。

$$f(w) = \frac{\|w\|^2}{2} \tag{8-6}$$

则式（8-6）就是 SVM 算法的损失函数，之所以要在模长上加上平方，是因为模长是一个带根号的式子，对它取平方，是为了消除根号从而方便求导，除以 2 也是方便导数前没有常数项。

$$w \cdot x_i + b \geqslant 1, \ y_i = 1$$

$$w \cdot x_i + b \leqslant -1 \ if \ y_i = -1$$

将这两个式子整合为

$$y_i(w \cdot x_i + b) \geqslant 1, \ i = 1, 2, \cdots, N \tag{8-7}$$

则 SVM 的损失函数为

$$\min_{w,b} \frac{\|w\|^2}{2} \tag{8-8}$$

$$y_i(w \cdot x_i + b) \geqslant 1, \ i = 1, 2, \cdots, N$$

其中，约束条件中的 N 为训练样本的个数。

通过求解上述损失函数的最优解 $w*$ 和 $b*$，就能实现对支持向量机模型的构造。由于该最优化问题带有约束条件，难以直接求解。一般需要先用拉格朗日乘数法得到其对偶问题，再用序列最小优化（Sequential Minimal Optimization，SMO）算法求解该对偶优化问题。由于这些方法数学理论较深，故不做介绍，只给出如下最终求解结果。

$$w^* = \sum_{i=1}^{n} \alpha_i^* y_i X_i; \quad b^* = y_j - \sum_{i=1}^{n} \alpha_i^* y_i X_i^{\mathrm{T}} X_j \tag{8-9}$$

其中，$\alpha* = \left(\alpha_1^*, \alpha_2^*, \cdots, \alpha_n^*\right)$，为使用 SMO 算法解出的最优参数向量。

5. 拉格朗日函数与 SMO 算法

支持向量机要求解的目标函数是最小化问题，所以一个直观的想法是如果能够构造一个函数，使得该函数在可行解区域内与原目标函数完全一致，而在可行解区域外的数值非常大，甚至是无穷大，那么这个没有约束条件的新目标函数的优化问题就与原来有约束条件的原始目标函数的优化问题是等价的问题。这就是使用拉格朗日方程的目的，它将约束条件放到目标函数中，从而将有约束优化问题转换为无约束优化问题。

但是对于拉格朗日函数，直接使用求导的方式求解仍然很困难，所以便有了拉格朗日对偶的诞生。所以，在拉格朗日优化的问题上，需要进行下面两个步骤。

1）将有约束的原始目标函数转换为无约束的新构造的拉格朗日目标函数。

2）使用拉格朗日对偶性，将不易求解的优化问题转化为易求解的优化问题。

SMO 序列最小优化算法是由 John Platt 于 1996 年提出的专门用于训练支持向量机的一个强大算法。SMO 算法的目的是将大优化问题分解为多个小优化问题来求解。这些小优化问题往往很容易求解，并且对它们进行顺序求解的结果与将它们作为整体来求解的结果完全一致。在结果完全相同的同时，SMO 算法的求解时间短很多。

SMO 算法的目标是求出一系列 α 和 b，其中 α 是拉格朗日乘子（是人为设定的参数），且 $\alpha \geqslant 0$，b 是支持向量的截距。一旦求出了这些 α，就很容易计算出权重向量 w 并得到分隔超平面。SMO 算法的工作原理是：每次循环中选择两个 α 进行优化处理。一旦找到了一对合适的 α，那么就增大其中一个同时减小另一个。这里所谓的"合适"就是指两个 α 必须符合以下两个条件：两个 α 必须要在间隔边界之外；这两个 α 还没有进行过区间化处理或者不在边界上。

6. 软间隔方法

对于给定的线性可分的训练样本数据集，上述支持向量机模型要求对 S 中任何训练样本都不能做出错误分类，也就是要求模型的分类超平面 $w^{\mathrm{T}}X + b = 0$ 能够将训练样本集中的所有两类不同样本完全正确地分离出来，这对训练样本集 S 的线性可分性要求非常苛刻。而实际上，大多数实际样本集中都存在一定的噪声数据，通常只能大致将其两类样本用分类超平面分隔开，此时将无法完成对支持向量机模型的构造。

为了解决上述问题，人们提出了一种面向软间隔的支持向量机模型构造方法。软间隔支持向量机模型训练时并不要求所有训练样本都能够被支持向量机正确分类，而是允许模型对少量训练样本出现分类错误。软间隔的具体实现方法是在模型优化过程中引入一个取值较小的非负松弛变量 ξ_i 来实现放宽约束条件的效果。也就是说，将约束条件转化为：

$$y_i(\boldsymbol{w}^{\mathrm{T}}X_i + b) \geqslant 1 - \xi_i \qquad (8\text{-}10)$$

显然，松弛变量 ξ_i 的取值越大，则支持向量机模型对错误分类的容忍程度就越高。通常将 ξ_i 的取值设为满足训练样本集 S 训练要求的最小值。

8.1.3 非线性支持向量机与核函数

对于存在少量噪声数据但总体上是线性可分的数据集而言，使用软间隔方法为支持向量机模型的构造提供了一个简单且泛化性能较好的模型训练方法。然而，对于线性不可分的数据集来说，软间隔方法显然也不能满足训练需求，此时需要采用一种核函数的技术将样本点变换到适当的高维空间，使得样本数据集在较高维空间中满足线性不可分，并由此构造所需的支持向量机模型。

核函数的本质思想就是把数据集从低维空间变换到高维空间，如图 8-7 所示。举例来说，桌子上随意散放着一些黄豆和一些瓜子（可以把它们想象成二维平面上的一些点），这些黄豆和瓜子由于是杂乱摆放的，因此无法用一条直线将它们分离开。这时可以用力拍一下桌子，使得黄豆和瓜子都弹起来，由于黄豆弹

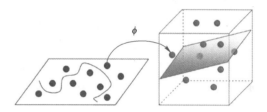

图 8-7 将特征向量从二维空间向高维空间变换

得高些，而瓜子弹得低些，因此在它们弹起来的瞬间，可以在空中划一道平面把它们分隔开。可见，在二维空间线性不可分的问题，转换到三维空间之后就可能变成线性可分的问题。

因此，低维空间线性不可分的模式通过非线性映射到高维特征空间就可能实现线性可分，但是如果直接采用这种技术在高维空间进行分类或回归，则存在需确定非线性映射函数的形式和参数、特征空间维数等问题，而最大的障碍则是在高维特征空间运算时存在的"维数灾难"。采用核函数可以有效地解决这样问题。

1. 核函数的类型和特点

对于支持向量机，采用核函数将样本数据映射到高维空间一般有两种方法：一种是多项式核函数，该函数在一定阶数内计算原始特征所有可能的多项式（例如 feature1^2*feature2^5）；另一种是高斯径向基函数（Radial Basis Function，RBF）核，也叫高斯核。高斯核有点难以解释，因为它对应无限维的特征空间。一种对高斯核的解释是：它考虑所有阶数的所有可能的多项式，但阶数越高，特征的重要性越小。支持向量机中常用的核函数如表 8-1 所示。

表 8-1 支持向量机中常用的核函数

输入	含义	适用场合	核函数表达式	gamma	degree	coef0
linear	线性核	线性	$K(x,y)=x^Ty=x\cdot y$	无	无	无
poly	多项式核	偏线性	$K(x,y)=(\gamma(x\cdot y)+r)^d$	有	有	有
rbf	高斯径向基	偏非线性	$K(x,y)=e^{-\gamma\|x-y\|^2},\gamma>0$	有	无	无
sigmoid	双曲正切核	非线性	$K(x,y)=tanh(\gamma(x\cdot y)+r)$	有	无	有

事实上，并非所有的函数都可以作为核函数。为此，Mercer 定理给出一个函数可作为核函数的充分条件，即任意半正定函数都可以作为核函数。具体来说，对于给定的样本数据集合 $D=\{(X_1,y_1),(X_2,y_2),\cdots,(X_n,y_n)\}$，可按如下方式定义一个 $n\times n$ 的矩阵 $\mathbf{K}$。

$$\mathbf{K} = \begin{bmatrix} k(X_1,X_1) & k(X_1,X_2) & \cdots & k(X_1,X_n) \\ k(X_2,X_1) & k(X_2,X_2) & \cdots & k(X_2,X_n) \\ \vdots & \vdots & & \vdots \\ k(X_n,X_1) & k(X_n,X_2) & \cdots & k(X_n,X_n) \end{bmatrix} \tag{8-11}$$

若矩阵 $\mathbf{K}$ 为半正定矩阵，则可将函数 $k(u,v)$ 作为核函数，其中，u 和 v 为任意给定的 2 个多元向量。值得注意的是，Mercer 定理是一个充分而非必要条件，故某些不满足该定理的函数可能也可以作为核函数。

核函数方法具有如下特点。

1）核函数的引入避免了"维数灾难"，大大减小了计算量。而输入空间的维数 n 对核函数矩阵无影响，因此，核函数方法可以有效处理高维输入。

2）无须知道非线性变换函数 Φ 的形式和参数。

3）核函数的形式和参数的变化会隐式地改变从输入空间到特征空间的映射，进而对特征空间的性质产生影响，最终改变各种核函数方法的性能。

4）核函数方法可以和不同的算法相结合，形成多种不同的基于核函数技术的方法，且这两部分的设计可以单独进行，并可以为不同的应用选择不同的核函数和算法。

2. 非线性支持向量机的训练过程

非线性支持向量机模型的训练过程需要引入核函数进行特征变换，具体过程如下。

1）收集和整理样本，并进行数据标准化处理。

2）选择或构造核函数。

3）用核函数将样本变换成为核函数矩阵。这一步相当于将输入数据通过非线性函数映射到高维特征空间，具体方法是：对于一个训练样本 x (x_1,x_2)，可以利用 x 的各个特征与预先选定的地标（Landmarks）L_1，L_2，L_3 的近似程度，来选取新的特征 f_1，f_2，f_3。这样就把训练样本的特征映射成了高维空间中线性可分的新特征了。

4）在特征空间对核函数矩阵实施各种线性算法。

5）得到输入空间中的非线性模型。

显然，将样本数据核化成核函数矩阵是核函数方法中的关键。注意到核函数矩阵是 $N\times N$ 的对称矩阵，其中 N 为样本数。

8.1.4 支持向量机分类的步骤

支持向量机的目标是找出间隔最大的分类边界，这显然是一个最优化问题，而最优化问题往往和损失函数联系在一起，和逻辑回归中的求参数过程一样，支持向量机也是通过最小化损失函数来求解一个用于后续模型使用的重要信息——决策边界。

支持向量机的分类步骤如下。

1）定义决策边界的数学表达，并基于此表达定义分类函数。对于非线性数据，使用非线性转换来升高原始数据的维度，使用核函数在低维空间中进行计算，以求解出高维空间中的决策边界。

2）为寻找最大间隔，引出损失函数。一般还要添加松弛系数作为惩罚项，以允许部分样本点在边界之内存在。

其中，求解决策边界的参数是支持向量机的最终目标，求解参数的过程如下。

1）为了求解能够使间隔最大化的 w 和 b，引入拉格朗日因子 α。

2）引入拉格朗日对偶函数，使求解 w 和 b 的过程转化为对 α 的求解。

3）使用 SMO 或梯度下降等方法求解 α，再根据 α 解出 w 和 b，最终找出决策边界。

8.2 支持向量机的 sklearn 实现

在 sklearn 的 SVM 模块中，提供了 SVC 类和 SVR 类，分别用来实现支持向量机分类算法和支持向量机回归算法。其中，SVC 类的构造函数的语法如下。

```
class sklearn.svm.SVC(C=1.0, kernel='rbf', degree=3, gamma='auto_deprecated',
coef0=0.0, shrinking=True, probability=False, tol=0.001, cache_size=200, class_
weight=None, verbose=False, max_iter=-1, decision_function_shape='ovr', random_
state=None)
```

SVC 类构造函数的主要参数含义如下。

1）kernel：核函数的类型。默认值是 rbf（高斯径向基），其他值有 linear（线性）、poly（多项式）、sigmoid、precomputed。

2）degree：多项式核函数 poly 的维度，默认是 3，选择其他核函数时该参数会被忽略。

3）gamma：rbf、poly 或 sigmoid 核函数的参数。默认值是 auto，表示其值是样本特征数的倒数，即 1/n_features。如果值是 scale，则使用 1/(n_features * X.std()) 作为 gamma 的取值；如果值是 auto_deprecated，则表示没有传递明确的 gamma 值（不推荐使用）。

4）C：松弛系数的惩罚项系数。如果 C 值设定比较大，那 SVC 可能会选择边际较小的，能够更好地分类所有训练点的决策边界，不过模型的训练时间也会更长。如果 C 的设定值较高，那 SVC 会尽量最大化边界，决策功能会更简单，但代价是训练的准确度变差。换句话说，C 在支持向量机中的影响就像正则化参数对逻辑回归分类的影响。

5）coef0：核函数的常数项。只对 poly() 或 sigmoid() 核函数有用。

6）probability：是否启用概率估计，这必须在调用 fit() 前启用，并且会使 fit() 方法速度变慢。默认为 False。

7）shrinking：是否采用启发式收缩方式，默认为 true。

8）tol：svm 训练停止时允许的误差。默认值为 1e-3。

9）cache_size：指定训练所需要的内存大小，单位 Mb，默认为 200。

10）class_weight：表示类别权重，给每个类别分别设置不同的惩罚参数 C，如果没有给，则会给所有类别都赋值 C=1。如果给定参数 'balance'，即{dict, 'balanced'}，则使用 y 的值自动调整与输入数据中的类频率成反比的权重。

11）max_iter：最大迭代次数。默认为-1，无限制。

12）decision_function_shape：决策函数类型，'ovo'表示 one vs one（默认值），'ovr'表示 one vs rest。

13）random_state：数据洗牌时的种子值，int 类型。

在 sklearn 中实现 SVC 的最基本流程如下。

```
from sklearn.svm import SVC          #导入 SVC 的模块
clf = SVC()                          #实例化
clf = clf.fit(X_train,y_train)       #用训练集训练模型
result = clf.score(X_test,y_test)    #导入测试集，评价模型的性能
```

8.2.1 绘制决策边界

【程序 8-1】 若有样本点 x_1=(3,3)，x_2=(4,3)，x_3=(1,1)，类别标签 y=(1,1,–1)，求决策边界。

分析：为了求决策边界，需要计算样本点到决策边界的函数距离。这需要使用 SVC 类中提供的 decision_function()函数。decision_function()函数返回的是 $wx+b$ 的值，这个值可以是负数，它是用来做决策的函数，返回值大于 0 的划分为一类，小于 0 的为另一类，返回值的绝对值越大（同除以系数平方和开方），则置信度越高。而 $y_i(w_i+b)$这个值表示的是函数距离，这个值一定是个正数。

首先，将 x_1=(3,3)，x_2=(4,3)，x_3=(1,1)，y=(1,1,–1)代入决策函数 decision_function()，根据该函数，即可计算出函数距离为：1，1.5，–1，于是得到分类超平面 $\frac{1}{2}x_1+\frac{1}{2}x_2-2=0$，该函数距离中的(1,–1)刚好在 margin 边缘上，因此 x_1，x_3 就是支持向量。

$$因为 wX+b = \begin{bmatrix} w_0 & w_1 \end{bmatrix}\begin{bmatrix} x_0 \\ x_1 \end{bmatrix} + b = 0，得 x_1 = -\frac{w_0}{w_1}x_0 - \frac{b}{w_1} \tag{8-12}$$

下面是绘制该决策边界的代码。

```
import numpy as np
import matplotlib.pyplot as plt
from sklearn import svm
np.random.seed(0)
X = np.array([[3,3],[4,3],[1,1]])     #X 为特征向量
Y = np.array([1,1,-1])

clf = svm.SVC(kernel='linear')        #因为是线性分类，所以调用线性 SVM 核函数
clf.fit(X, Y)                         #拟合模型
# 绘制决策边界
w = clf.coef_[0]                      #w 为截距
a = -w[0] / w[1]                      #a 为斜率，即 x0 前面的参数
xx = np.linspace(-5, 5)
#对比公式（8-12），可知 yy 就是 x1, clf.intercept_[0]就是 b
yy = a * xx - (clf.intercept_[0]) / w[1]
# 绘制支持向量经过的边界
b = clf.support_vectors_[0]
yy_down = a * xx + (b[1] - a * b[0])
b = clf.support_vectors_[-1]
```

```
yy_up = a * xx + (b[1] - a * b[0])
# 绘制线
plt.plot(xx, yy, 'k-')
plt.plot(xx, yy_down, 'k--')
plt.plot(xx, yy_up, 'k--')
# 绘制散点
plt.scatter(clf.support_vectors_[:,0],clf.support_vectors_[:,1],s=80, facecolors=
'none')
plt.scatter(X[:, 0], X[:, 1], c=Y, cmap=plt.cm.Paired)
plt.axis('tight')
plt.show()                                            #显示图像
print(clf.decision_function(X))                       #打印决策函数
```

该程序的运行结果如图 8-8 所示，可见已正确绘制出决策边界。

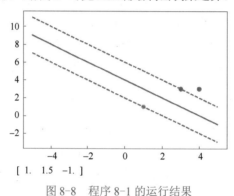

[1. 1.5 -1.]

图 8-8　程序 8-1 的运行结果

8.2.2　绘制支持向量机的分类界面

【程序 8-2】　使用高斯核函数对样本集进行非线性分类（样本集中有 12 个二维的样本，保存在 data 数组中），并考察高斯核函数的 γ 参数对分类性能的影响。

```
import numpy as np
import matplotlib.pyplot as plt
from sklearn import svm
data = np.array([
    [0.1, 0.7], [0.3, 0.6], [0.4, 0.1], [0.5, 0.4], [0.8, 0.04], [0.42, 0.6],
    [0.9, 0.4],[0.6, 0.5], [0.7, 0.2], [0.7, 0.67], [0.27,0.8], [0.5, 0.72]    ])
target = [1] * 6 + [0] * 6
x_line = np.linspace(0, 1, 100)
y_line = 1 - x_line
plt.scatter(data[:6, 0], data[:6, 1], marker='o', s=100, lw=3)
plt.scatter(data[6:, 0], data[6:, 1], marker='x', s=100, lw=3)
# 定义计算域、文字说明等
C = 0.0001  # SVM 正则化参数
# linear_svc = svm.SVC(kernel='linear', C=C).fit(data, target)
# 创建测试点网格
h = 0.002
x_min, x_max = data[:, 0].min() - 0.2, data[:, 0].max() + 0.2
```

```
y_min, y_max = data[:, 1].min() - 0.2, data[:, 1].max() + 0.2
xx, yy = np.meshgrid(np.arange(x_min, x_max, h), np.arange(y_min, y_max, h))
plt.figure(figsize=(24, 10))
for i, gamma in enumerate([1, 5, 15, 35, 45, 55]):      #分别设置高斯核的 γ 参数值
    rbf_svc = svm.SVC(kernel='rbf',gamma=gamma, C=C).fit(data, target)
    #把 xx 和 yy 两个变量压扁之后变成了 x1 和 x2，然后进行判断，得到结果再压缩成一个矩形
    Z = rbf_svc.predict(np.c_[xx.ravel(), yy.ravel()])
    Z = Z.reshape(xx.shape)
     #绘制子图
    plt.subplot(2, 3, i + 1)
    plt.subplots_adjust(wspace=0.1, hspace=0.2)
    plt.contourf(xx, yy, Z, cmap=plt.cm.ocean, alpha=0.6) #绘制分类界面
    # 绘制样本点
    plt.scatter(data[:6, 0], data[:6, 1], marker='o', color='r', s=100, lw=3)
    plt.scatter(data[6:, 0], data[6:, 1], marker='x', color='k', s=100, lw=3)
    plt.title('RBF SVM with $\gamma=$' + str(gamma))
plt.show()
```

该程序将输出不同 γ 值下高斯核的分类效果，其运行结果如图 8-9 所示。

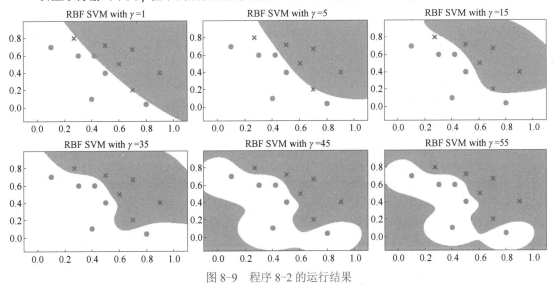

图 8-9　程序 8-2 的运行结果

从图中可以看出，高斯核函数的 γ 值越小，支持向量机的分类界面越接近于线性分类，值越大，越偏向于非线性分类，但值太大时，也容易出现过拟合现象，如 γ 值为 45 或 55 时。

8.2.3　支持向量机参数对性能的影响

为了评估支持向量机的参数对性能的影响。本节首先比较 4 种核函数的分类准确率，然后评估数据标准化对支持向量机分类准确率的影响，最后评估高斯核函数和多项式核函数的参数，以及松弛系数的惩罚项系数 C 对模型预测准确率的影响。

1. 比较 4 种核函数的分类准确率

【程序 8-3】　本例选取 datasets 数据集中的肺癌发病情况数据作为模型的数据集，然后分别

使用 4 种核函数（线性核、多项式核、高斯核和 Sigmoid 核）对该数据集进行分类，最后比较 4 种核函数的分类准确率。

```
from sklearn.datasets import load_breast_cancer #引入肺癌数据集
from sklearn.svm import SVC                      #引入 SVC 类
from matplotlib.colors import ListedColormap
from sklearn.model_selection import train_test_split
import matplotlib.pyplot as plt
import numpy as np
from time import time   #为了计算算法的耗时引入时间类
import datetime
data = load_breast_cancer()            #载入肺癌数据集
X = data.data        #X 为特征向量
y = data.target      #y 为类别标签
#from sklearn.preprocessing import StandardScaler
#X = StandardScaler().fit_transform(X)
X.shape              #f 返回 X 的维度(569,30)，可见有 30 个特征
np.unique(y)         #查看标签 y 中有几个分类值，将返回 array([0,1])

plt.scatter(X[:,0],X[:,1],c=y)         #取前两个特征向量值绘制散点图
plt.show()
    #分割训练集和测试集
Xtrain, Xtest, Ytrain, Ytest = train_test_split(X,y,test_size=0.3, random_state=420)
Kernel = ["linear","poly","rbf","sigmoid"]       #使用 4 种核函数
for kernel in Kernel:
    time0=time()                       #为了计算耗时，获取当前时间的时间戳
    clf= SVC(kernel = kernel, gamma="auto"
            , degree = 1               #设置多项式核函数的 d 值为 1 次方
            , cache_size=6000          #设置使用的内存为 6000MB
            ).fit(Xtrain,Ytrain)
    print("The accuracy under kernel %s is %f" % (kernel,clf.score(Xtest,Ytest)))
    print("耗时:",datetime.datetime.fromtimestamp(time()-time0).strftime("%M:%S:%f"))
```

运行该程序，输出的图形如图 8-10 所示，输出的文本如下。

```
The accuracy under kernel linear is 0.929825
耗时:  00:00:517616
The accuracy under kernel poly is 0.923977
耗时:  00:00:099731
The accuracy under kernel rbf is 0.596491
耗时:  00:00:048901
The accuracy under kernel sigmoid is 0.596491
耗时:  00:00:005983
```

从图 8-10 可见，该数据集中数据偏向线性可分，因此线性核函数和偏线性的多项式核函数的预测准确率很高，而高斯核和 Sigmoid()核函数效果很差。

提示：

将多项式核函数的 degree 参数设为 1，则多项式核只能进行线性分类。degree 的默认值为 3，表示核函数的阶数为 3，此时计算耗时非常大。

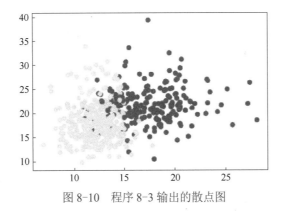

图 8-10 程序 8-3 输出的散点图

2．数据标准化对支持向量机分类准确率的影响

实际上，数据量纲问题会对支持向量机分类的结果产生巨大的影响。所谓数据量纲，就是指不同特征属性的取值之间存在数量级上的差异。为了探索程序 8-3 中的数据是否存在量纲不统一的问题，将如下代码插入程序 8-3 的尾部。

```
import pandas as pd
data = pd.DataFrame(X)
data.describe([0.01,0.05,0.1,0.25,0.5,0.75,0.9,0.99]).T
```

可发现，每一区间的数据数量级差距最大的在 100 倍以上。为此，必须使用数据标准化消除数据量纲的影响。在程序 8-3 中，将如下两行语句前的注释符去掉即可进行数据标准化处理。

```
from sklearn.preprocessing import StandardScaler
X = StandardScaler().fit_transform(X)
```

重新运行数据标准化之后的程序，结果如下。

```
The accuracy under kernel linear is 0.976608
耗时：00:00:011002
The accuracy under kernel poly is 0.964912
耗时：00:00:004958
The accuracy under kernel rbf is 0.970760
耗时：00:00:007976
The accuracy under kernel sigmoid is 0.953216
耗时：00:00:003989
```

可发现，高斯核和 Sigmoid 核的预测准确率都有显著提升。由此可知，高斯核和 Sigmoid 核函数都不擅长处理量纲不统一的数据集。因此，在支持向量机执行之前，一定要先进行数据的标准化处理。

3．rbf 核函数和多项式核函数的参数调节

虽然线性核函数的效果目前是最好的，但它没有相关参数可以调整。而 rbf 和多项式核函数都还有着可以调整的相关参数，接下来对它们的参数进行调整。

（1）rbf核函数的参数调节

rbf核函数只有一个参数γ的值可调节。下面来寻找rbf核函数的最优γ参数，将如下代码替换程序8-3中分割训练集和测试集之后的代码。

```
#分割训练集和测试集
Xtrain,Xtext,Ytrain,Ytest=train_text_split(x,y,text_size=0.3,random_state=420)
score = []
gamma_range = np.logspace(-10,1,50)  #返回在对数刻度上均匀间隔的数字
for i in gamma_range:
    clf = SVC(kernel="rbf",gamma = i,cache_size=5000).fit(Xtrain,Ytrain)
    score.append(clf.score(Xtest,Ytest))
#输出最大分数及最大分数对应的γ值
print(max(score), gamma_range[score.index(max(score))])
plt.plot(gamma_range,score)
plt.show()
```

该程序的运行结果如图8-11所示。

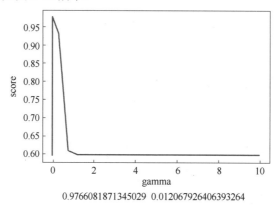

0.9766081871345029 0.012067926406393264

图8-11　rbf核函数的最优γ参数

从图8-11可知，rbf核函数分类预测的最高准确率能达到0.9766，这与线性核函数水平相当。此时，γ参数的取值为0.012。

（2）多项式核函数参数的调节

对于多项式核函数来说，它有三个参数共同作用在一个公式上影响其分类准确率，因此只能使用网格搜索法来共同调整三个对多项式核函数有影响的参数。将如下代码替换程序8-3中分割训练集和测试集之后的代码。

```
#分割训练集和测试集
Xtrain,Xtext,Ytrain,Ytest=train_text_split(x,y,text_size=0.3,random_state=420)
from sklearn.model_selection import StratifiedShuffleSplit
from sklearn.model_selection import GridSearchCV
time0 = time()
gamma_range = np.logspace(-10,1,20)
coef0_range = np.linspace(0,5,10)
param_grid = dict(gamma = gamma_range ,coef0 = coef0_range)
cv = StratifiedShuffleSplit(n_splits=5, test_size=0.3, random_ state= 420)
```

```
grid = GridSearchCV(SVC(kernel = "poly",degree=1,cache_size=5000),
                    param_grid=param_grid, cv=cv)
grid.fit(X, y)
print("The best parameters are %s with a score of %0.5f" % (grid.best_params_,
grid.best_score_))
print(datetime.datetime.fromtimestamp(time()-time0).strftime("%M:%S:%f"))
```

该程序的运行结果如下：

```
The best parameters are {'coef0': 0.0, 'gamma': 0.18329807108324375} with a score
of 0.96959
耗时：00:07:221709
```

可以发现，网格搜索返回了参数 coef0 = 0，gamma = 0.1833，但整体的分数只有 0.96959，虽然比调参前略有提高，但依然没有超过线性核函数和 rbf 的结果。可见，多项式核函数的结果一般不如 rbf 和线性核函数。

4. 松弛系数惩罚项 C 的调整

在实际应用中，松弛系数惩罚项 C 和核函数的相关参数（gamma、degree 等）往往搭配在一起调整，这是支持向量机调参的重点。与 gamma 不同，C 没有在对偶函数中出现，并且是明确了调参目标的，所以必须先明确是否需要训练集上的高精度来调整 C 的方向。默认情况下 C 为 1，通常来说这都是一个合理的参数。如果数据很嘈杂（有很多噪声点），那往往要减小 C 值。当然，也可以使用网格搜索或者学习曲线来调整 C 的值。

使用学习曲线调节松弛系数惩罚项 C 和 γ 参数的程序如下。

```
#分割训练集和测试集
Xtrain,Xtext,Ytrain,Ytest=train_text_split(x,y,text_size=0.3,random_state=420)
score = []
C_range = np.linspace(0.01,30,50)
#C_range = np.linspace(5,7,50)
for i in C_range:
#调节线性核函数的 C 值
    clf = SVC(kernel="linear",C=i,cache_size=5000).fit(Xtrain,Ytrain)
#调节 rbf 核函数的 C 值
# clf = SVC(kernel="rbf",C=i, cache_size=5000, gamma = 0.01274).fit(Xtrain,Ytrain)
    score.append(clf.score(Xtest,Ytest))
print(max(score), C_range[score.index(max(score))])
plt.plot(C_range,score)
plt.show()
```

首先运行该程序调节线性核函数的 C 值，运行结果如图 8-12 所示。

```
0.9766081871345029              1.2340816326530613
```

可发现当 C 值为 1.2341 时，线性核函数的分类准确率达到最优值 0.9766。

接下来换成 rbf 核函数。将上述代码 SVC 函数中的 kernel 值设为 rbf，重新运行程序，运行结果如图 8-13 所示。

```
0.9824561403508771       6.130408163265306
```

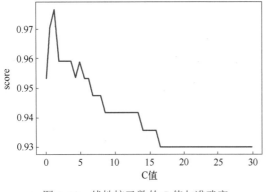

图 8-12　线性核函数的 C 值与准确率

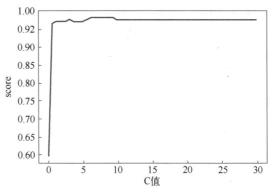

图 8-13　rbf 核函数的 C 值与准确率

可发现当 C 值为 6.13 时，rbf 核函数的分类准确率达到了最优值 0.9825。这个值一举超过了线性核函数的最优值。接下来，将 C_range 的范围缩小到 5~7 之间，重新运行程序，结果如图 8-14 所示。可发现 rbf 核函数的 C 值取值在 6~7 之间都能达到最优值。

可以观察到，线性核函数和多项式核函数在非线性数据上的表现会浮动，如果数据相对线性可分，则表现不错，如果数据是像环形数据那样彻底不可分的，则表现糟糕。在线性数据集上，线性核函数和多项式核函数即便有扰动项也可以有不错表现，可见多项式核函数虽然也可以处理非线性情况，但更偏向于线性的分类。

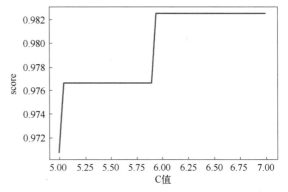

图 8-14　RBF 核函数的 C 值与准确率（缩小范围）

Sigmoid 核函数就比较尴尬了，它在非线性数据上强于两个线性核函数，但效果明显不如 rbf 核函数，它在线性数据上完全比不上线性核函数，对扰动项的抵抗也比较弱，所以它功能比较弱小，很少被用到。

rbf 核函数基本在任何数据集上都表现不错，属于比较万能的核函数。因此，无论何种情况都先试试 rbf 核函数，它适用于核转换到很高的空间的情况，在各种情况下往往效果都很不错，如果 rbf 核函数效果不好，那再试试其他的核函数。另外，多项式核函数多被用于图像处理领域中。

习题与实验

1. 习题

1. 使用支持向量机进行非线性分类，需要用到的关键技术是（　　）。

    A. 拉格朗日函数　　　　　　B. SMO 算法

    C. 核函数　　　　　　　　　D. 软间隔方法

2. 松弛变量惩罚项系数在 sklearn 中用哪个参数进行设置？（　　）

A．C B．degree C．tol D．coef0

3．如果要对环形分布的数据集进行分类，一般下列哪种核函数的效果最好？（ ）

A．linear B．poly C．rbf D．sigmoid

4．下列哪种核函数只能设置 gamma 参数？（ ）

A．linear B．poly C．rbf D．sigmoid

5．支持向量机分类的目标是＿＿＿＿＿＿＿最大。

6．支持向量机间隔的计算公式为＿＿＿＿＿＿＿。

7．所谓支持向量是指距离间隔最＿＿＿＿＿＿＿的点（远或近）。

8．如果多项式核函数的＿＿＿＿＿＿＿参数设置为1，则相当于线性分类。

9．为什么支持向量机的目标函数必须用拉格朗日对偶法来求解。

10．简述使用支持向量机进行分类的基本步骤。

2．实验

1．对 sklearn 自带的手写数字数据集（加载方法：load_digits()）使用支持向量机进行分类，要求首先将该数据集划分为训练集和样本集（比例为 8:2），然后构建支持向量机分类模型，核函数使用 rbf，参数 gamma 设置为 0.001，C 设置为 100。最后输出分类的准确率和混淆矩阵。

参 考 文 献

[1] 王振武. 大数据挖掘与应用[M]. 北京：清华大学出版社，2017.

[2] 宁兆龙，等. 大数据导论[M]. 北京：科学出版社，2017.

[3] 黄红梅，张良均. Python 数据分析与应用[M]. 北京：人民邮电出版社，2018.

[4] 杨治明，许桂秋. Hadoop 大数据技术与应用[M]. 北京：人民邮电出版社，2019.

[5] 周志华. 机器学习[M]. 北京：清华大学出版社，2016.

[6] 汪荣贵，杨娟，薛丽霞. 机器学习及其应用[M]. 北京：机械工业出版社，2019.

[7] 斋藤康毅. 深度学习入门：基于 Python 的理论与实现[M]. 陆宇杰，译. 北京：人民邮电出版社，2018.

[8] GÉRON A. 机器学习实战：基于 Scikit-Learn 和 TensorFlow[M]. 王静源，等译. 北京：机械工业出版社，2018.

[9] MULLER A C，GUIDO S. Python 机器学习基础教程[M]. 张亮，译. 北京：人民邮电出版社，2018.